职业技能鉴定教材

钢 筋 工

（中 级）

建筑专业《职业技能鉴定教材》编审委员会

中国劳动社会保障出版社

图书在版编目（CIP）数据

钢筋工：中级/朱德寿等编著 .—北京：中国劳动社会保障出版社，1999
职业技能鉴定教材
ISBN 7-5045-2727-0

Ⅰ. 钢…
Ⅱ. 朱…
Ⅲ. 配筋-技术工人-职业技能鉴定-教材
Ⅳ. TU755.3

中国版本图书馆 CIP 数据核字（1999）第 77083 号

中国劳动社会保障出版社出版发行
（北京市惠新东街 1 号　邮政编码：100029）
出 版 人：唐云岐
*
北京谊兴印刷有限公司印刷装订　新华书店经销
787 毫米×1092 毫米　16 开本　11 印张　271 千字
1999 年 4 月第 1 版　　2018 年 6 月 第 17 次印刷
定价：15.30 元

读者服务部电话：（010）64929211/64921644/84626437
营销部电话：（010）64961894
出版社网址：http://www.class.com.cn

编 审 人 员

主　编　朱德寿

编　者　朱德寿　陈　炜　胡艳心

审　稿　魏尚义　李敦仪

主　审　魏尚义

内 容 简 介

本书根据《建筑行业职业技能标准——钢筋工》编写，是职业技能考核与培训用书。

本书从知识要求（应知）和技能要求（应会）两个方面介绍了中级钢筋工需掌握和了解的知识和技能，内容涉及识图与制图的基本知识、力学及钢筋混凝土构件的一般理论知识、钢筋的性能和加工、钢筋配料单的编制及钢筋的代换、预应力作业、钢筋工与其他工种的联系、钢筋工的施工组织、钢筋放大样图及钢筋加工工料计算、钢筋的配制与绑扎、预应力混凝土的强拉工艺等；为了方便使用还配套编写了习题部分的内容。习题分为知识要求练习题和技能要求练习题，并附有参考答案。

前　言

培养同现代化建设要求相适应的数以亿计的高素质劳动者，是建立现代企业制度，实现国民经济持续、稳定、快速发展的重要基础。企业之间的竞争，归根结底是技术的竞争，人才的竞争。是否拥有一支力量雄厚的中、高级技术工人队伍是企业实力的重要标志。

当前，建筑企业中、高级技术人才数量不足、专业素质和技能偏低，已经影响了企业技术进步以及产品质量的提高。加快培养一大批具有熟练操作技能的技术工人队伍，是建筑企业进一步发展的当务之急。

为满足职业培训和职业技能鉴定工作需要，劳动和社会保障部教材办公室组织河北、山东、浙江、四川、江西、湖南等省的职业培训和职业技能鉴定管理部门，编写了供建筑行业中级工、高级工培训和鉴定使用的《职业技能鉴定教材》。《教材》涵盖 14 个工种，即：瓦工、木工、抹灰工、装饰工、混凝土工、电梯安装维修工、管道工、架子工、安装起重工、钢筋工、通风工、测量放线工、工程电气设备安装调试工、建筑油漆工。每个工种分别编有中级、高级两个等级的教材，共 28 种。

《职业技能鉴定教材》依据建设部最近颁布的《职业技能标准》编写。在编写指导思想上，突出为考核服务，面向企业生产实际的基本原则。在细化《标准》内容的前提下，以提高实际操作技能为目标，具有浓缩精练、典型实用、易于掌握的特点。

在具体内容编写上，根据《标准》规定，按照知识要求和技能操作要求分别组织内容。知识要求部分着重介绍本工种中级工或高级工应掌握的专业基础知识、原材料知识、工具设备知识、典型工艺知识、管理知识和相关工种知识；技能操作部分阐述工具设备的使用维护方法、生产岗位的操作要求和操作技巧、典型工艺的操作，以及常见故障分析、排除方法。为了检测学习效果，学以致用，组织了具有典型性的知识练习题和技能操作实例。掌握并利用这些练习，可以熟悉职业技能鉴定的基本要求，了解分析问题的思路和方法，提高在实际工作中解决问题的能力和技巧，而后一点尤为重要。

《职业技能鉴定教材》以初步具备本工种知识要求和技能操作要求为编写起点，有利于准备参加考核鉴定的人员掌握考核鉴定的范围和内容，适用于各级培训和鉴定机构组织升级考核复习，以及各类人员自学。对于相关专业职业技术学校师生和技术人员有较重要的参考价值。

本书由朱德寿（浙江省建筑工程技校）、陈炜（浙江省建筑工程技校）、胡艳心（浙江省杭州市建筑质量监督站）编写，朱德寿主编。魏尚义（湖南省建筑技工学校）、李敦仪（湖南省建筑技工学校）审稿，魏尚义主审。

编写建筑专业《职业技能鉴定教材》有相当的难度，是一项探索性工作，参与编写的专家为此付出了艰苦的努力。由于时间仓促，缺乏经验，难免存在缺点和不足，恳切希望广大读者提出宝贵意见和建议，以便今后修订，逐步完善。

建筑专业《职业技能鉴定教材》编审委员会

目　录

第一部分　知识要求

第二部分　技能要求

第三部分　练　习　题

第一部分　知识要求

第一章　识图与制图的基本知识

第一节　识图的基本知识

用摄影或绘画的方法来表现建筑物，其形像与人的视觉相一致。这种图立体感强，直观性好，很容易看懂。但它不能把建筑物的真实形状和尺寸大小准确地表达出来，因此它不能作为指导施工的依据。

建筑工程图一般都是采用正投影原理绘制出来的。这种图虽然直观性差，但它能真实地反映物体的形状和大小，全面完整地表达设计意图，指导施工，如图 1—1 所示。为此我们

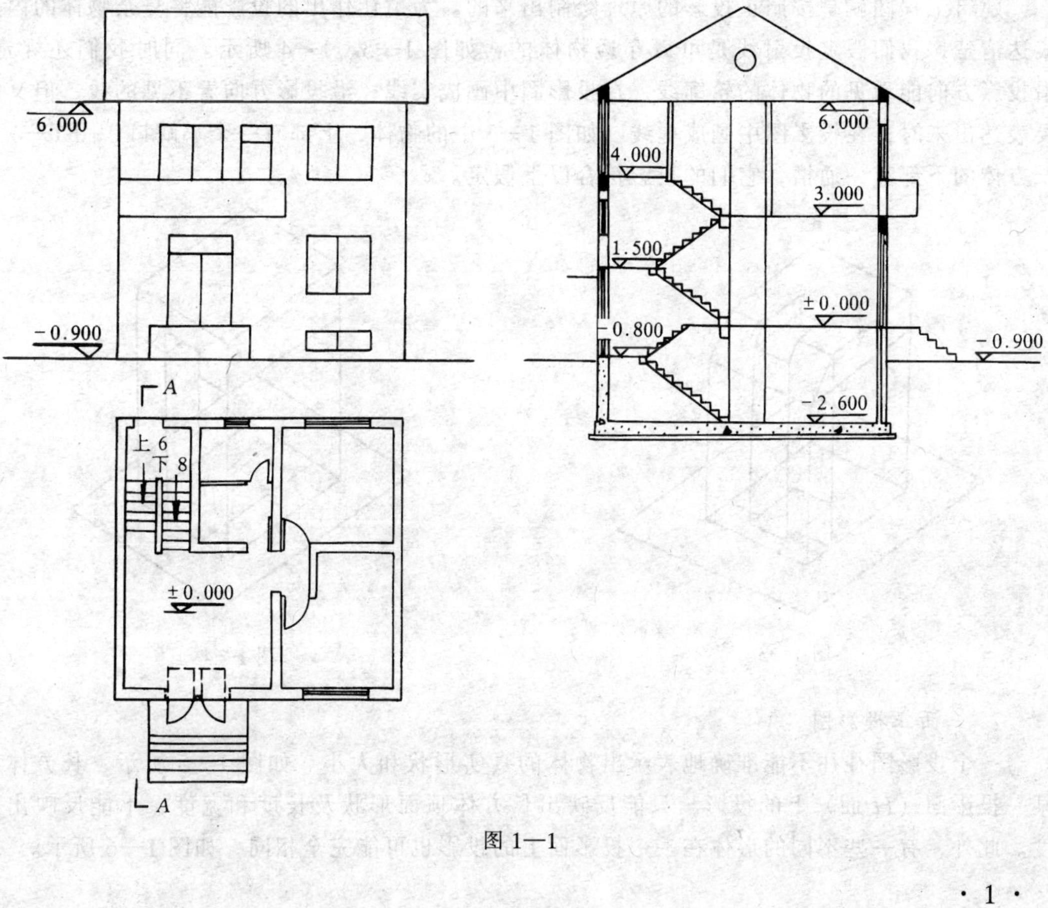

图 1—1

首先介绍正投影的基础知识和作图方法。

一、正投影图

1. 投影原理

在日常生活中，我们常常会看到这样一种现象：光线照射物体，在墙上或地面上就会产生影子。当光源的中心位置变化时，影子的形状、大小也随之变化。从而说明光源、物体和影子间存在着一定的联系。通过对这类现象进行分析总结，首先要抓住投影原理的三个要素：第一，光源发出的光线；第二，被光线照射的物体；第三，承受影子的地面或墙面。

如图 1—2 所示，我们在桌面的正上方放置一个光源，灯光照射桌面，在地上就会投下桌面的影子。灯距离桌面愈近，产生的影子愈大；灯距离桌面愈远，则影子愈接近桌面的大小。假如把灯移至无穷远的高度，可将光线视为互相平行且垂直桌面和地面的平行光线，这时在地面上的影子就和桌面大小完全相等。因此，影子是可以反映物体的大小和外形的。

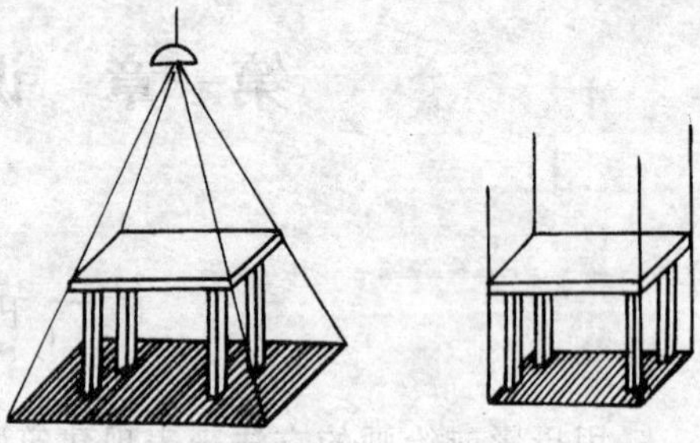

图 1—2

一般我们将光源发出的光线称为"投影线"，将影子所在的平面称为"投影面"，将产生的影子称为"投影图"。我们把投影线互相平行且垂直于投影面所得到的投影图称为"正投影图"。

建筑工程图就是按照正投影的原理绘制出来的。为了让作出的投影能将复杂物体的内外表达清楚，我们假定投射线是可以穿透物体的，如图 1—3、1—4 所示。同时我们还规定，沿投影方向能看见的物体的轮廓线，在投影图中画成实线；沿投影方向看不见的线，但又需要表达出来时，在投影图中画成虚线。如图 1—3 中的物体，上部有一个小缺口，图 1—4 中长方体的下部有一通槽，它们的投影符合以上假定。

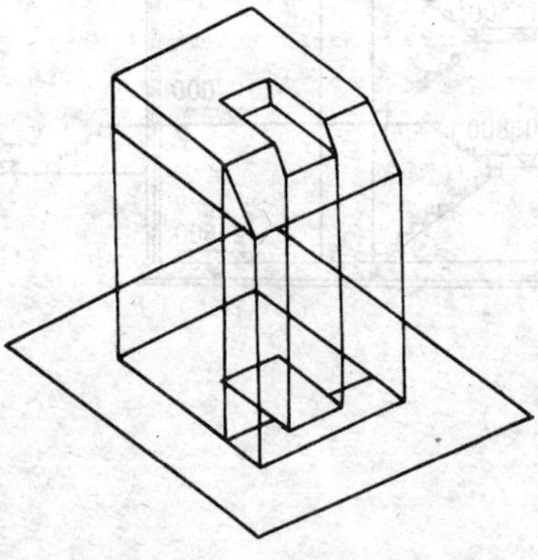

图 1—3

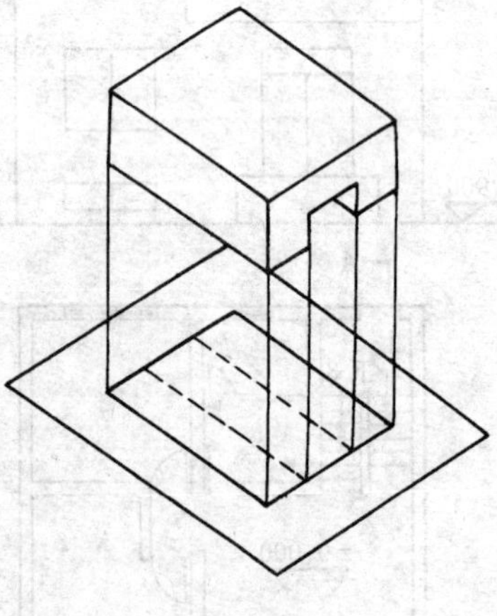

图 1—4

2. 三面正投影图

一个投影图往往不能准确地表示出物体的真实形状和大小。如图 1—5 所示，长方体在某一投影面（H 面）上的投影，只能反映出长方体顶面形状及长度和宽度，不能反映出高度。此外，有一些不同的形体在一个投影面上的投影也可能完全相同，如图 1—6 所示。

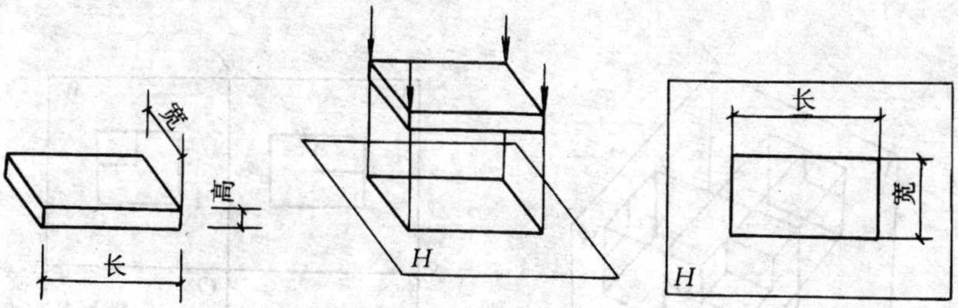

图 1—5

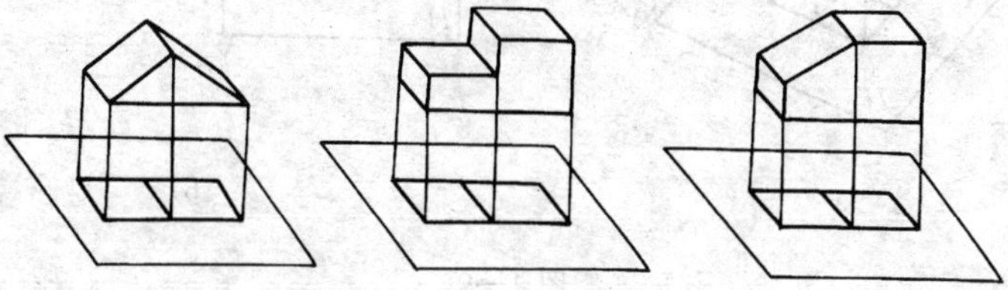

图 1—6

因此，物体的单面投影不能确切反映空间物体的形状和大小。

为了确切地反映空间物体的真实形状和大小，须增设一个与 *H* 面垂直、与物体的正面平行的投影面（称 *V* 面），这样我们就得到了长方体的第二个投影，如图 1—7 所示。

有的物体用两个投影面即可反映出其形状和大小，但有的物体用两个投影面还不能完整、准确地反映其真实形状和大小。如图 1—8 所示，两个物体在 *H*、*V* 面上的两个投影完全相同，因此物体的两面投影还是无法确定物体的空间形状。为此还须再增设一个与 *H*、*V* 面都垂直，与物体的侧面平行的投影面（*W* 面），如图 1—9a 所示。这样同时用三个投影图来确定空间物体的形状和大小。三面投影能从三个不同的方向全面地反映出物体的顶面、正面和侧面的形状和大小。

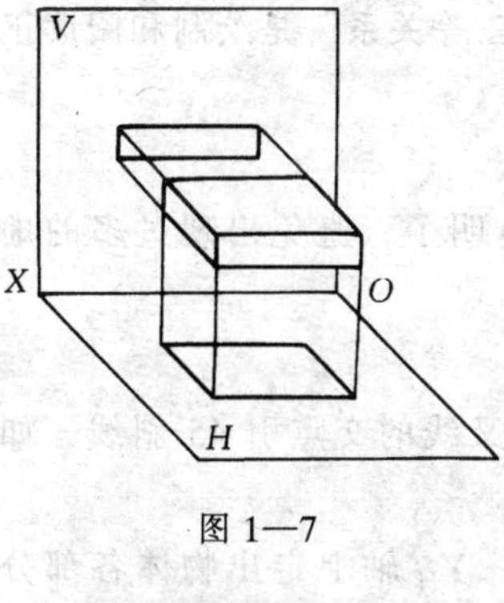

图 1—7

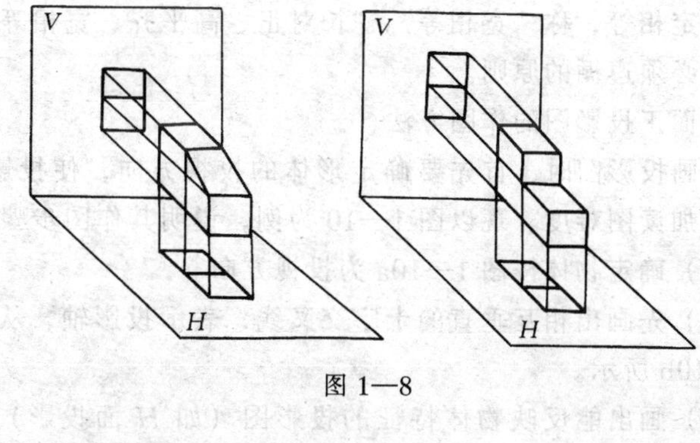

图 1—8

通常我们规定，*H* 面与 *V* 面相交的投影轴为 *OX* 轴，简称 *X* 轴；*H* 面与 *W* 面相交的投影轴为 *OY* 轴，简称 *Y* 轴；*V* 面与 *W* 面相交的投影轴为 *OZ* 轴，简称 *Z* 轴；三轴的交点 *O* 称为原点。*X*、*Y*、*Z* 轴分别表示形体的长、宽、高三个方向的尺度。

为了把空间的三个投影图画在同一个平面上，需将三个互相垂直的投影平面展开为一个平面。展开规定：*V* 面保持不动，*H* 面绕 *OX* 轴向下旋转 90°，*W* 面绕 *OZ* 轴向后旋转 90°，这样 *H*、*W* 面就与 *V* 面在同一平面上。这时 *Y* 轴分为两条，在 *H* 面上的，展开后成铅垂

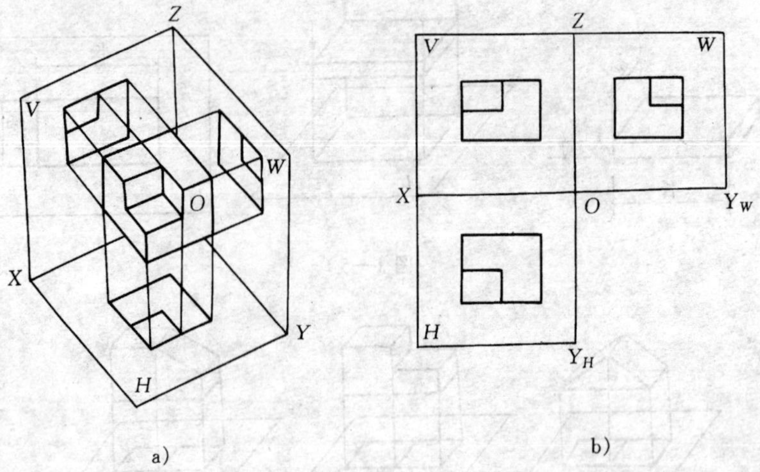

图 1—9

位置，用 Y_H 表示；在 W 面上的，展开后成水平位置，用 Y_W 表示，如图 1—9b 所示。从图中可以看出，平面图在正面图的下方，侧面图在正面图的右方。在实际作图时，可以不画边框线，不注写投影轴，只画出相互垂直的相交线即可。

从图 1—9b 中可以看出三面投影图具有以下投影规律：

(1) H 面反映形体的平面形状、长度、宽度以及形体的前后、左右关系；V 面反映形体的立面形状、长度、高度以及形体的上下、左右关系；W 面反映形体的侧面形状、高度、宽度以及上下、前后关系。

(2) 在三个投影图中存在“三等关系”，即：

H、V 面投影都反映形体的长度，在长度方向左右对正，称“长对正”；V、W 面都反映形体的高度，在高度方向上下平齐，称“高平齐”；H、W 面都反映形体的宽度，在宽度方向一定相等，称“宽相等”。“长对正、高平齐、宽相等”这“三等关系”是绘制和阅读正投影图必须遵循的原则。

三面正投影图的作图方法：

在画投影图时，首先要确定形体的投视方向，使投影图简单明了，避免出现过多的虚线，增加读图难度。现以图 1—10 为例，说明其作图步骤：

(1) 确定物体按图 1—10a 为投视方向。

(2) 先画出相互垂直的十字交叉线，表示投影轴，从十字交叉线的交点引 45°斜线，如图 1—10b 所示。

(3) 画出能反映物体特征的投影图（如 H 面投影），在 X、Y_H 轴上定出物体各部分长、宽的尺寸，就得到了水平投影图。根据“长对正”的原则，由 H 面向 V 面引铅垂线，定出物体的高度，就得到了正面投影图，如图 1—10c 所示。

(4) 根据“三等关系”，由 V 面向 W 面引水平线，由 H 面向右引水平线，与 45°度斜线相交后再向上引铅垂线，对照实物将相应部分图线加深，就得到了 V、W 面投影，如图 1—10d 所示。

在实际制图时，各投影图与轴线间距可任意选择，通常不必画出投影轴，还可将各投影

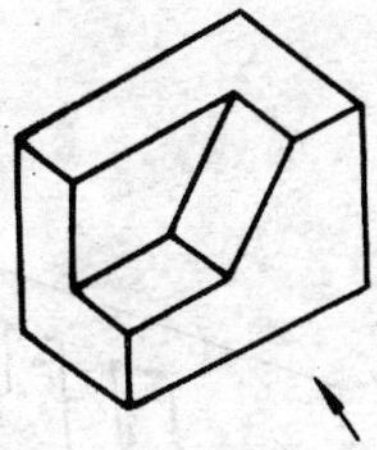

a)

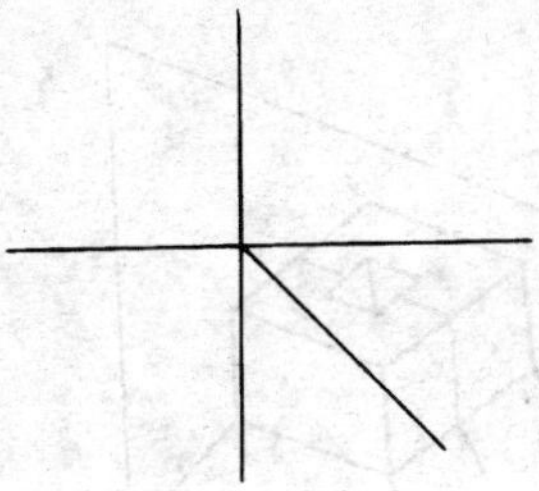

b)

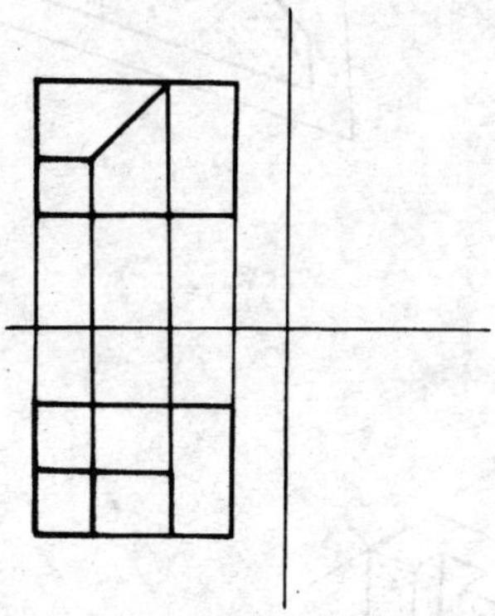

c)

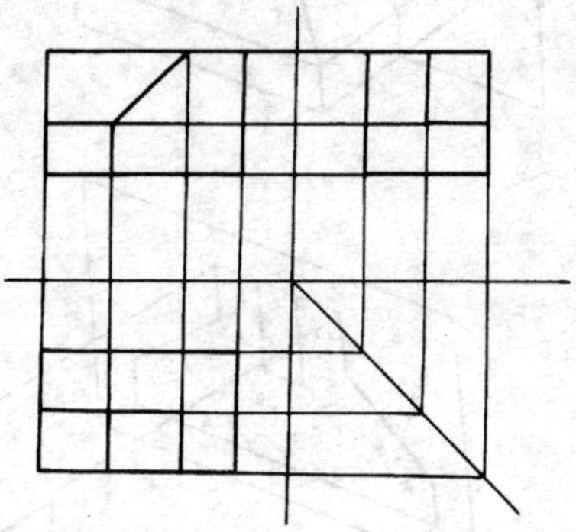

d)

图 1—10

图画在不同的图纸上。

3. 剖面图与断面图

(1) 剖面图与断面图的形成　当物体内部构造比较复杂时，在投影图中就会出现很多虚线或重叠线，难以表达物体的内部情况，增加读图难度。为了清楚地表达物体的内部构造及尺寸，用一假想剖切平面将物体切开，如图 1—11a 所示，移去剖切面的任一部分（视需要而定），然后对余下部分作投影，如图 1—11b 所示，这种投影图就称剖面图。

当剖切平面剖切一物体时，如果只画出剖切平面与物体相交所得到的图形，这种图就称断面图或称截面图，如图 1—11c 所示。

(2) 剖面图与断面图的区别　剖面图与断面图两者根本区别在于：断面图只画出剖切平面与物体相接触的交线部分的断面图形，而剖面图则需画出包括断面图在内的以及投视方向可见的物体的投影图。

(3) 剖面图与断面图的表示与标注　为方便读图，剖面图与断面图的剖切位置与投视方向均应在平面图中表示出来，并加以编号。

1) 剖切线及剖视方向　画剖面图时，剖切位置用一组跨图形的短粗实线（称剖切线）来表示，同时在剖切线两端各画一段与剖切线垂直的短粗实线，表示投视方向，如图 1—12。画断面图时，则省略其表示投视方向的短粗实线，而以编号注写的一侧作为观看方向。例如编号写在左侧，表示向左看；编号写在下方，表示向下看，如图 1—13 所示。当剖切线需要转折时，一般以转折一次为限，但断面图的剖切线不能转折。当被剖切的图面与剖面图不在同一张图纸上时，应在剖切线下注明剖面图所在图纸的图号。如图 1—12 中，在 3-3 剖切线上注有建施 6，即 3-3 剖面图画在建施 6 图纸中。

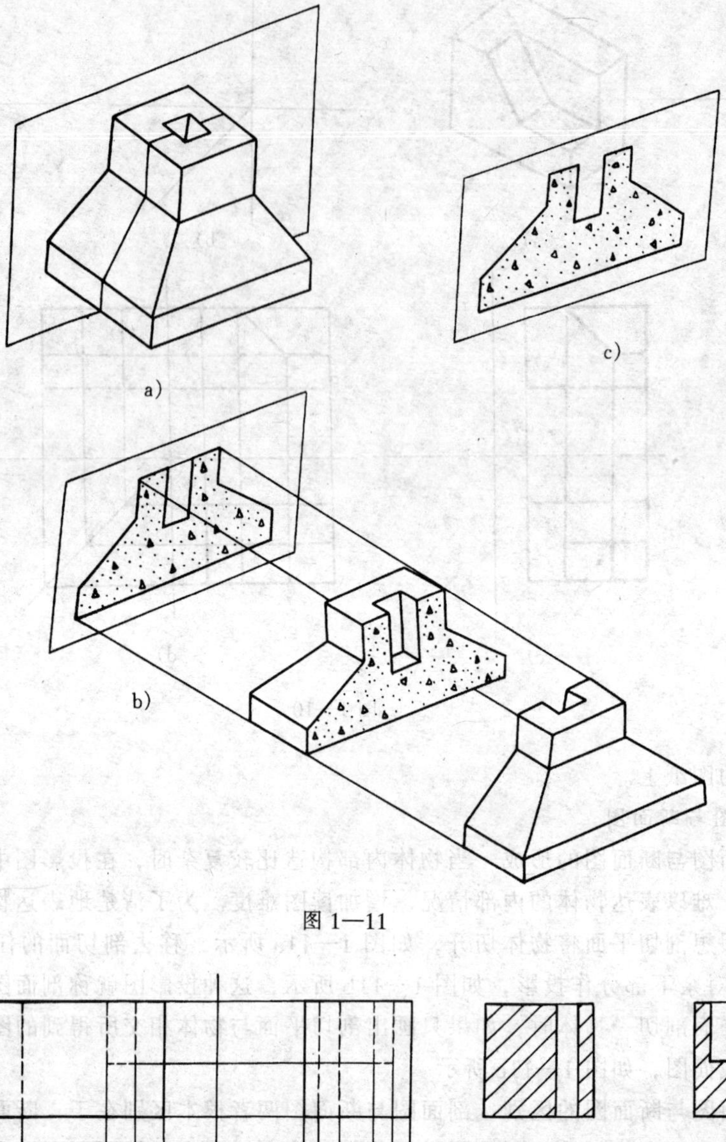

图 1—11

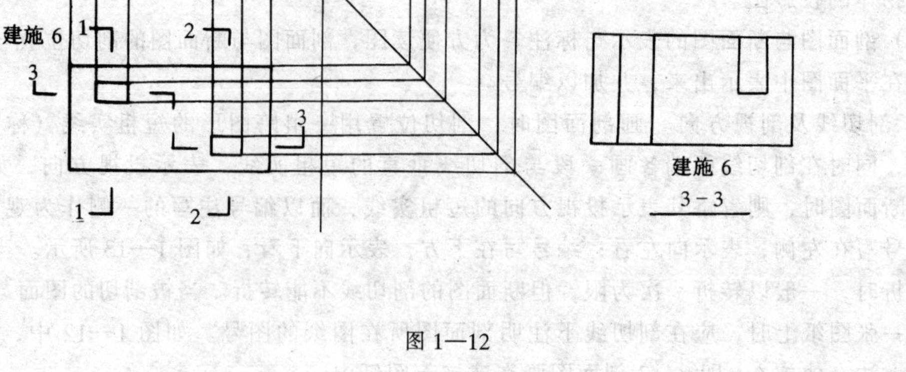

图 1—12

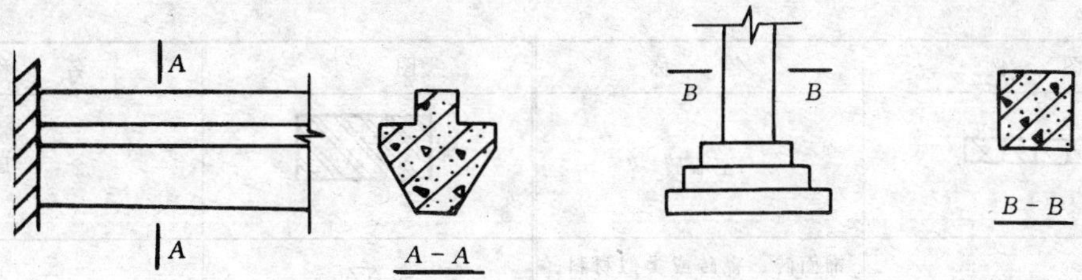

图 1—13

2）编号　断面图与剖面图一般采用阿拉伯数字来编号，有时也可用字母来表示，如 1-1、2-2 或 $A-A$、$B-B$ 等，编号注写在剖视方向一侧。

3）剖面图的图线规定　剖面图中，对剖切平面与物体相交所得交线轮廓线用粗实线来表示；对未剖切到但投视仍可见的轮廓线用中实线来表示，不可见的轮廓线一般不画出。

4）剖面图中的剖面图例　剖面图中被剖切到的部分（截断面），应画上表示材料的图例。常用材料图例见表 1—1。当不必指明材料图例时，可用 45°等间距的细实线表示。

表 1—1　　常用建筑材料图例

图　例	名　称	图　例	名　称
	自然土壤	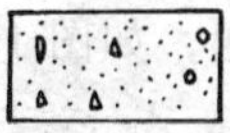	混凝土
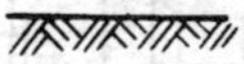	素土夯实	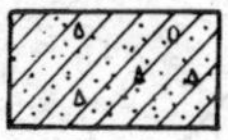	钢筋混凝土
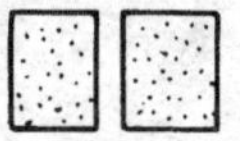	砂灰土　粉刷材料	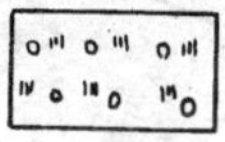	焦油、矿渣
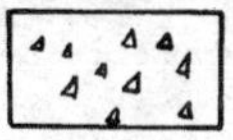	砂砾石及碎砖三合土		木　材
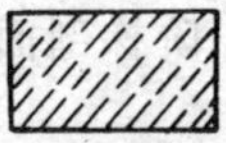	石材，包括岩层及贴面、铺地等石材		多孔材料
	方整石、条石	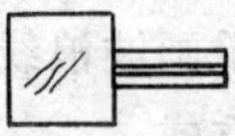	玻　璃
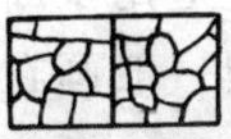	毛　石	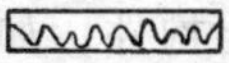	纤维材料或人造板
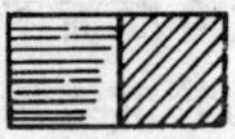	普通砖		防水材料或防潮层

续表

图　　例	名　　称	图　　例	名　　称
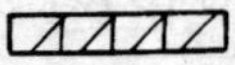	空心砖		金　　属
	饰面砖、瓷砖或类似材料，包括面砖、马赛克及各种铺地砖	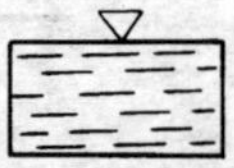	水

注：1. 同一格图例中画有两个图例时，左图为立面，右图为剖面。仅有一个图例时均为剖面。

2. 图例中的斜线、矩斜线、交叉线等一律为45°角倾斜。

3. 详细说明见国家标准：房屋建筑制图统一标准。

(4) 剖面图的几种表达方式

1) 全剖面图　用一假想剖切平面将物体全部切开所得到的图形，称全剖面图。它一般用于不对称的物体剖面图，如图1—12中1－1、2－2剖面。

2) 半剖面图　当物体前后、左右对称时，用半剖面图的方法将物体的一半画成剖面图，另一半画成正投影图。这样可同时表示形体的外形和内部构造，这种剖面图称半剖面图。应注意的是，半剖面图与投影图必须以点划线表示其对称轴。此外，半剖面图应画在垂直对称轴的右侧或水平对称轴的下侧，如图1—14b所示。

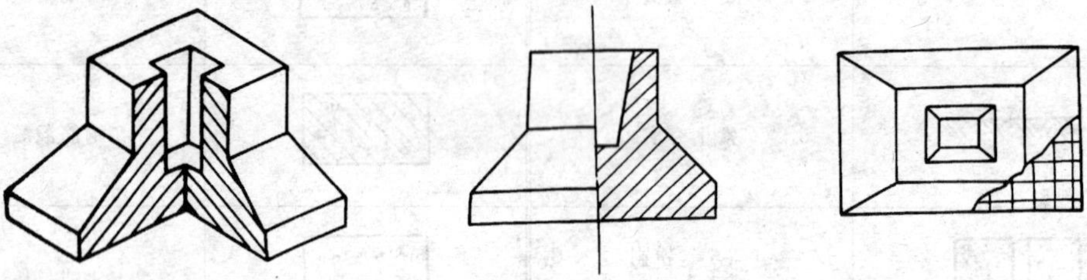

a)　　b)　　c)

图1—14

3) 阶梯剖面图　当用一个剖切平面不能将物体需要表达的内部构造表示清楚时，可将剖切平面转折一次，将需要表达的部位剖开，画出剖面图。这种剖面图就叫阶梯剖面图，如图1—12中3－3剖面。

4) 局部剖面图　当物体内部构造较为复杂，或需表示出内部分层构造时，可用局部剖面图。剖面图的折断处用徒手画波浪线作为分界线，如图1—14c所示。

(5) 断面图的几种表达方式

1) 移出断面　把物体的断面图移出画在投影图之外，称移出断面。它适用于断面变化比较多的构件，如钢筋混凝土构件，如图1—15a所示。移出断面的断面图一般画在剖切位置附近，以便对照识读，如图1—15b、c所示，也可以画在别处。

2) 重合断面图　将断面图直接画在投影图之内的直观断面图，称重合断面图，如图1—16所示。由于重合断面直接画在投影图中，为便于区别，将重合断面的轮廓线用粗实线来表示。

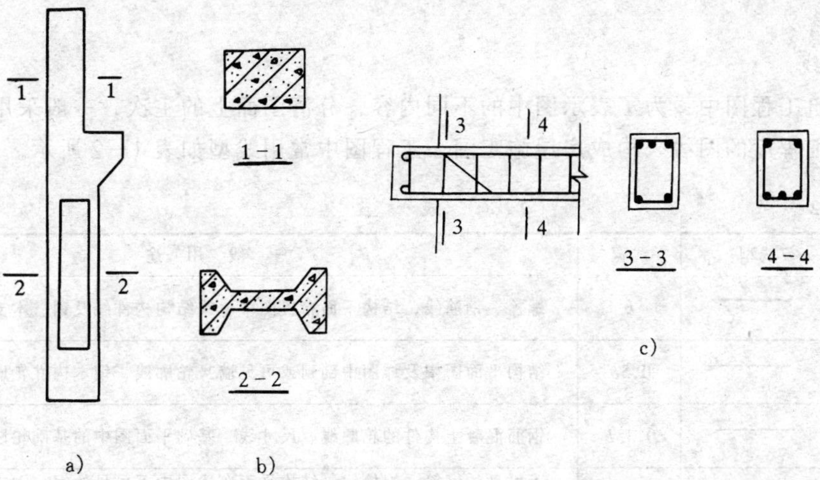

图 1—15

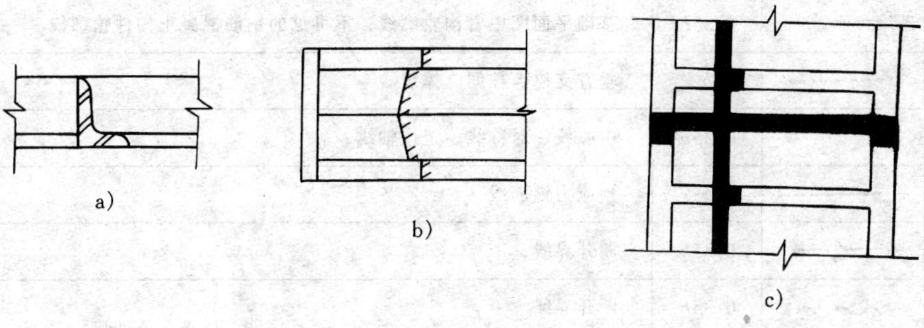

图 1—16

a）不等肢角钢　b）屋顶剖面图　c）现浇楼面断面图

3）中断断面　将断面图直接画在构件假想的断开处，称为中断断面图。它适用于较长且截面形状不变的构件，断开处投影图要采用折断线表示，如图 1—17a、b 所示。

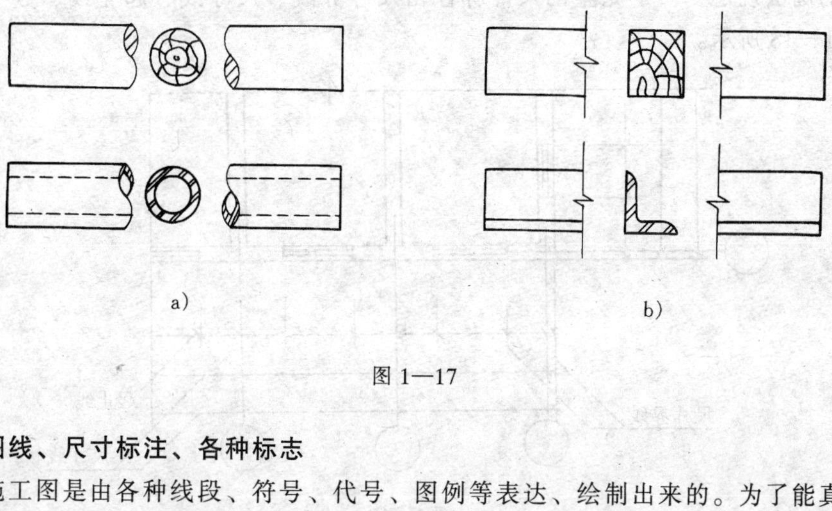

图 1—17

二、图线、尺寸标注、各种标志

建筑施工图是由各种线段、符号、代号、图例等表达、绘制出来的。为了能真正读懂施工图，了解设计意图，搞好施工，首先要掌握这些构成施工图的线段、符号、代号、图例等所表达的含义。

1. 图线

在建筑工程图中，为了表示图中的不同内容，分清图面上的主次，一般采用不同的线型和不同粗细程度的图线来构成房屋施工图。工程图中常用线型如表1—2所示。

表1—2　　线　型

名称	线型	线宽	一般用途
粗实线		b	螺栓、钢筋线，结构平面布置图中单线结构构件线及钢、木支撑线
中实线		$0.5b$	结构平面图中及详图中剖到或可见墙身轮廓线、钢木构件轮廓线
细实线		$0.35b$	钢筋混凝土构件的轮廓线、尺寸线，基础平面图中的基础轮廓线
粗虚线		b	不可见的钢筋、螺栓线，结构平面布置图中不可见的钢、木支撑线及单线结构构件线
中虚线		$0.5b$	结构平面图中不可见的墙身轮廓线及钢、木构件轮廓线
细虚线		$0.35b$	基础平面图中管沟轮廓线，不可见的钢筋混凝土构件轮廓线
粗点划线		b	垂直支撑、柱间支撑线
细点划线		$0.35b$	中心线、对称线、定位轴线
粗双点划线		b	预应力钢筋线
折断线		$0.35b$	断开界线
波浪线		$0.35b$	断开界线

2. 尺寸标注

工程图上的尺寸是施工、生产的重要依据，它也是构成图样的不可缺少的重要部分。其规定画法及要求如下：

尺寸的画法规定：一个完整的尺寸标注由尺寸界线、尺寸线、起止线、数字四部分组成，如图1—18所示。

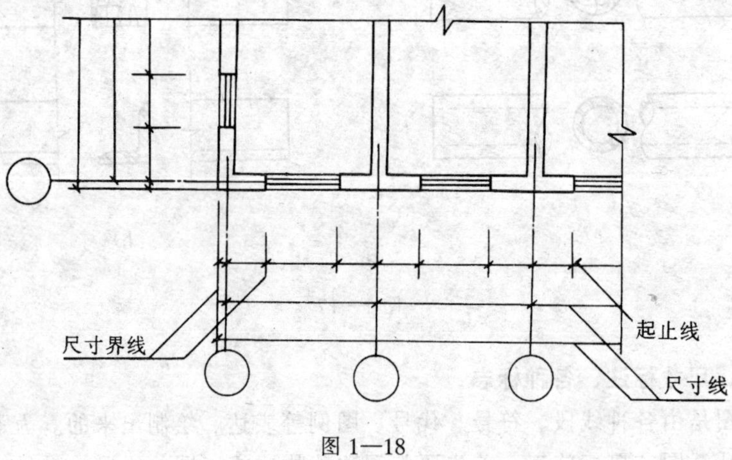

图1—18

尺寸界线：尺寸界线是表示图形尺寸范围的界限线，用细实线表示，有时可利用图形中的定位轴线、中心线或图形的轮廓线来代替。

尺寸线：尺寸线是表示图形度量方向上的线，用细实线来表示，一般画在图形的外面，当要标注细部时，也可画在图形的里面。

尺寸起止线：起止线用45°斜短线斜向右上方或用小圆点表示。

数字：图形各部分的尺寸大小用数字表示，一般以 mm 为单位（在图中可不注明）。数字书写要准确、完整、清楚。

3. 各种标志

（1）标高符号　标高符号应按图 1—19a 所示形式用细实线注写，如标注位置不够，可按图 1—19b 形式注写。在图样的同一位置需表示几个不同标高时，标高数字按图 1—19c 形式注写。标高符号的尖端，应指至被注的高度，尖端可向上，也可向下，如图 1—19d、e 所示。总平面图上标高符号采用涂黑的三角形表示，如图 1—19f 所示。

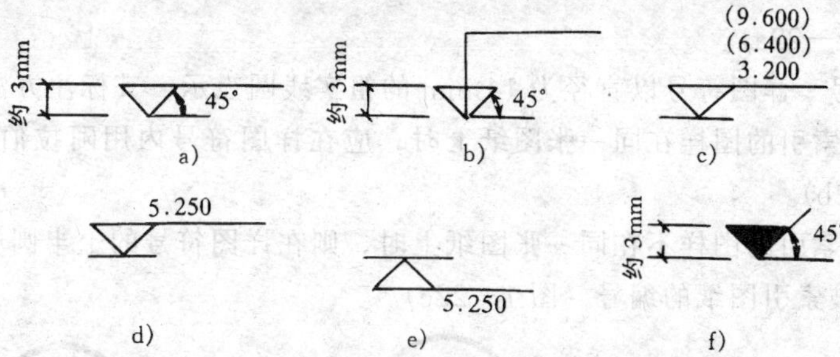

图 1—19　标高符号

标高数字以 m 为单位。正数标高数字前一律不加正号，负数标高必须在数字前加注负号，如 3.300，-1.500，-0.500 等。

（2）索引符号　施工图样的某一局部或构件在同一张图纸上画不下或需另见详图时，应以索引符号索引。索引符号以直径为 10 mm 的细实线圆圈表示，其规定画法及标注识读方法如下：

1）当索引的详图与被索引的图样在同一张图纸上时，应在索引符号的上半圆中用阿拉伯数字注明该详图的编号，在下半圆中画一段水平细实线（图 1—20a）。

2）当索引的详图与被索引的图样不在同一张图纸上时，则在索引符号的下半圆中用阿拉伯数字注明详图所在图纸的编号（图 1—20b）。

3）索引详图若采用标准图，应在索引符号上加注该标准图册的编号（图 1—20c）。

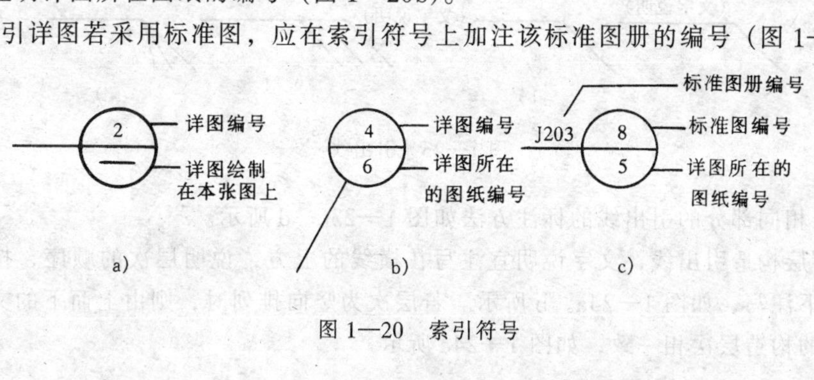

图 1—20　索引符号

4）剖面详图索引符号，应在被剖切的位置画出剖切位置线，标在剖视方向一侧，如图1—21所示。

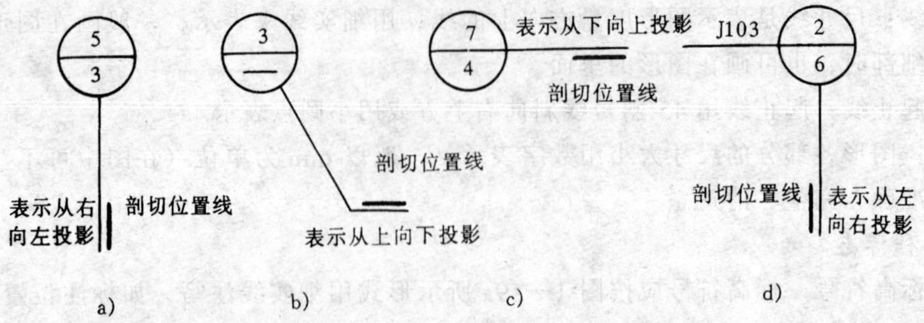

图1—21　局部剖面的索引符号

5）零件、钢筋、构件、设备等编号，应以直径为6 mm的细实线圆表示，用阿拉伯数字注明编号（图1—22a）。

（3）详图符号　详图符号以直径为14 mm的粗实线圆表示，其标注方法如下：

1）详图与被索引的图样在同一张图纸上时，应在详图符号内用阿拉伯数字注明该详图的编号（图1—22b）。

2）详图与被索引的图样不在同一张图纸上时，则在详图符号的上半圆中注明详图编号，在下半圆中注明被索引图纸的编号（图1—22c）。

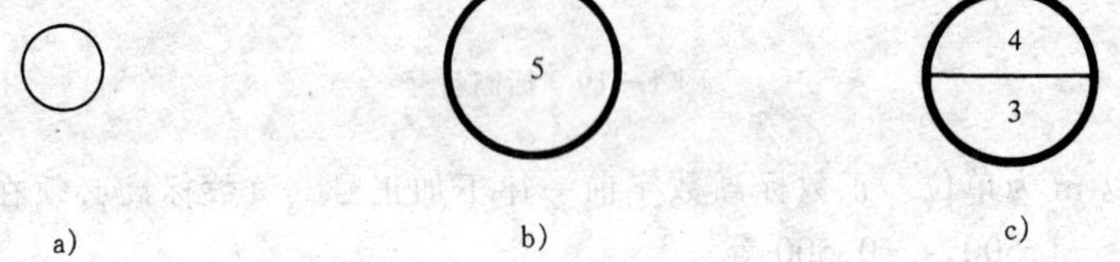

图1—22

（4）引出线　引出线用细实线绘制，宜采用：水平方向直线；与水平方向成30°、45°、60°、90°的直线；经上述角度的斜直线再折为水平的折线。

文字说明宜标注在水平横线的上方（图1—23a），也可注写在水平横线的端部（图1—23b）。

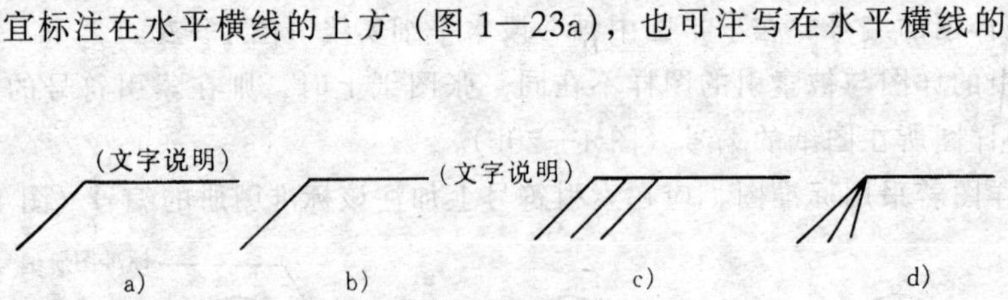

图1—23　引出线

1）几个相同部分的引出线的标注方法如图1—23c、d所示。

2）对多层构造引出线，文字说明宜注写在横线的上方，说明层次的顺序，按实际构造层次从上到下注写，如图1—24a、b所示。若层次为竖向排列时，则由上而下的文字说明应与由左至右的构造层次相一致，如图1—24c所示。

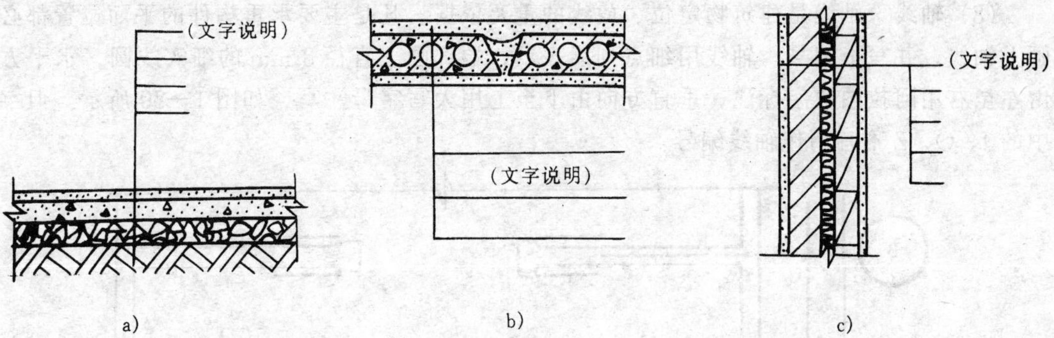

图 1—24

（5）对称符号　当建筑物或构件呈对称设计时，为减少绘图工作量，可在对称轴线位置用对称符号表示，只画其中一半，而另一半省略不画，或另一半画不同层次、不同立面的图。其对称符号画法如图 1—25 所示。

（6）连接符号　连接符号应以折断线表示需连接的部位，并以折断线两端靠图样一侧的大写拉丁字母表示。两个被连接的图样，必须用相同的字母编号（图 1—26）。

1）所绘制的两个图形仅部分不相同时，可只画另一构件不同的部分，用连接符号表示相连，两个符号应对准在同一线上，如图 1—27 所示。

图 1—25

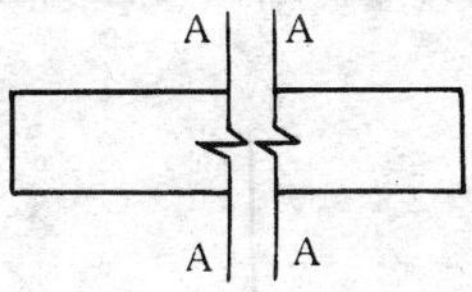

图 1—26

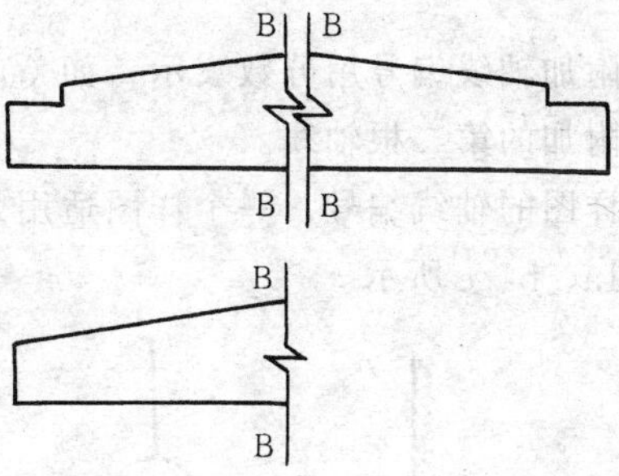

图 1—27

2）同一构件在图线上画不下时，也可将该构件分成两个部分绘制，再用连接符号表示相连，如图 1—28 所示。

（7）指北针　用细实线绘制直径 24 mm 的圆，指针尾部宽度宜为 3 mm。需用较大直径绘制指北针时，指针尾部宽度宜为直径的 1/8，如图 1—29 所示。

图 1—28

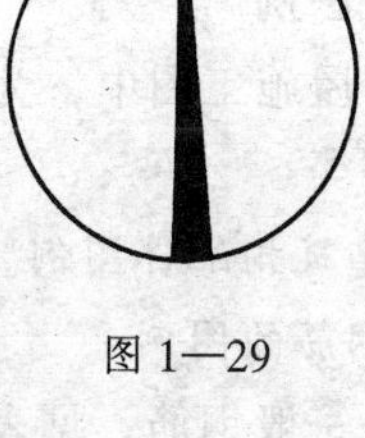

图 1—29

(8) 轴线　轴线是建筑物定位、放线的重要依据。凡是主要承重构件的平面位置都必须画上轴线，并写上编号。轴线用细点划线表示，端部画上直径 8 mm 的细实线圆，水平方向由左至右用阿拉伯数字标注，垂直方向由下至上用大写字母注写，如图 1—30 所示。但字母中的 I、O、Z 不宜用作轴线编号。

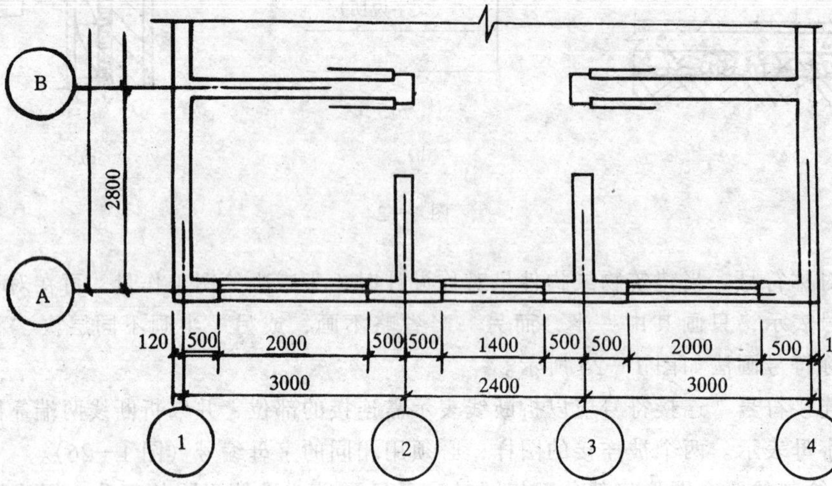

图 1—30

附加轴线编号用分数表示，如 (1/A) 表示 A 轴线后面附加的第一根轴线；(2/3) 表示 3 号轴线后面附加的第二根轴线。

详图的轴线编号，一个详图适用几根定位轴线时，应同时注明各有关轴线的编号，如图 1—31a、b、c 所示。

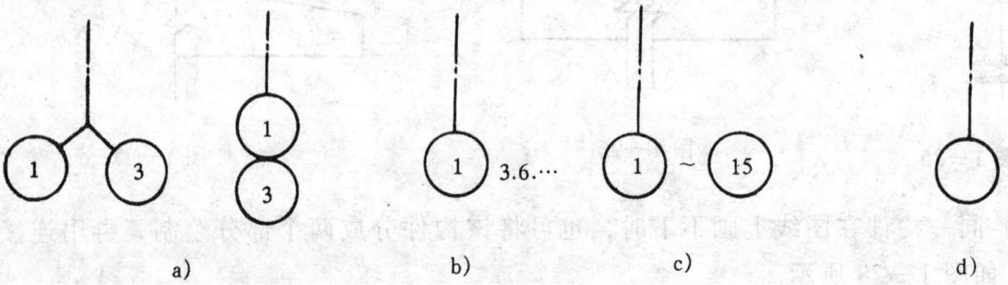

图 1—31

a) 用于两根轴线　b) 用于三根以上不连续轴线

c) 用于三根以上连续轴线　d) 通用详图轴线

通用详图的定位轴线，只画圆，不注写轴线编号，如图 1—31d 所示。

三、图例

在房屋施工图中，为便于绘图和识读，常用一些规定的画法来表示所用的材料、构配件、设备等。

1. 建筑构配件图例　见表 1—3。

2. 钢筋的图例

(1) 一般钢筋，见表 1—4。

表 1—3　　建筑构配件图例

序号	名　　称	图　　例	说　　明
1	楼　梯	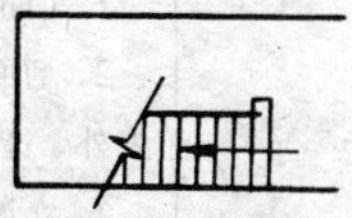  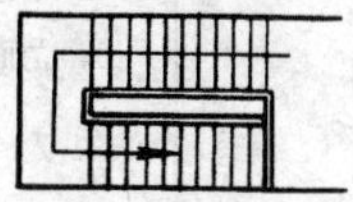	1. 上图为底层楼梯平面，中图为中间层楼梯平面，下图为顶层楼梯平面 2. 楼梯的形式及步数应按实际情况绘制
2	检 查 孔		左图为可见检查孔 右图为不可见检查孔
3	孔　　洞		
4	坑　　槽		
5	墙 预 留 洞	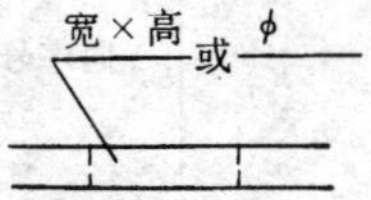	
6	墙 预 留 槽		
7	烟　　道	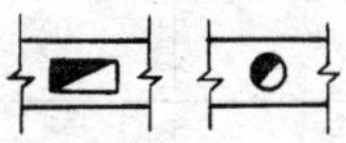	
8	通 风 道	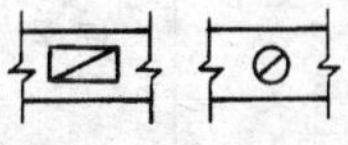	
9	空 门 洞	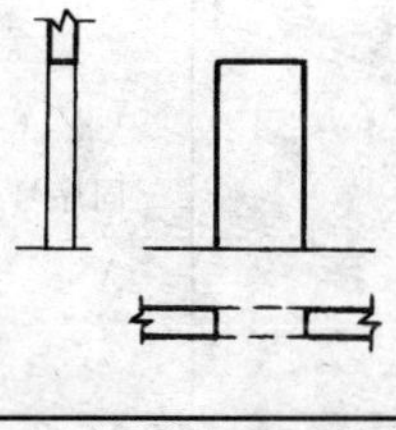	

续表

序号	名　　称	图　　例	说　　明
10	单扇门（包括平开或单面弹簧）	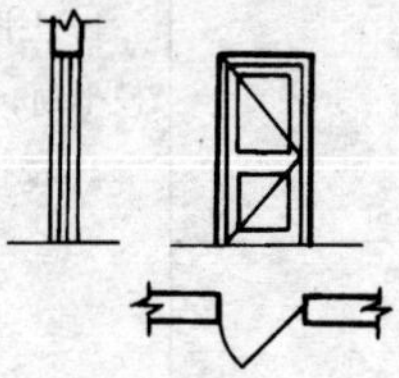	1. 门的名称代号用 M 表示 2. 剖面图上左为外、右为内，平面图上下为外、上为内 3. 立面图上开启方向线交角的一侧为安装合页的一侧，实线为外开，虚线为内开 4. 平面图上的开启弧线及立面图上的开启方向线，在一般设计图上不需表示，仅在制作图上表示 5. 立面形式应按实际情况绘制
11	双扇门（包括平开或单面弹簧）	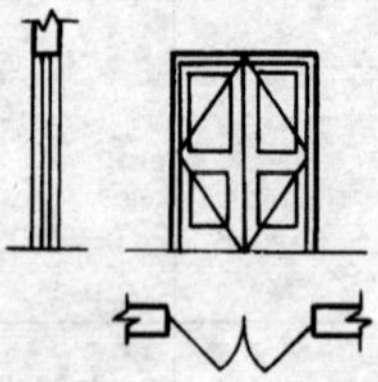	
12	对开折叠门	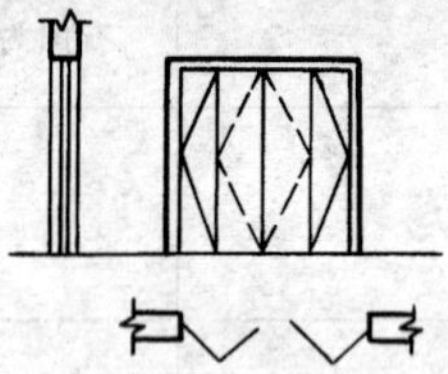	
13	单扇双面弹簧门	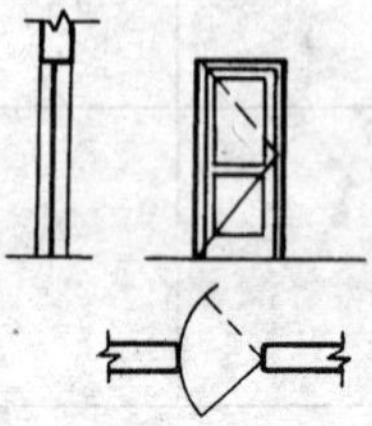	同序号 10
14	双扇双面弹簧门	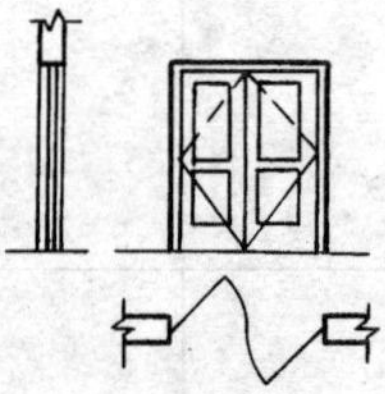	同序号 10
15	单扇内外开双层门（包括平开或单面弹簧）	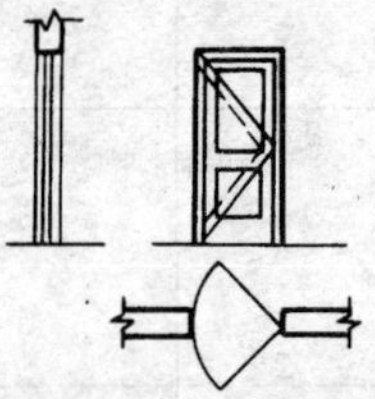	同序号 10
16	双扇内外开双层门（包括平开或单面弹簧）	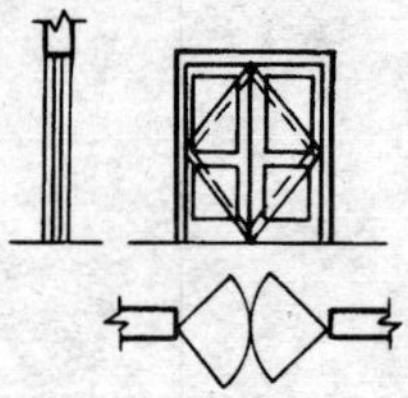	同序号 10

续表

序号	名　　称	图　　例	说　　明
17	转门	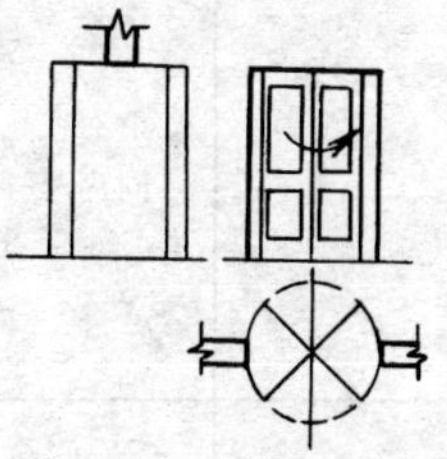	同序号 10 中的 1、2、4、5
18	单层固定窗	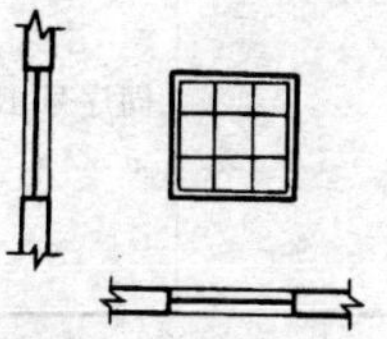	1. 窗的名称代号用 C 表示 2. 立面图中的斜线表示窗的开关方向，实线为外开，虚线为内开；开启方向线交角的一侧为安装合页的一侧，一般设计图中可不表示 3. 剖面图上左为外、右为内，平面图上下为外，上为内 4. 平、剖面图上的虚线仅说明开关方式，在设计图中不需表示 5. 窗的立面形式应按实际情况绘制
19	单层外开上悬窗	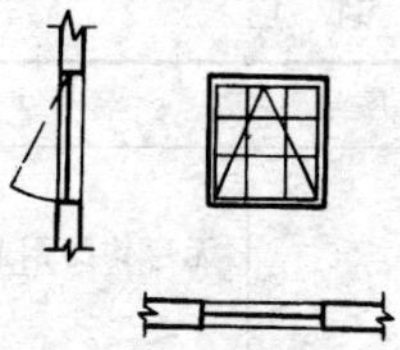	
20	单层中悬窗	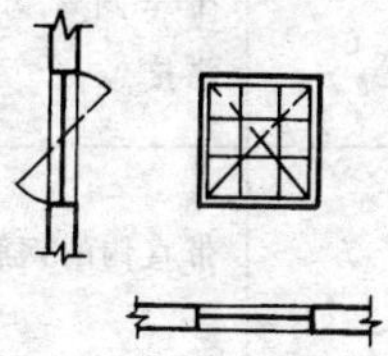	同序号 18
21	单层内开下悬窗	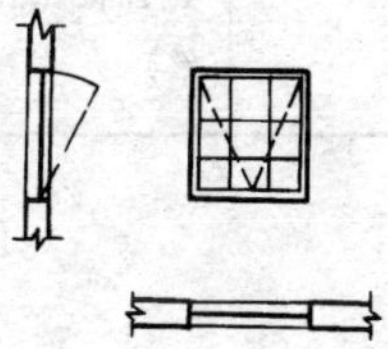	同序号 18
22	单层外开平开窗	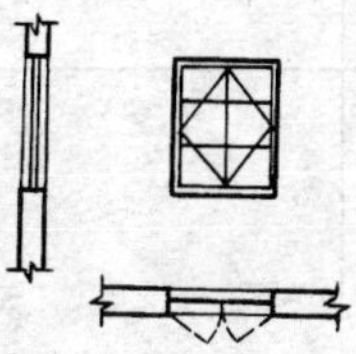	同序号 18
23	立转窗	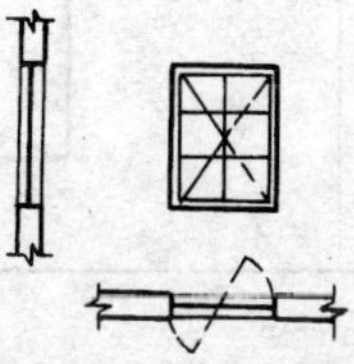	同序号 18

续表

序号	名称	图例	说明
24	单层内开平开窗	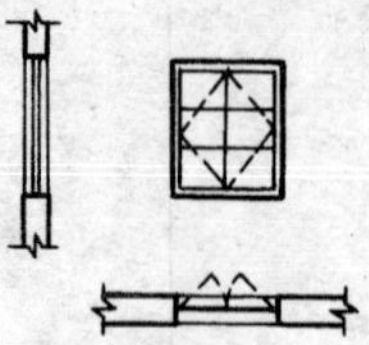	同序号 18
25	双层内外开平开窗	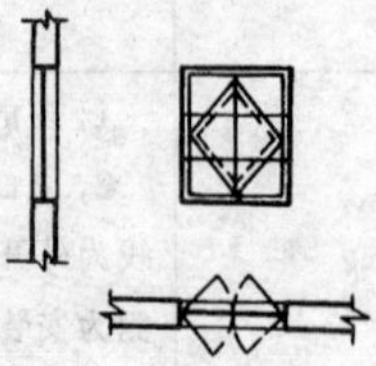	同序号 18

表 1—4　　一般钢筋

序号	名称	图例	序号	名称	图例
1	无弯钩的钢筋端部		5	无弯钩的钢筋搭接	
2	带半圆形弯钩的钢筋端部		6	带半圆弯钩的钢筋搭接	
3	带直钩的钢筋端部		7	带直钩的钢筋搭接	
4	带丝扣的钢筋端部		8	套管接头（花篮螺丝）	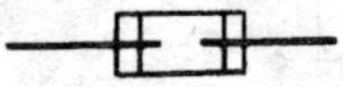

（2）焊接网，见表 1—5。

表 1—5　　焊接网

序号	名称	图例
1	一张网平面图	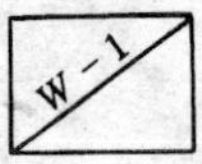
2	一排相同的网平面图	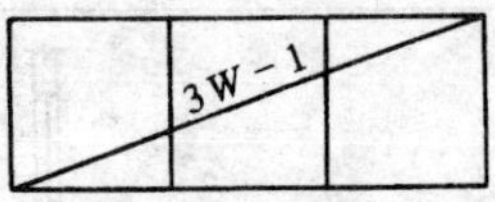

（3）预应力钢筋，见表 1—6。

表 1—6　　　　　　　　　　　　　**预 应 力 钢 筋**

序号	名　　称	图　　例
1	预应力钢筋或钢绞线（用粗双点划线表示）	
2	在预留孔道或管子中的后张法预应力钢筋断面	
3	预应力钢筋断面	
4	张拉端锚具	
5	固定端锚具	
6	锚具的端视图	

（4）钢筋焊接接头，见表 1—7。

表 1—7　　　　　　　　　　　　　**钢筋焊接接头**

名　称	接头形式	标注方法	名　称	接头形式	标注方法
单面焊接的钢筋接头	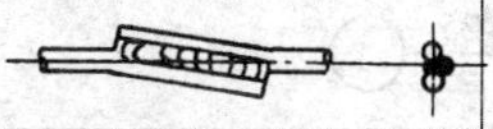		接触对焊(闪光焊)的钢筋接头		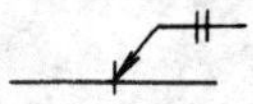
双面焊接的钢筋接头	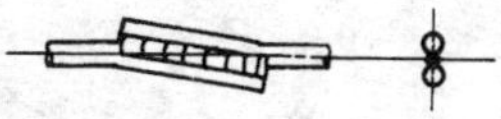		坡口平焊的钢筋接头	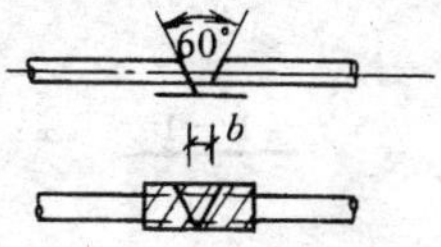	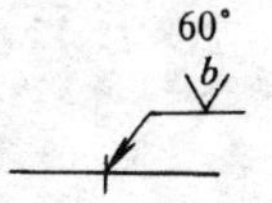
用帮条单面焊的钢筋接头	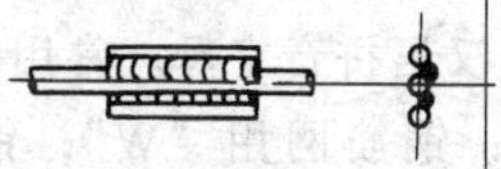		坡口立焊的钢筋接头	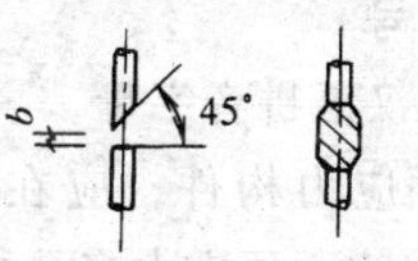	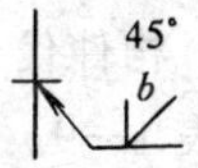
用帮条双面焊接的钢筋接头	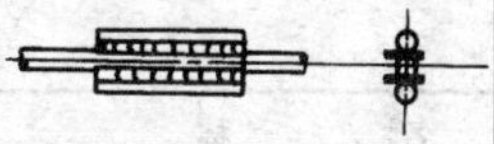	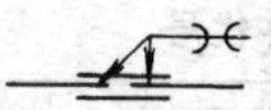	用角钢或扁钢作连接板焊接的钢筋接头	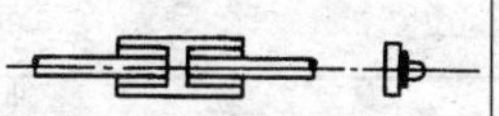	

3. 钢筋常用符号　见表 1—8。

表 1—8　　　　　　　　　　　　　**钢筋常用符号**

钢筋种类	符　号	钢筋种类	符　号
Ⅰ级钢筋	中	冷拉Ⅰ级钢筋	中^{l}
Ⅱ级钢筋	虫	冷拉Ⅱ级钢筋	虫^{l}
Ⅲ级钢筋	虫	冷拉Ⅲ级钢筋	虫^{l}
Ⅳ级钢筋	亚	冷拉Ⅳ级钢筋	亚^{l}

续表

钢筋种类	符　号	钢筋种类	符　号
热处理钢筋	Φ^t	碳素钢丝	Φ^s
冷拔低碳钢丝	Φ^b	钢绞线	Φ^j
刻痕钢丝	Φ^k		

钢筋的表示方法：在施工图中钢筋一般均应编号，如图1—32所示。当某一编号的钢筋中心间距完全相等时，用等距符号表示，例$\phi 8@200$表示Ⅰ级钢筋、直径为8 mm、间距中到中为200 mm。在图中箍筋尺寸一般指内皮的尺寸，弯起钢筋的弯起高度一般指外皮尺寸。

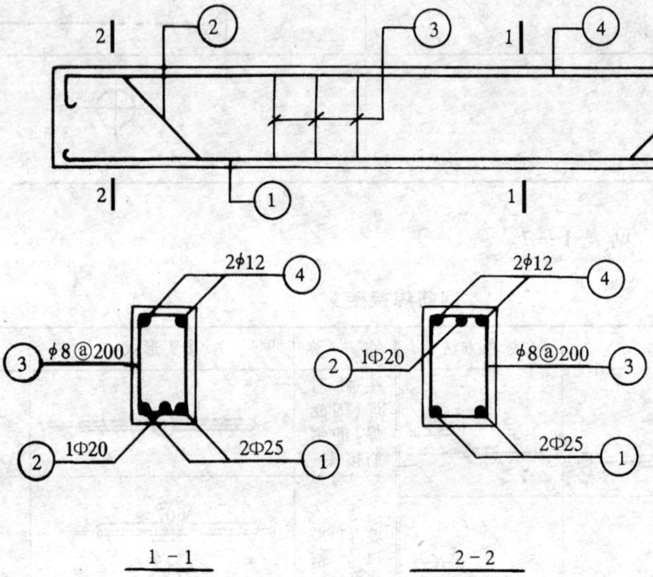

图1—32

四、构件代号

构件代号用汉语拼音字母，一般采用构件名称的第一个汉语拼音字母。常用的构件代号见表1—9。对预应力构件，应在构件代号前加一个“Y”；钢筋网用“W”；钢筋骨架用“G”；多孔板用KB；预应力多孔板用YKB等。

表1—9　　常用构件代号

序　号	名　　称	代　号	序　号	名　　称	代　号
1	板	B	10	吊车安全走道板	DB
2	屋　面　板	WB	11	墙　　板	QB
3	空　心　板	KB	12	天　沟　板	TGB
4	槽　形　板	CB	13	梁	L
5	折　　板	ZB	14	屋　面　梁	WL
6	密　肋　板	MB	15	吊　车　梁	DL
7	楼　梯　板	TB	16	圈　　梁	QL
8	盖板或沟盖板	GB	17	过　　梁	GL
9	档面板或檐口板	YB	18	连　系　梁	LL

续表

序号	名称	代号	序号	名称	代号
19	基础梁	JL	31	桩	ZH
20	楼梯梁	TL	32	柱间支撑	ZC
21	檩条	LT	33	垂直支撑	CC
22	屋架	WJ	34	水平支撑	SC
23	托架	TJ	35	梯	T
24	天窗架	CJ	36	雨篷	YP
25	框架	KJ	37	阳台	YT
26	刚架	GJ	38	梁垫	LD
27	支架	ZJ	39	预埋件	M
28	柱	Z	40	天窗端壁	TDb
29	基础	J	41	钢筋网	W
30	设备基础	SJ	42	钢筋骨架	G

五、长度计量单位

在房屋施工图中，对于表示长度尺寸的数值，一般不注明计量单位。总平面图中的坐标、标高、距离以 m 为单位，并保留小数点后两位。其他图纸中除标高及注明单位的以外，凡未注明计量单位的尺寸数值均以 mm 为单位，并保留小数点后三位。

第二节　施工图的识读要点

图样是对实物的缩小、概括，它以图例、符号、代号及各种线型、数字等来完整地表达某一物体。钢筋工要完成钢筋的加工制作、安装任务，其最基本的技能就是学会看懂施工图。

对施工图的识读，除掌握上节所阐述的基本识图知识外，还要学会灵活运用，掌握其识读要领，做到准确无误的识读。

一、施工图要点

1. 比例和坡度

(1) 比例　图样的比例，应为图形与实物相对应的线性尺寸之比。例如 1:100，其中“1”是指作图的尺寸，“100”为实物尺寸，即图样大小为实物大小的 1/100。

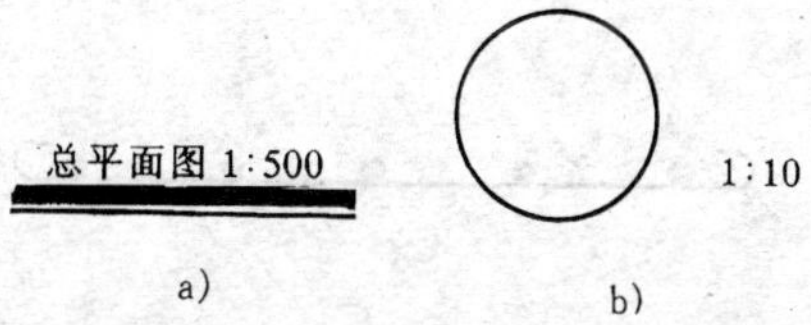

图 1—33

比例宜注写在图名的右侧，如图 1—33 所示。

一般规定，一个图样应选用一个比例，但根据专业制图的需要，同一个图中可选用两种比例。因此在识读图时，不能用尺直接从图面量取，而要以图上注写的尺寸数字为依据。

(2) 坡度　标注坡度时，在坡度数字下应加注坡度符号，如图 1—34a、b 所示。坡度符号的箭头一般应指向下坡方向。坡度也可用直角三角形表示，如图 1—34c 所示。

2. 标高

(1) 相对标高　相对标高的基准面是根据工程项目的需要而自行选定的，在一般情况下，大都以建筑物底层室内地坪面作为相对标高的基准面，记作 ±0.000。

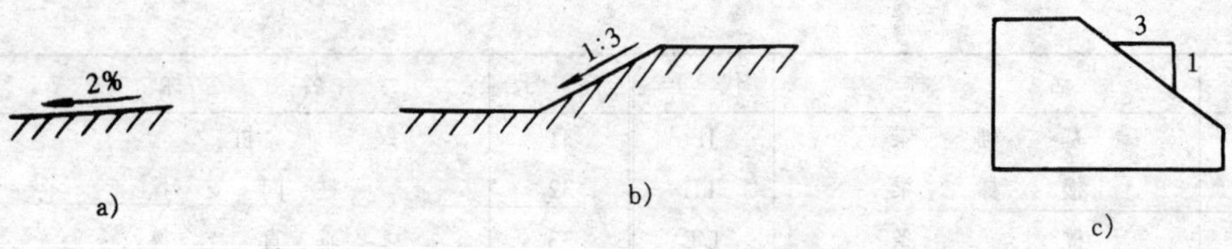

图 1—34

(2) 绝对标高　我国以青岛黄海的平均海平面作为绝对标高的基准面。

(3) 建筑标高　建筑标高是指建筑物装饰面层处的标高。

(4) 结构标高　结构标高是指结构或结构构件（如梁、板处）表面处的标高，如图 1—35 所示。

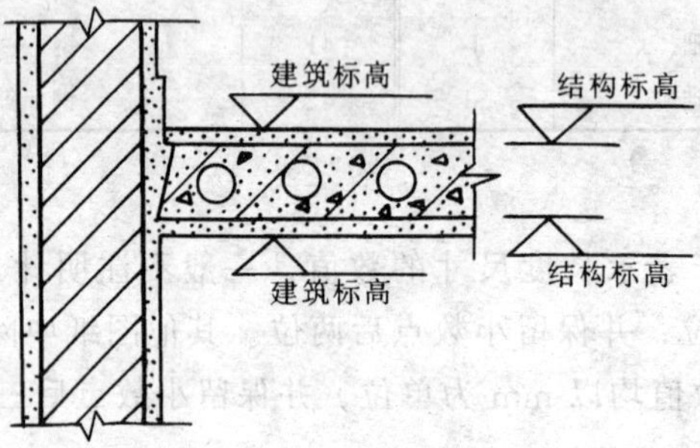

图 1—35

3. 钢筋图样的特征

(1) 钢筋的画法　钢筋形状用粗实线表示，横向剖切到的钢筋画成黑圆点，如图 1—36 所示。

在平面图中配置双层钢筋时，下层钢筋弯钩应向上或向左，上层钢筋应向下或向右，如图 1—37 所示。

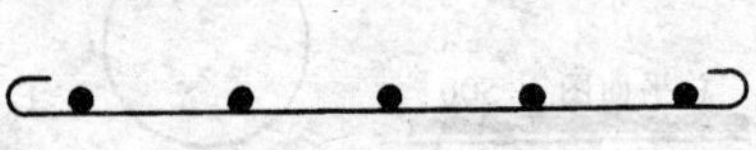

图 1—36

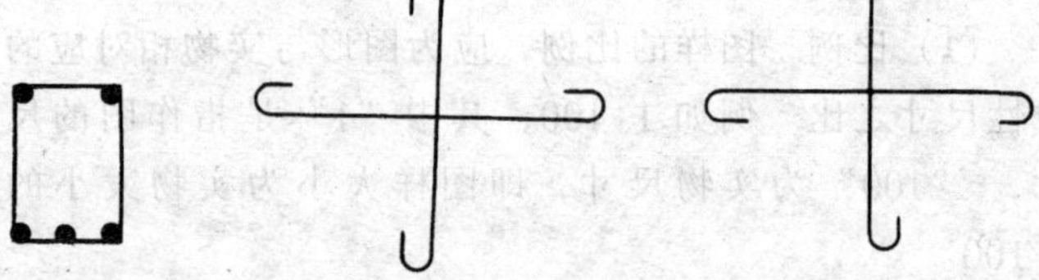

图 1—37

如在断面图中不能表达清楚钢筋的布置时，应在断面外增加钢筋大样图，如图 1—38 所示。

在图中所表示的箍筋、环筋，在复杂的配筋图中，应加画钢筋大样图，如图 1—39 所示。

每组相同的钢筋、箍筋或环筋，可以用粗实线画出其中一根来表示，同时用一贯穿的细实线表示其余的钢筋、箍筋或环筋。横线的两端用细实线表示该号钢筋的布置的起止范围，也可只画一根或几根，同时注明总根数和间距，如图 1—40a、b 所示。

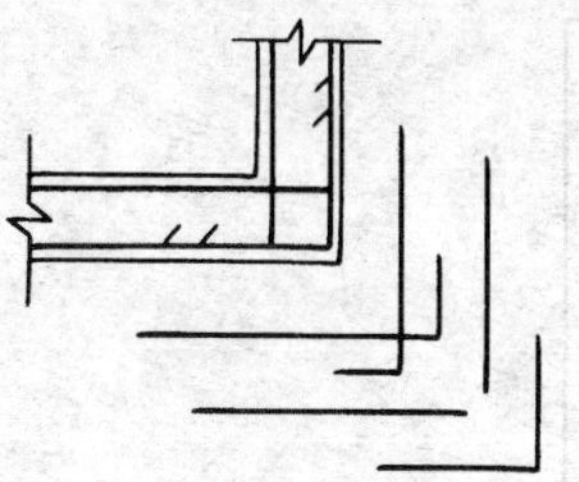

图 1—38

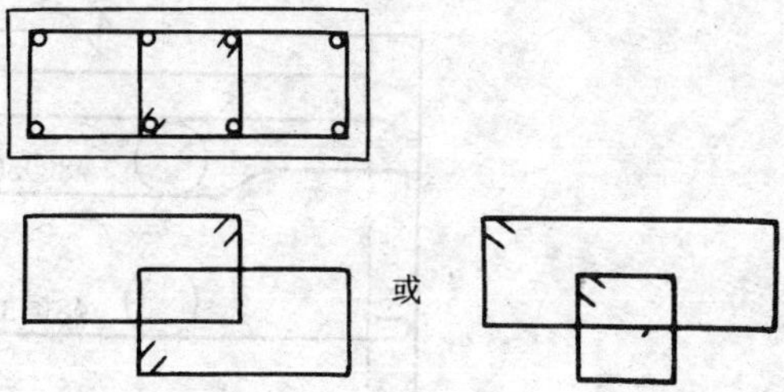

图 1—39

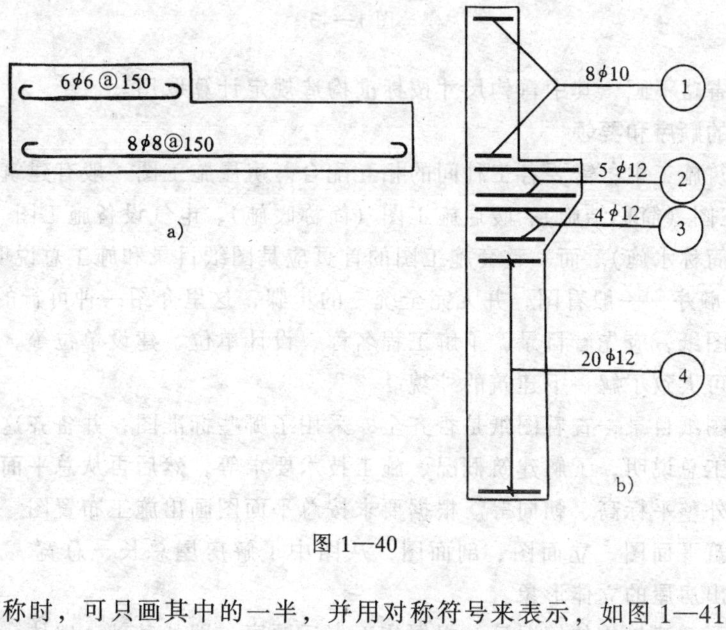

图 1—40

构件左右对称时，可只画其中的一半，并用对称符号来表示，如图 1—41 所示。

用局部图形即可表达清楚构件内配筋的，可用波浪线表示，如图 1—42 所示。

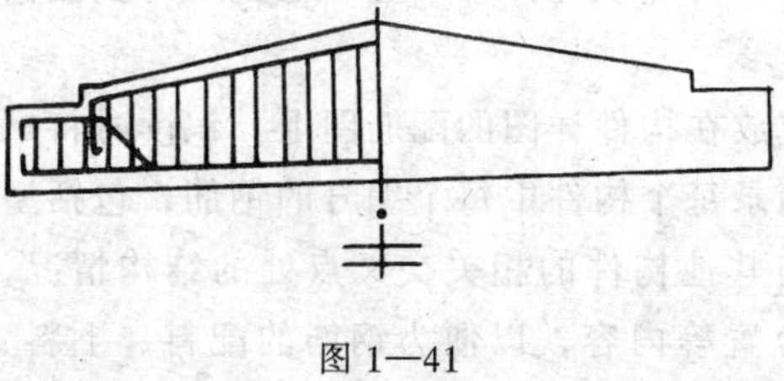

图 1—41

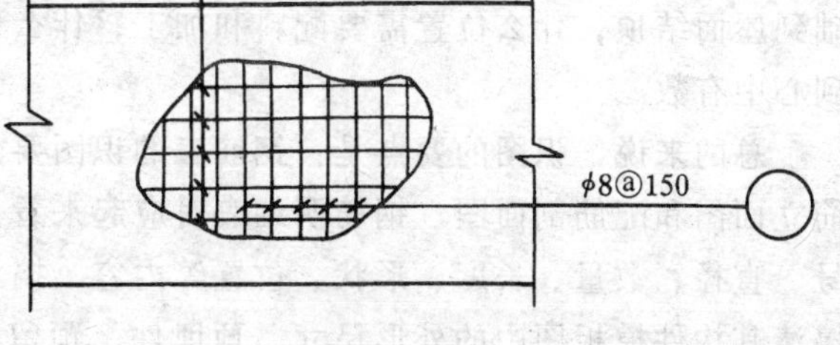

图 1—42

在单向板中，分布筋可以不画出，但必须在说明或材料表中注明其直径、间距、总长度等，如图 1—43 所示。

(2) 钢筋的度量　钢筋的实际形状都以单线条表示。施工前由钢筋翻样人员根据设计图将各种结构构件内的配筋情况编制好钢筋配料单，由此组织钢筋的备料、加工和安装工作。施工时尺寸的度量分为外包（或称外皮）尺寸和内包（或称内皮）尺寸，一般除箍筋外其他钢筋都采用外包尺寸。在施工图中，钢筋的尺寸标注，在一般情况下只标注其数字，尺寸线

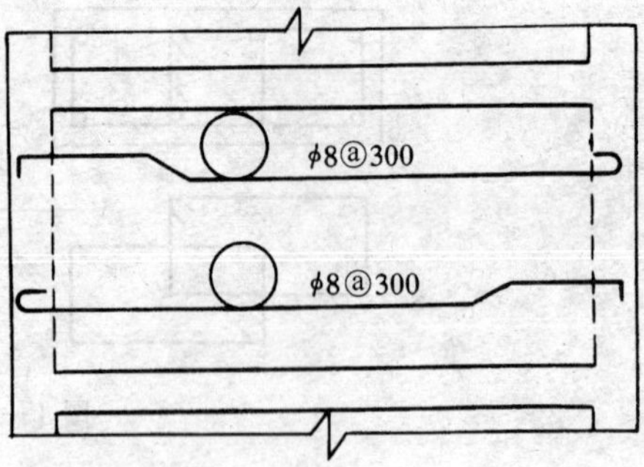

图 1—43

和尺寸界线可省略不画，其中弯钩尺寸按标准构造规定计算取用。

二、识图的顺序和要领

在房屋建筑施工中，需要各工种间的相互配合。房屋施工图一般有建筑施工图（简称建施)、结构施工图（简称结施)、暖通施工图（简称暖施)、电气设备施工图（简称电施)、给排水施工图（简称水施)。而一整套施工图的首页应是图纸目录和施工总说明。

1. 识图的顺序　一般看图，并无完全统一的步骤，这里介绍一种可行的方法：

(1) 一套图纸，应先看目录，了解工程名称、设计单位、建设单位等，图纸的张数。如果有立体图，可大致了解一下建筑的外貌。

(2) 根据图纸目录，查看图纸是否齐全，采用了哪些标准图，并备齐这些标准图册。

(3) 看施工总说明，了解建筑概况、施工技术要求等，然后再从总平面图了解建筑物所在的位置、室外整平标高、朝向等。根据要求按总平面图画出施工布置图。

(4) 看建筑平面图、立面图、剖面图，从图中了解房屋总长、总宽、总高及轴线尺寸等，大体想像出房屋的立体形象。

(5) 总体了解建筑物的情况后，根据施工先后顺序，即从基础—墙体—结构—装修的顺序，仔细阅读，并将遇到的问题、差错、不合理处等记录下来，便于进一步阅读时解决。

(6) 全部阅读一遍图纸后，根据不同工种，将有关施工部分的图纸再细读深研，如从基础到屋面结顶，什么位置需要配料和加工，什么位置需要埋预埋件等。这样在施工时就能做到心中有数。

总的来说，识图的要点是：钢筋工的识图要点应放在构件详图的配筋图上。识读时将配筋立面图和配筋剖面图、钢筋明细表对应起来看，摘录每个构件中每个编号的钢筋，包括型号、直径、数量、长度、形状、位置等内容，搞清与其他构件的相关交叉点处的结构情况，搞清其构件模板图中的外形尺寸、预埋件、预留洞位置等内容，以便为钢筋的配料、下料、成形、安装等工作做好准备。

2. 识图的要领

(1) 循序渐近，从粗到细　看图时，除应掌握投影和制图的基本知识外，在方法上，宜先看第一页上的目录和总说明，逐渐向后了解图纸的内容概况，然后看有关工种所需的图纸。对同一张图纸，应按由外向内看、由大到小看、由粗到细看的顺序，深入研读，逐步掌握。

(2) 前后对照，查找差遗　将各工种专业的图纸前后对应细看，找出差错遗漏处。图样与说明交换着看，建施与结施对照着看。注意各种尺寸标高关系，不能将图纸单独识读，既要有全局观念，又要有侧重点，这样才能较快掌握图纸，正确无误地进行钢筋的加工和安装工作。

(3) 结合实际，注意变更　在施工中，会经常遇到各种变更设计的情况，故在识读图纸时要注意设计修改图纸和设计变更备忘录等补充说明内容，以防发生差错。

根据自己的实践经验识读图纸，有事半功倍的效果。按构配件的配筋构造规律、构造要求，联系生产实际，就能很快地掌握图纸内容。

在看图过程中应始终注意建施、结施与其他施工图的关系，看看有无矛盾和遗漏之处。如有问题，应及时向有关部门反映，提出修改意见，但不得擅自修改图样。

在具备了一定的识图知识后，如果我们能够通过阅读各种施工图想像出房屋的整体形象或局部形象，那么对我们施工会有很大帮助。

第三节　施工图的识读

一、建筑施工图的识读

1. 施工总说明，建筑总平面图的识读

(1) 施工总说明　施工总说明主要对图样中不便详细注写的用料、做法及使用部位等要求作出具体的文字说明。

(2) 建筑总平面图　建筑总平面图是在假想的建筑区上空向下正投影所得的水平投影图，是表明新建房屋所在位置的总体布置图。它反映一个建筑群的范围及布置情况，一般能反映出新建房屋的位置、朝向、室外场地、道路、绿化情况。周围地面不平时，一般还有地表面标高等。

建筑总平面图是房屋定位、施工放线、土方施工以及绘制水、暖、电等管线平面图和施工总平面图的依据。

总平面图识读内容（对照图 1—44 识读）：

1）工程名称、图纸的比例。

2）用图例表明建设区域的总体布置，包括新建、保留、拆除等建筑物，以及道路、场地、绿化等布置情况。在总平面图上一般应画有主要图例并注写其名称。

3）建筑物位置的定位尺寸、朝向及室内外地坪的绝对标高等。

4）建筑地区的风向频率玫瑰图和指北针。

2. 建筑平面图的识读

(1) 建筑平面图的形成　建筑平面图是假想用一水平面在窗台以上适当位置将房屋全部切开，向下作正投影而得到的水平剖面图。

建筑平面图可以反映出建筑物的平面形状、出入口、走廊、房间布置等，以及施工中应该明确的门窗位置、墙厚和柱的大小及布置等。

平面图一般包括底层平面图、二层平面图、三层平面图、顶层平面图，当楼层平面布置相同时，可用一个标准层平面图来代替。

(2) 平面图的识读内容（对照图 1—45）

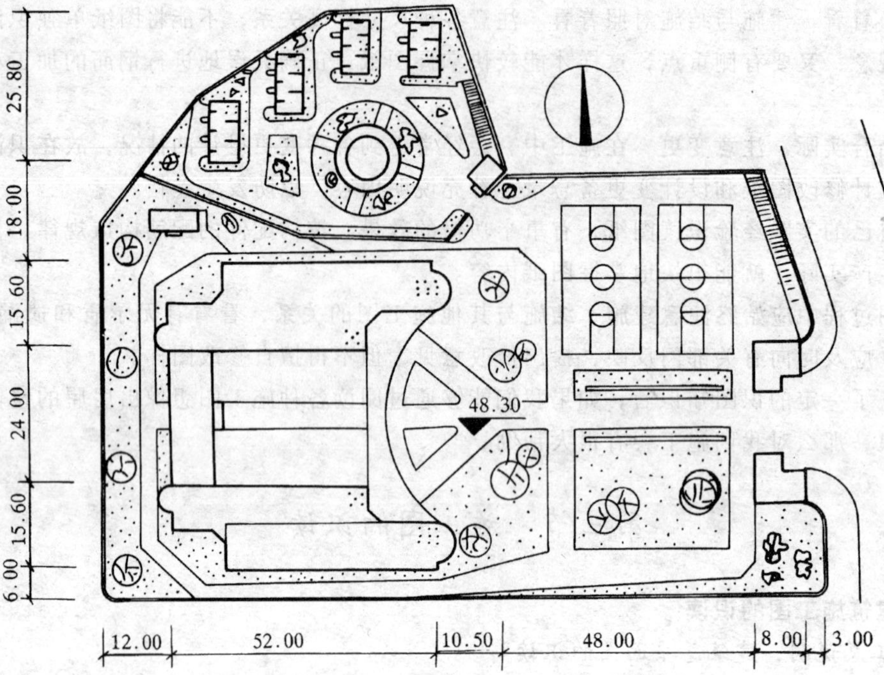

总平面图 1:500

图 1—44

1）图名、比例。

2）定位轴线及编号，各种房间的布置和名称。

3）墙、柱的断面形状和尺寸，门窗的位置。

4）辅助部分如花台、台阶、雨篷、散水等的布置。

5）平面图中应标注的尺寸分外部尺寸和内部尺寸，单位为 mm。外部尺寸分三道：第一道为外包尺寸，表示房屋的总长和总宽；第二道为轴线尺寸，表示开间及进深；第三道为细部尺寸，表示门窗洞口宽度及墙柱的尺寸。内部尺寸为一些应标注的小尺寸。此外平面图中还标有该层所在的标高位置，单位为 m。

6）底层平面图中应表明剖面图的剖切位置线和剖视方向及编号。

7）需注明另画详图部位的详图索引。

3. **建筑立面图的识读**

（1）建筑立面图的形成　建筑立面图是指投影面平行于建筑物各外墙面所得的正投影图，一般根据其朝向而命名，如南立面、北立面等。

建筑立面图可以反映建筑物的外貌，以及遮阳板、阳台檐口的外形，雨篷、落水管、勒脚等的位置，同时还写明外墙的装饰做法。

建筑立面图上一般应注明房屋的各层标高，房屋的总高及室内外标高。在立面图上应标有头尾两个轴线的编号。

（2）立面图的识读内容（对照图 1—46）

1）图名、比例。

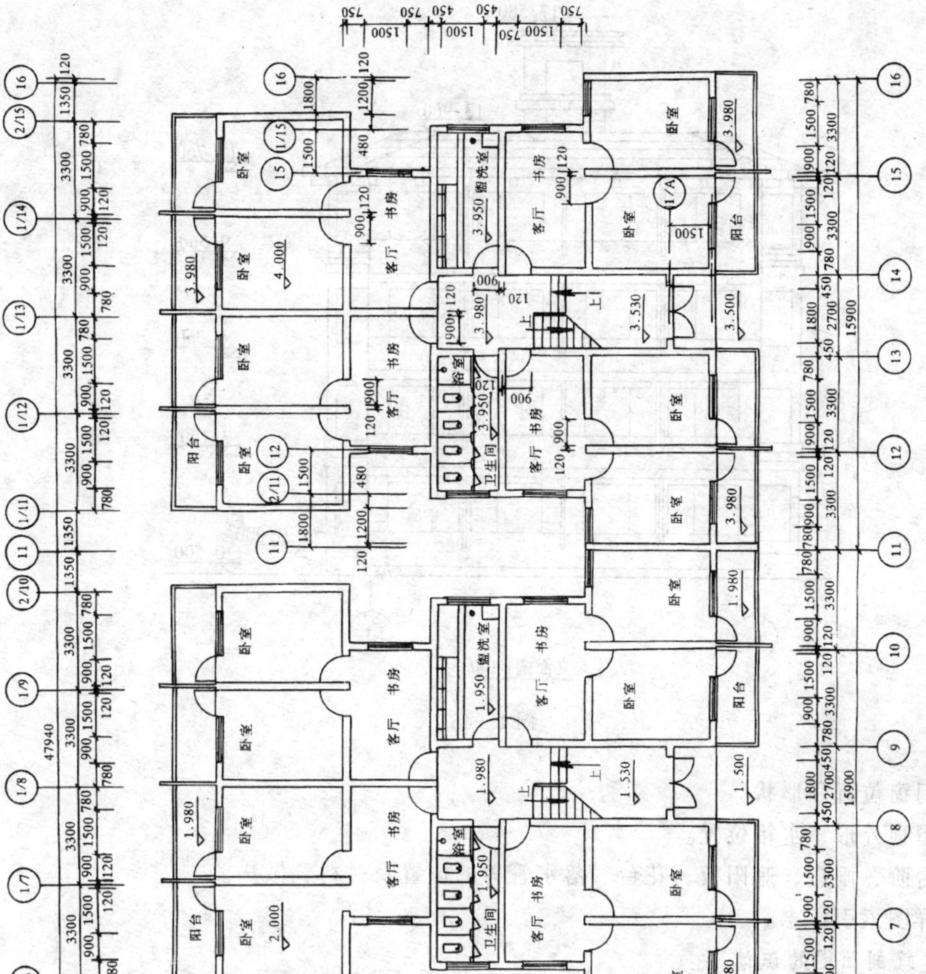

一层平面图 1:100

图 1—45

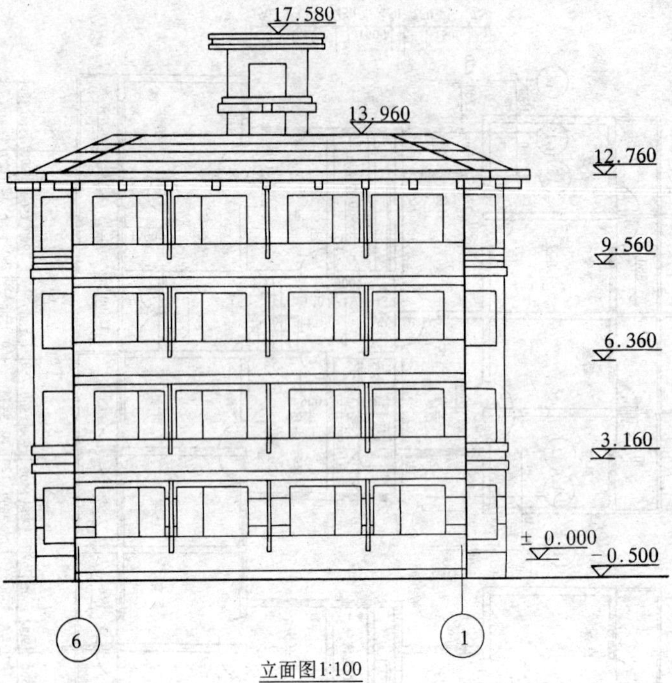

立面图1:100

图 1—46

2）门窗位置和形状。

3）屋顶外形、水箱位置。

4）台阶、雨篷、遮阳板、花台、落水管等的位置及材料、做法。

5）详图索引标志。

4. 建筑剖面图的识读

（1）建筑剖面图的形成　用一个铅垂的剖切平面剖切在能更多地反映建筑物内部构造和分层情况的部位，所得到的投影图。剖切位置一般选择在楼梯、阳台、雨篷、台阶等部位。

（2）剖面图的识读内容（对照图 1—47）

1）图名、比例。

2）屋顶形式、坡度。

3）楼地面的构造做法。

4）过梁、圈梁、窗台、防潮层、楼梯段及平台、雨篷等的布置。

5）室内外地坪标高、各层楼面标高及各结构构件的支模高度。

6）某些构造说明及节点详图索引标志。

5. 建筑详图的识读

（1）建筑详图的形成　在平、立、剖面图中无法表达清楚的细部构造，用较大比例的图样来表示的施工图，叫建筑详图，也称大样图。

详图一般有外墙节点详图、楼梯详图以及门、窗、栏板、扶手、厨房、浴厕等的详图。

（2）详图的识读内容（对照图 1—48）

1）详图名称比例。

2）详图编号及对应平、立、剖面图中的位置。

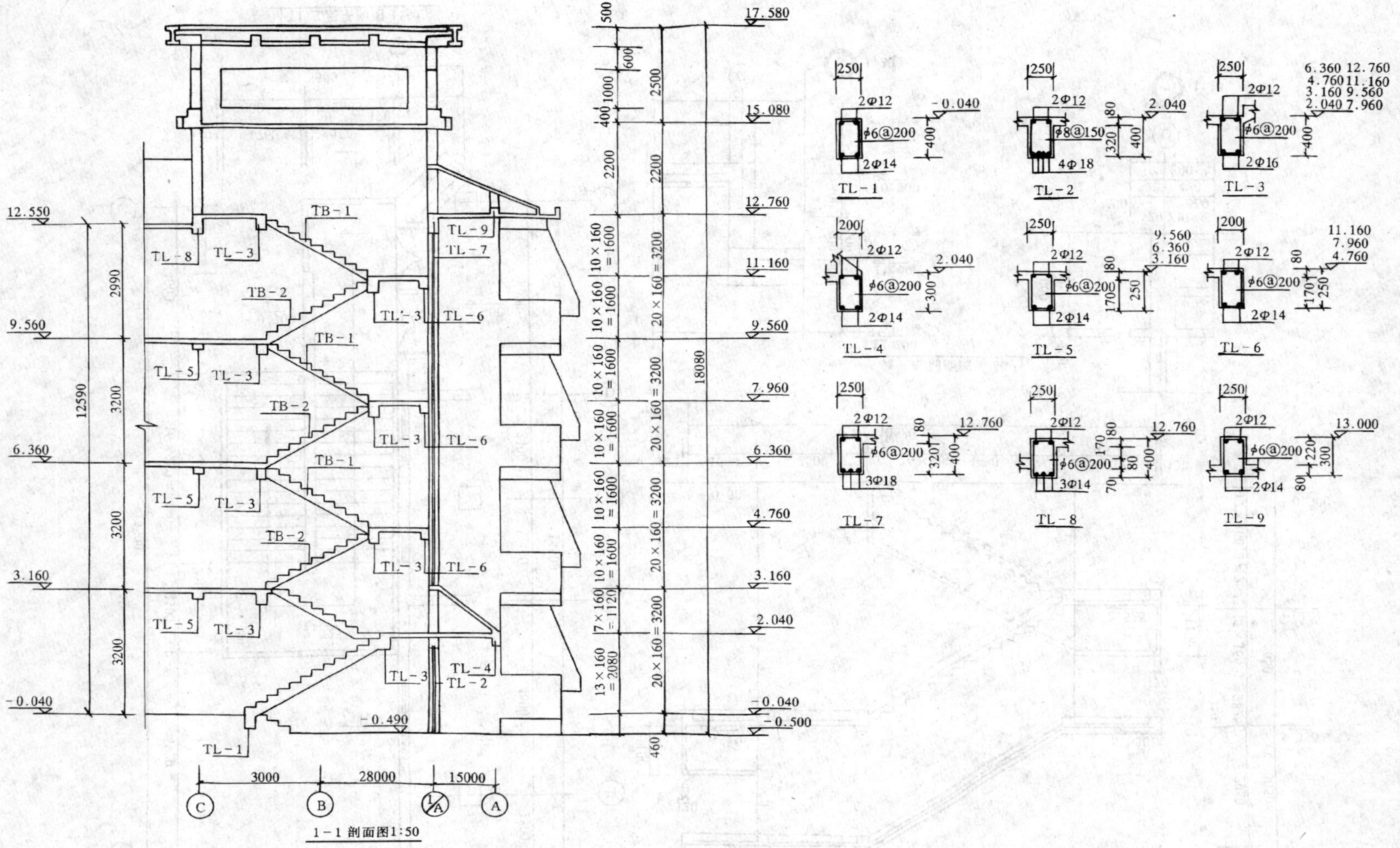
1-1 剖面图1:50
12.550
9.560
6.360
3.160
-0.040
12590
2990
3200
TB-1
TB-2
TL-1
TL-2
TL-3
TL-4
TL-5
TL-6
TL-7
TL-8
TL-9
-0.490
3000
28000
15000
17.580
15.080
12.760
11.160
7.960
4.760
2.040
-0.500
18080
460
2Φ12
φ6@200
2Φ14
φ8@150
4Φ18
2Φ16
3Φ18
3Φ14
13.000

图 1—47

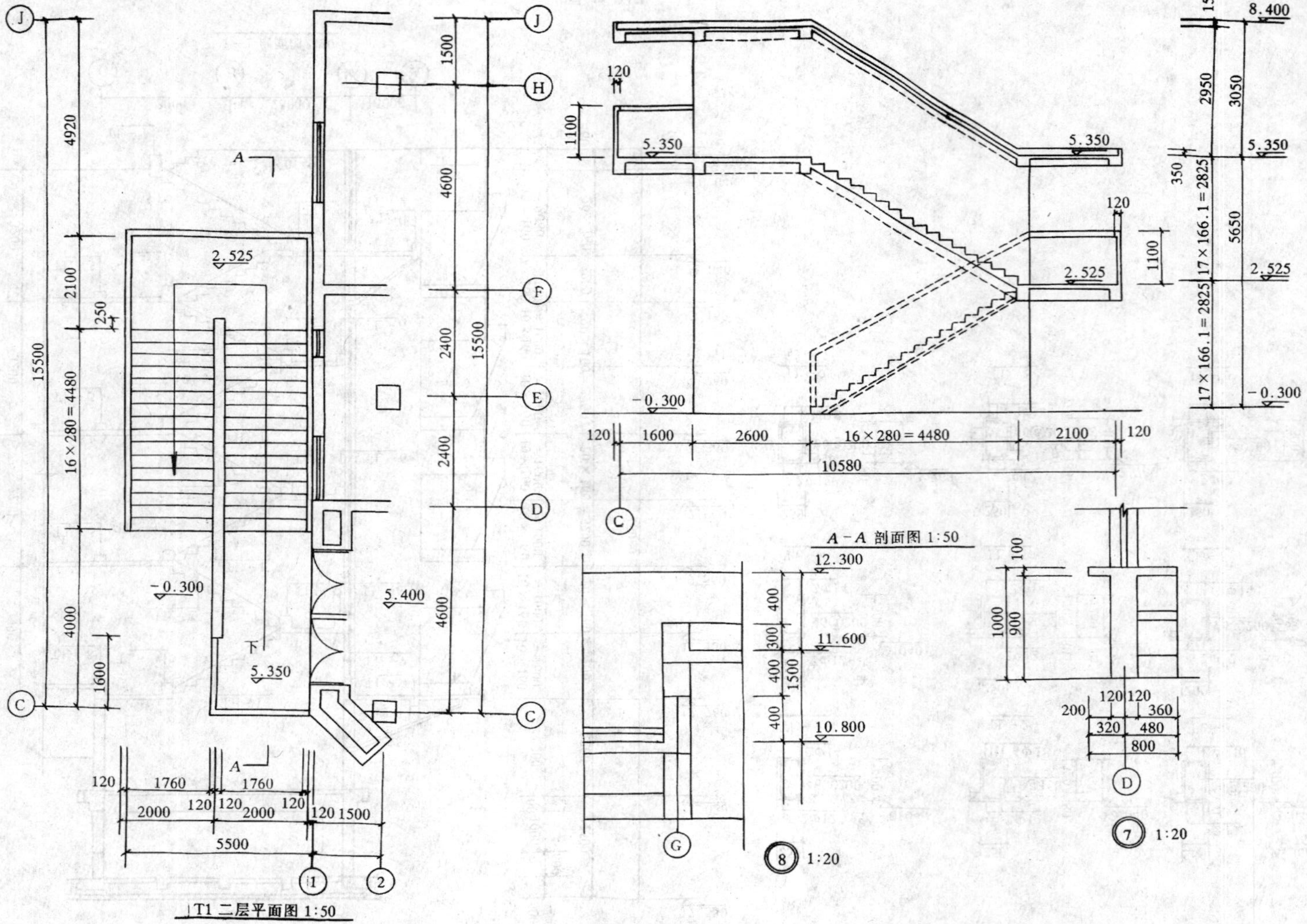
T1 二层平面图 1:50
A-A 剖面图 1:50
8 1:20
7 1:20
16×280=4480
15500
10580
17×166.1=2825
8.400
5.350
2.525
−0.300
5.400
12.300
11.600
10.800

图 1—48

3）建筑构配件的形状、详细尺寸、具体做法、用料情况及施工要求等。

4）定位轴线及其编号。

二、结构施工图的识读

结构施工图是用来表达建筑物各承重结构构件的具体做法的图样，主要有基础、墙、柱、梁、板等的材料、结构形式、尺寸大小、配筋等。结构施工图可作为放线、土方、模板、钢筋的配料加工和编制施工组织设计的主要依据，一般由以下内容组成。

1. 结构设计总说明　主要对结构施工图中具有共性的问题和施工中需要注意的事项加以说明。

2. 基础图（包括基础平面图和基础详图）的识读

（1）基础平面图的形成　基础平面图是假想用一水平剖切面将房屋地面以下基础部分剖开所作出的水平投影图。基础平面图表示基础平面布置、基础的形式、轴线以及用剖切线表示基础详图的位置并加以编号。

（2）基础平面图的识读内容（对照图 1—49a）

1）图名、比例。

2）轴线及编号。

3）基础的平面布置，墙、柱的形状和尺寸。

4）基础断面图的剖切线位置及编号。

5）轴线尺寸、定位尺寸。

6）施工说明。

（3）基础详图的形成　是用一个与基础的定位轴线垂直的剖切平面将基础切开所得到的截面图，可用较大比例绘制。基础详图表示基础的断面形状、尺寸、材料、室内外地坪标高及基础底面标高。

（4）基础详图的识读内容（对照图 1—49b）

1）图名、比例。

2）基础断面图的轴线编号。

3）基础断面图的形状、尺寸、材料、配筋等。

4）室内外地坪标高、基础底面标高。

5）防潮层的位置及材料做法。

6）预留洞的位置及尺寸。

7）施工说明。

3. 结构平面图的识读

（1）结构平面图的形成　假想用一水平剖切面将房屋在楼面（或屋面）处切开，向下作投影所得到的水平投影图。

（2）结构平面图的识读内容（对照图 1—50）

1）图名、比例。

2）与建筑平面图对应的轴线及编号。

3）各承重墙、柱、梁、板的布置和代号。

4）有关梁、板等构件的断面图。

5）详图索引标志。

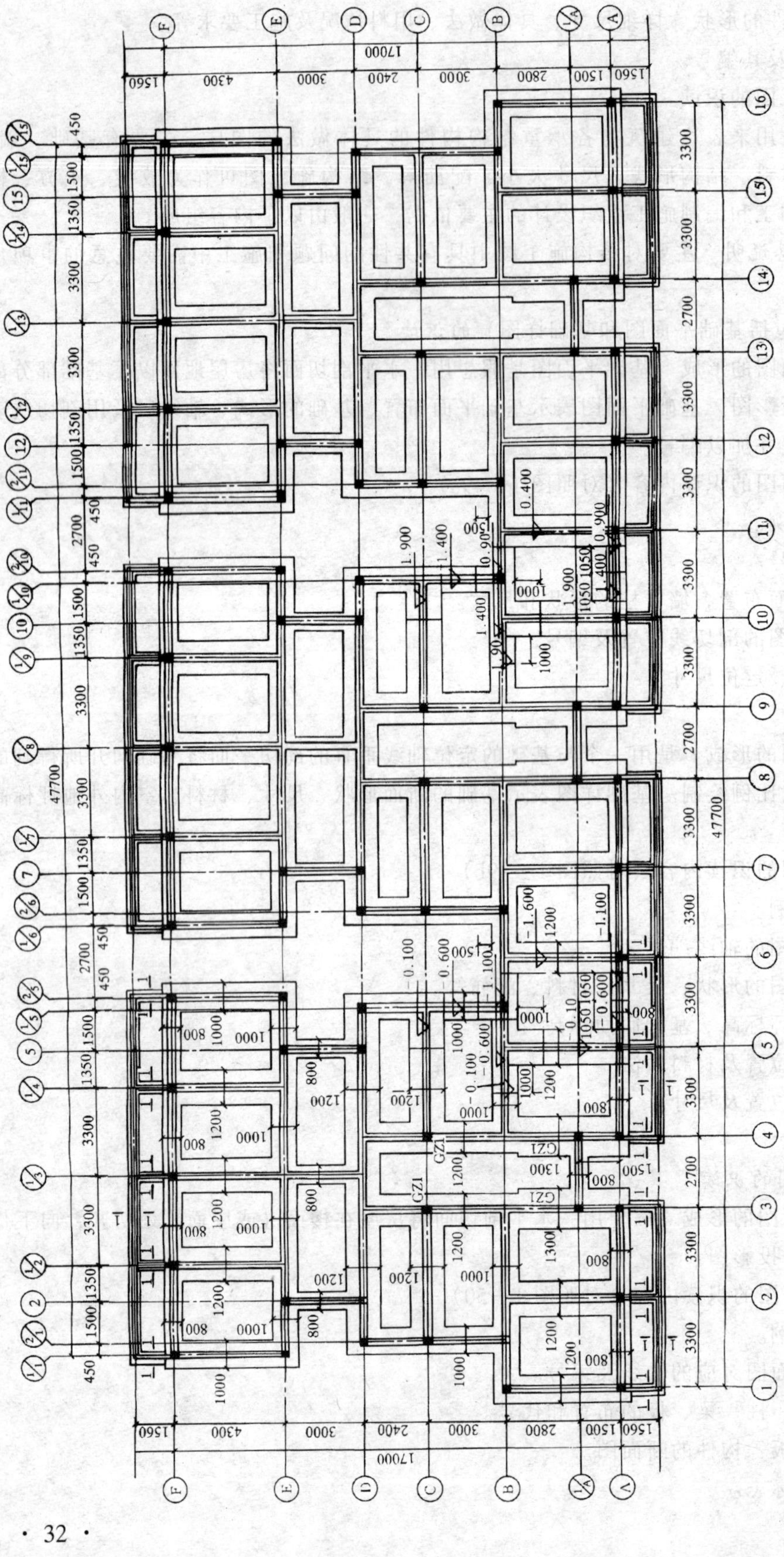

基础平面图 1:100

图中所注标高均为基底标高，未注明处均见基础剖面示意图所注标高

a)

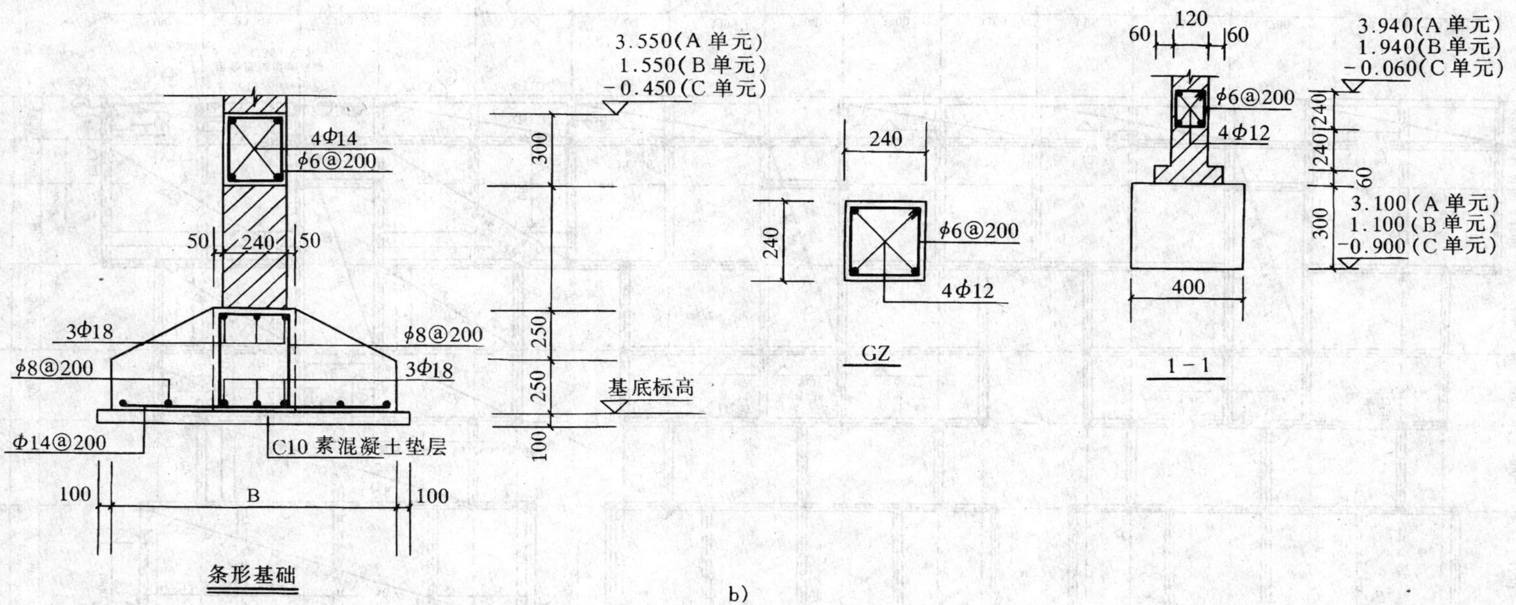
4Φ14
φ6@200
50
240
50
3Φ18
φ8@200
φ8@200
3Φ18
Φ14@200
C10 素混凝土垫层
100
B
100
条形基础
3.550(A 单元)
1.550(B 单元)
-0.450(C 单元)
300
250
250
100
基底标高
240
240
φ6@200
4Φ12
GZ
60
120
60
φ6@200
4Φ12
400
1-1
3.940(A 单元)
1.940(B 单元)
-0.060(C 单元)
240
240
60
300
3.100(A 单元)
1.100(B 单元)
-0.900(C 单元)

b)

图 1—49

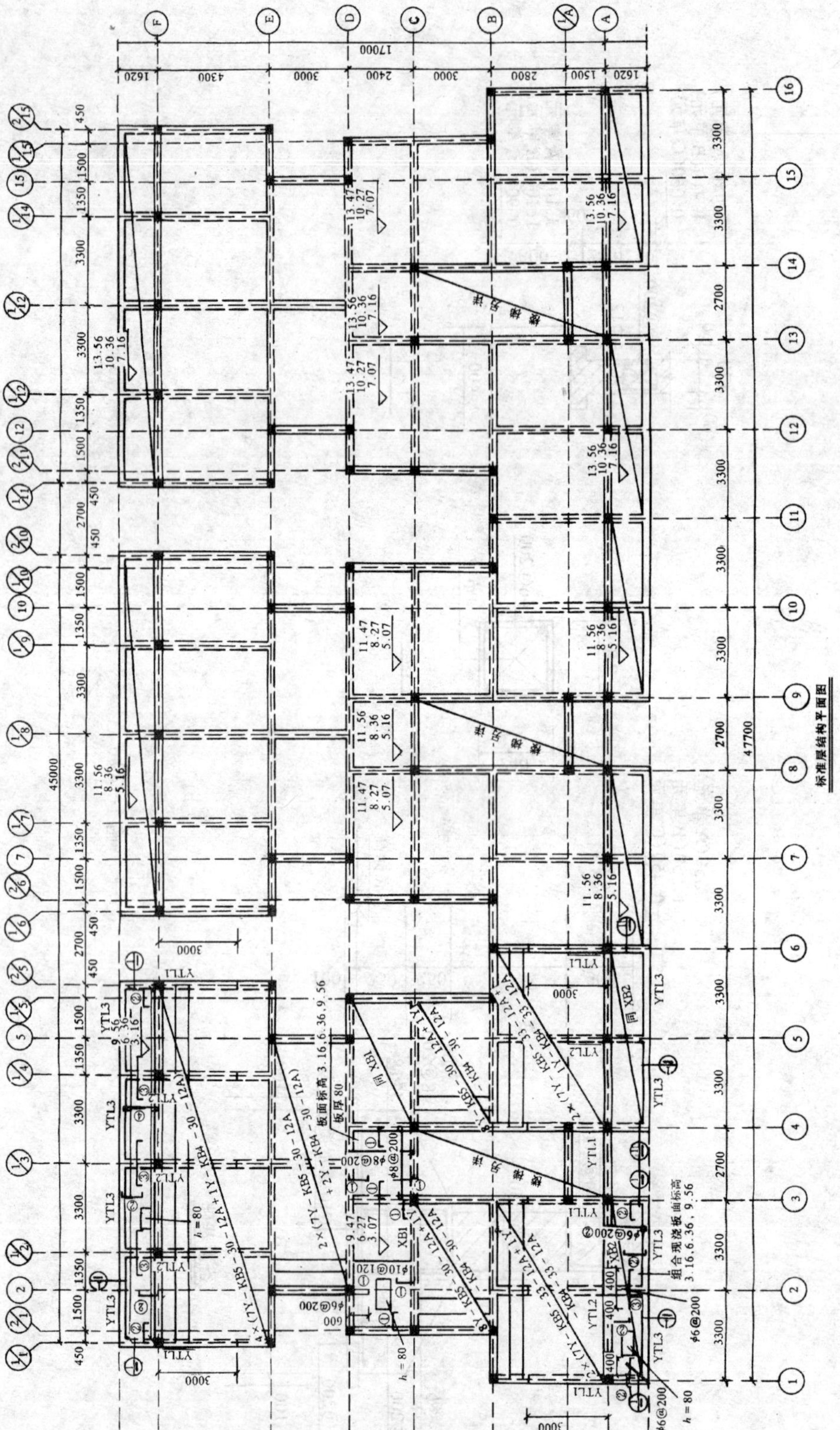

图 1—50

6）施工说明。

4．框架结构图的识读

（1）框架结构　框架结构是由横梁和柱通过结点连接而成的承重体系，梁和柱可以组成多层多跨框架。框架结构平面布置灵活，能够提供较大的房屋空间，因此在工业和民用建筑中得到广泛应用。

框架结构具有较高的承载力、较好的延性和整体性，其抗震性能也较好，一般多用于以竖向荷载为主的多层房屋建筑中。

（2）框架结构图的识读内容（对照图 1—51）

1）图名、比例。

2）轴线编号以及轴线与框架和其他构配件之间的关系。

3）标高，预埋件的数量、位置。

4）构件断面的剖切位置及编号。

（3）框架的结点构造

1）框架顶层梁与柱的刚性节点构造见图 1—52。图中 l_a 为最小搭接长度，见表 2—2。

2）框架中间层横梁与边柱及中间柱的刚性节点构造见图 1—53，图中 l_a 见表 2—2。

5．钢筋混凝土结构施工详图的识读

（1）结构详图的识读内容

1）构件名称或代号、比例。

2）构件定位轴线及其编号。

3）构件的形状、尺寸大小和标高等。

4）构件上的预留洞、预埋件等的位置、形状、尺寸、编号和数量。

5）构件的配筋情况，包括钢筋的等级、直径、数量、尺寸等。

6）施工说明。

（2）钢筋混凝土梁详图的识读　梁的结构详图一般由模板图、配筋图和断面图组成，对复杂构件还绘有钢筋分离图和钢筋表。

1）对结构简单的圈梁、过梁或连系梁等构件，通常直接用单一的横截面图的文字说明表示。

2）在梁的纵向断面图中，当梁与其他构件相连时的连接关系用虚线表示。

3）在肋形梁板结构中，为了承受次梁传来的集中荷载，一般采用对称附加横向钢筋（或吊筋）予以补强，如图 1—54 所示。

图 1—55 为一钢筋混凝土梁的立面图和断面图。因为图形简单，也无预埋件和预留孔洞等，所以梁的尺寸和配筋直接表示在图上，省略了模板图。为便于识读，画出了钢筋分离图。

（3）钢筋混凝土板详图的识读

1）板内配筋一般在板的结构平面详图中采用侧倒剖面的图示方法直接表明，且各类配筋往往仅画出一根，辅以文字说明。

2）当板较厚，设计中采用上、下双层钢筋网配筋时，为防止上、下图形混淆，通常上、下两层分开绘制以示区别。为确保其施工中的正确位置，一般需在两层中间加设钢筋支撑（即撑脚）。

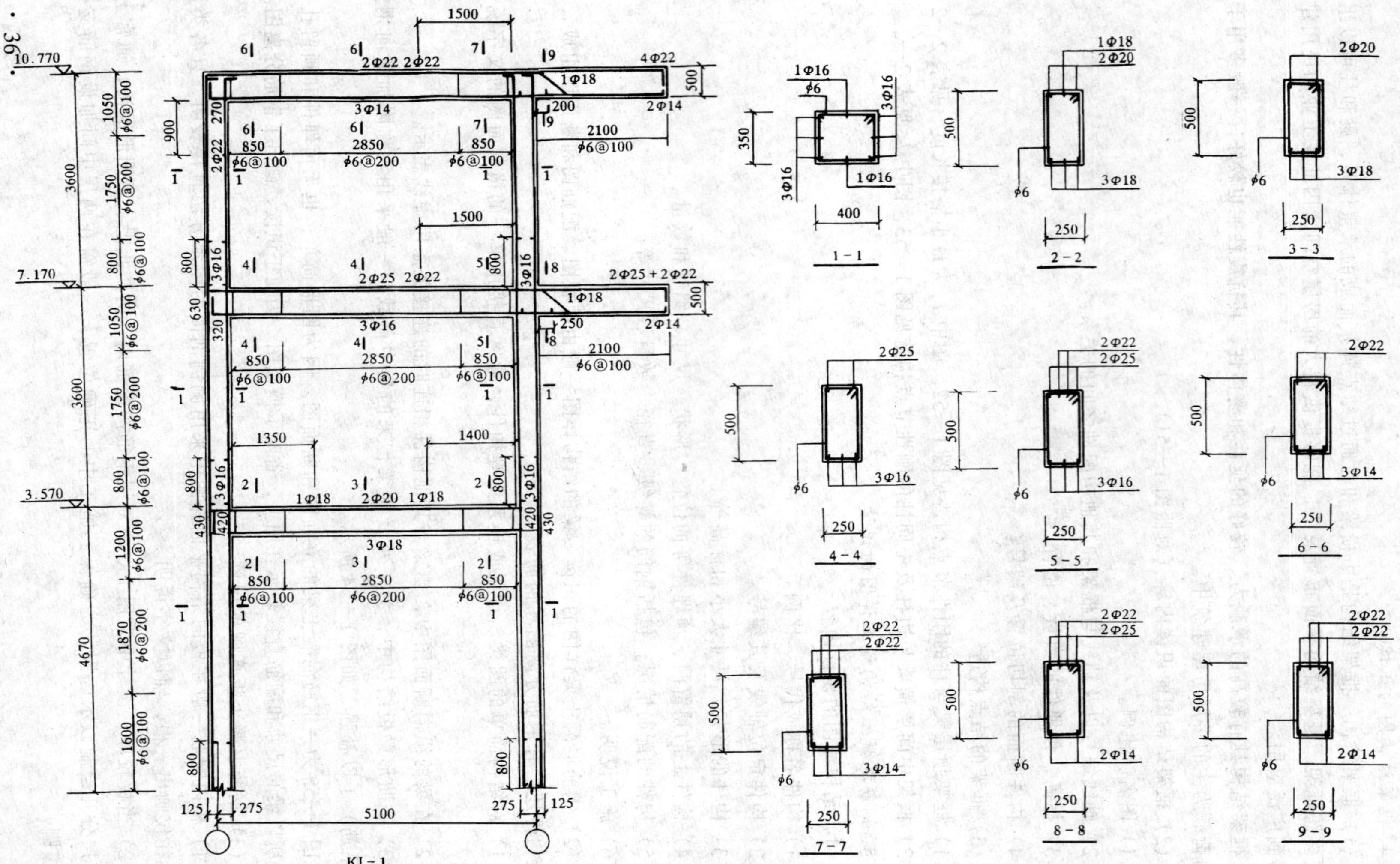

$\frac{KJ-1}{(KJ-1_A)}$ 1:50　　注：1.KJ－1A标高7.57处无挑梁，配筋同标高3.57。

图 1—51

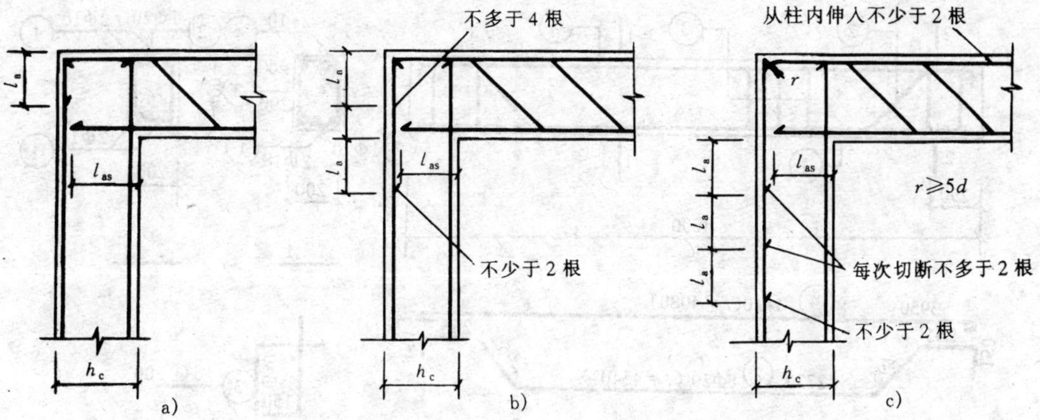

图 1—52

a) $e_0 \leqslant 0.25h_c$ b) $0.25h_c < e_0 \leqslant 0.5h_c$ c) $e_0 > 0.5h_c$

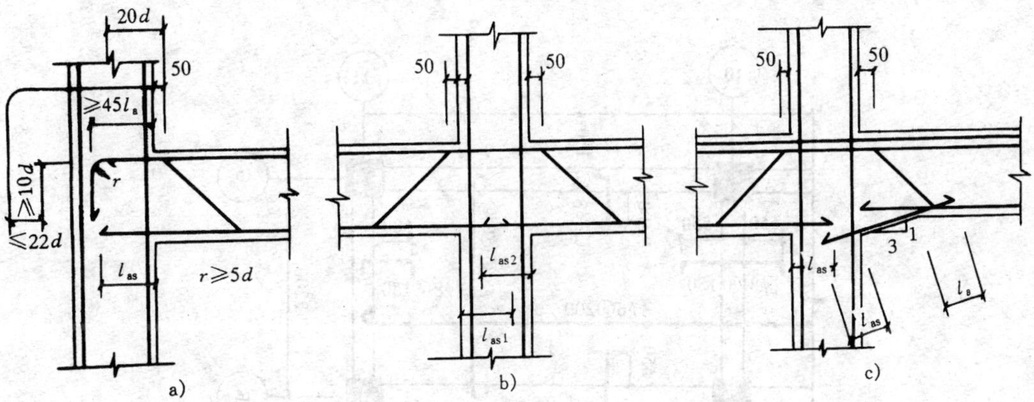

图 1—53

a) 边节点 b) 中间节点 c) 中间节点（有托梁）

3）单向板内的分布钢筋，在板的结构平面图中有时不画出或只画局部，而用文字来说明，故在看图配料时应特别加以重视，以免遗漏。

4）板的结构详图一般由模板图、配筋图和断面图组成。其中模板图主要表示构件尺寸、预留孔洞及预埋件的位置、数量等情况；配筋图和断面图主要表示构件的钢筋配置情况。

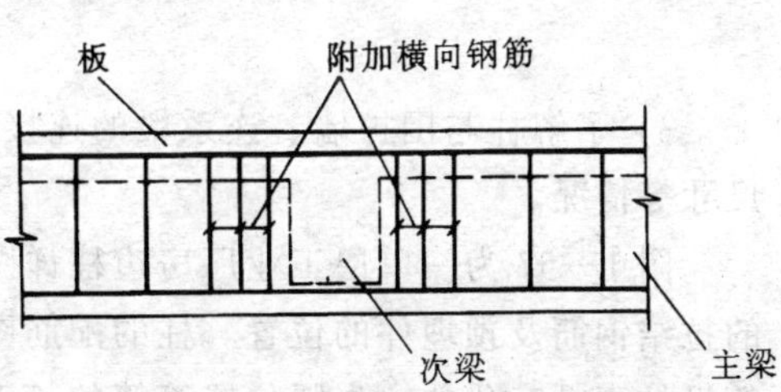

图 1—54 肋形梁板主、次梁节点

图 1—56 为钢筋混凝土现浇板的配筋图。从图中可以看出，板的受力筋为 ϕ8@150，分布筋为 ϕ6@200，在板的上部还配有构造负筋 ϕ8@150。

(4) 钢筋混凝土柱配筋详图的识读

1）了解柱内纵向受力筋的强度等级、直径、数量以及钢筋的接头位置、尺寸要求等。

2）了解柱内箍筋的强度等级、直径、间距、数量、形状等要求，特别应注意箍筋沿柱高配置的变化情况。

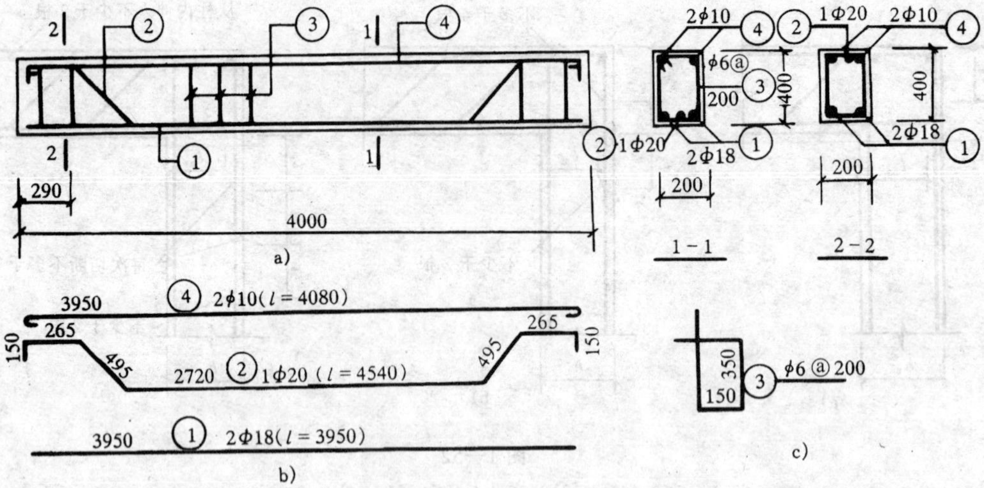

图 1—55 梁的详图

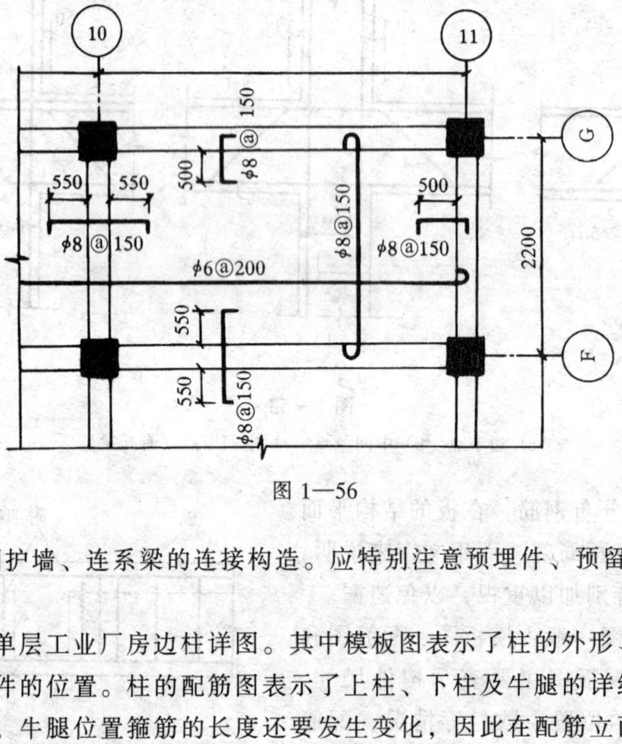

图 1—56

3）了解柱与围护墙、连系梁的连接构造。应特别注意预埋件、预留插筋的位置、数量、尺寸等情况。

图 1—57 为一单层工业厂房边柱详图。其中模板图表示了柱的外形、尺寸，与围护结构的拉结钢筋及预埋件的位置。柱的配筋图表示了上柱、下柱及牛腿的详细配筋。由于柱的箍筋沿柱高是变化的，牛腿位置箍筋的长度还要发生变化，因此在配筋立面图的右侧还画有柱箍筋沿柱高度方向的配置示意图。

图中还画有预埋件的构造详图，用来表示预埋件的形状、尺寸及锚固钢筋的位置、数量、规格及锚固长度等，图中画出了 $M-2$、$M-3$ 的详图。

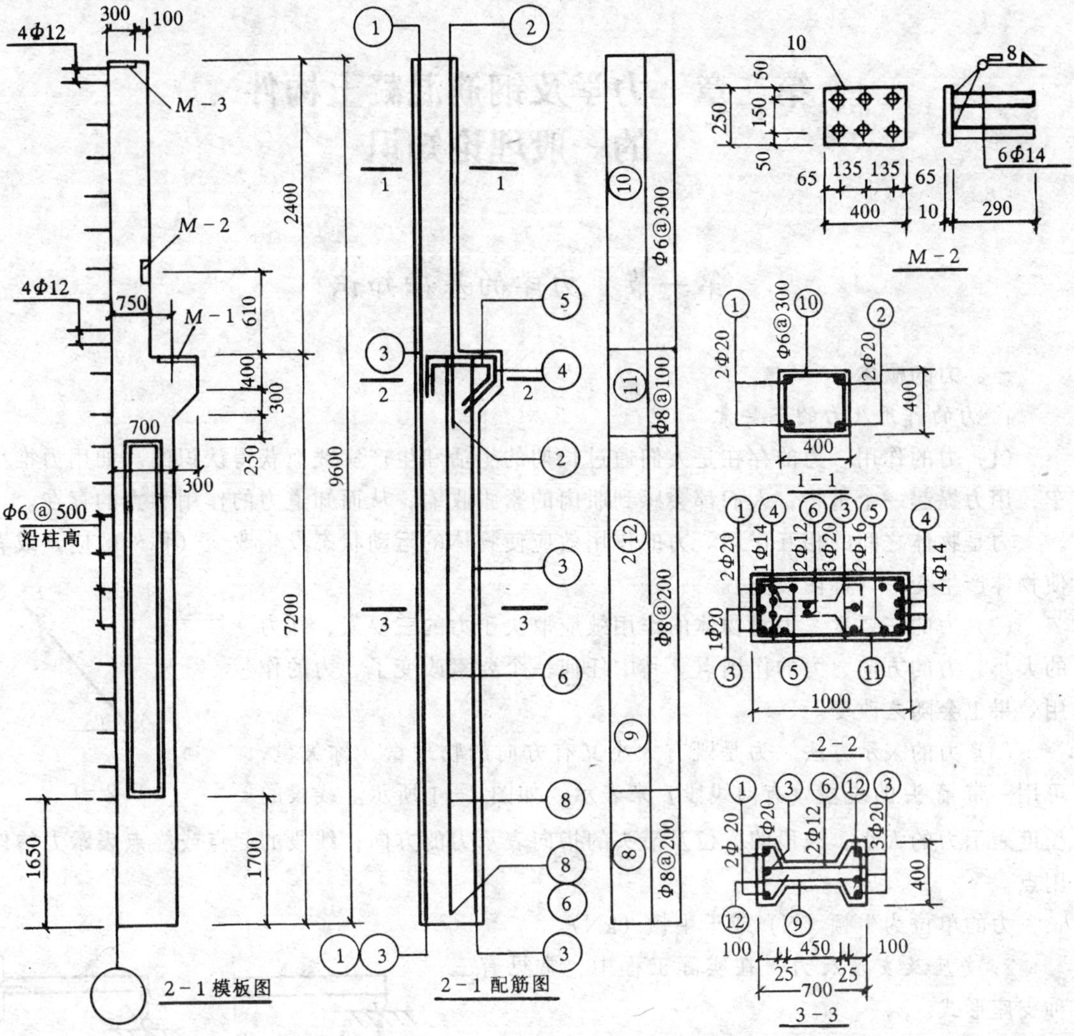
4Φ12
300
100
M－3
M－2
4Φ12
750
M－1
610
400
300
250
700
300
Φ6 @ 500
沿柱高
2400
9600
7200
1650
1700
2－1 模板图
2－1 配筋图
Φ6@300
Φ8@100
Φ8@200
Φ8@200
M－2
6Φ14
400
290
250
1－1
2Φ20
Φ6@300
400
2－2
2Φ20
1Φ14
2Φ12
3Φ20
2Φ16
4Φ14
1Φ20
1000
3－3
2Φ20
2Φ12
3Φ20
450
700

图 1—57

第二章　力学及钢筋混凝土构件的一般理论知识

第一节　力学的基础知识

一、力的概念

1. 力的作用及力的三要素

(1) 力的作用　力的存在是人们通过长期的生活和生产实践而获得认识的。如用力推小车，用力提起一个重物，人们都会感到肌肉的紧张收缩，从而知道力的作用和力的存在。

力是物体之间的相互作用。力的作用效应使物体的运动状态发生改变（称外效应）或者使物体产生变形（称内效应）。

(2) 力的三要素　力对物体的作用效应取决于力的三要素，即力的大小、力的方向、力的作用点。其中任何一个要素改变了，力的作用效果也会随之改变。

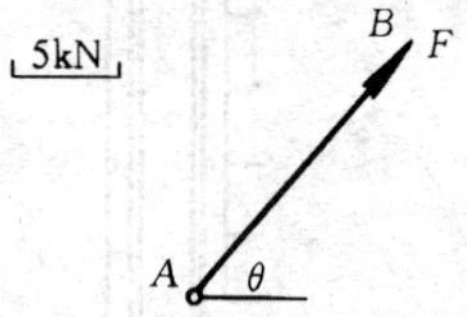

图 2—1

(3) 力的表示方法　力是既有大小又有方向的物理量，称矢量，可用一带箭头的线段（有向线段）来表示，如图 2—1 所示。线段的长度表示力的大小，线段的方位及箭头的指向表示力的方向，线段的起点或终点表示力的作用点。

力的单位为牛顿（N）或千牛顿（kN）。

2. 支座及支座反力　在实际工程中，常见有三种支座形式。

(1) 可动铰支座　构件可绕铰转动及沿支承面水平方向移动，但不能沿支承面垂直方向移动。如板或梁直接搁置在砖墙上，可视作可动铰支座。

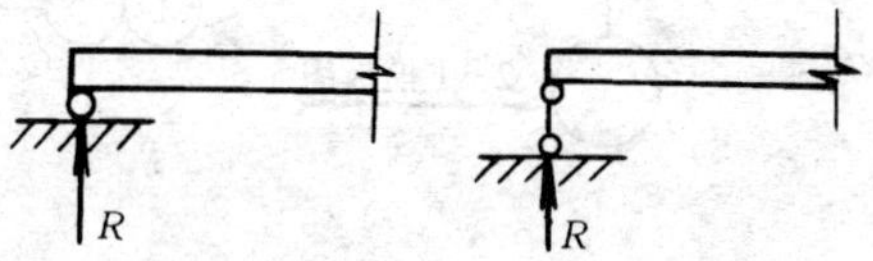

图 2—2　可动铰支座简图

可动铰支座简图及反力如图 2—2 所示。

(2) 固定铰支座　构件只能绕铰转动，不能沿其他方向移动。如梁或屋架用螺栓与支座相连，可视为固定铰支座。

固定铰支座简图及反力如图 2—3 所示。

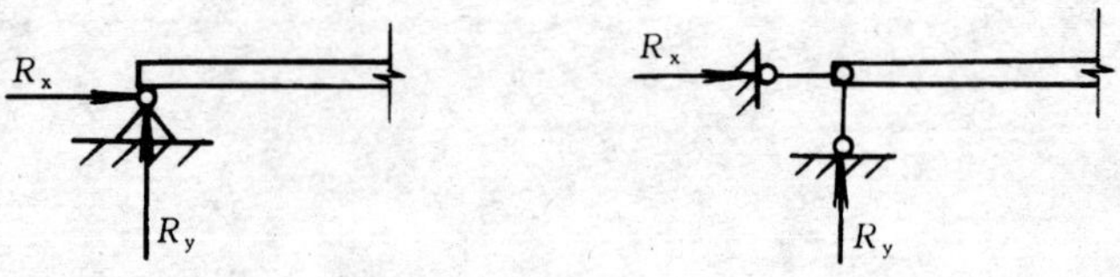

图 2—3　固定铰支座简图

(3) 固定端支座　构件既不能沿任何方向移动，也不能自由转动。如梁端牢固地嵌在墙中，钢筋混凝土柱子嵌固在基础内，均可视为固定端支座。

固定端支座简图及反力如图 2—4 所示。

3. 力矩、力偶的概念及效应

（1）力矩　力除了使物体发生移动外，还能使物体产生转动，如用手推门，用扳手转动螺母等。

实践表明，用扳手转动螺母时，作用于扳手一端的力 F 使扳手绕 O 点转动的效应不仅与力的大小有关，而且与 O 点到力 F 的作用线的垂直距离 d 有关，如图 2—5 所示。为了度量力对物体的转动效应，用力对点之矩（简称力矩）来表示。

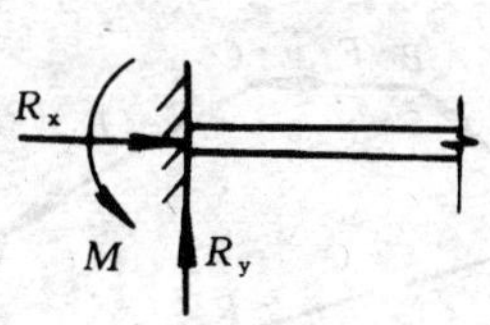

图 2—4　固定端支座简图

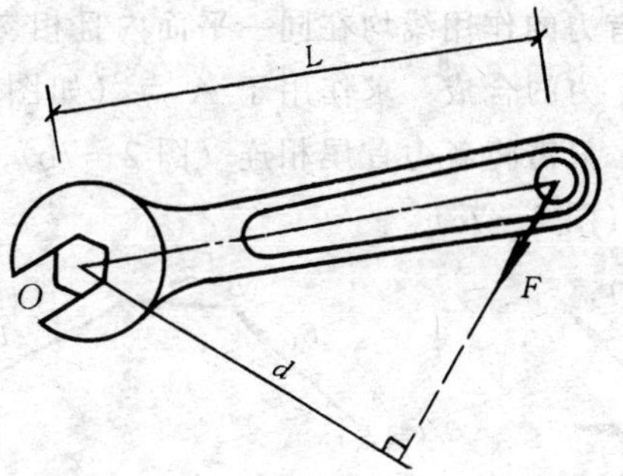

图 2—5

力对某点（称矩心）的力矩等于此力的大小与力作用线到该点的垂直距离的乘积，表达式为：

$$M = \pm F \cdot d$$

力矩的单位：牛顿·米（N·m）或千牛顿·米（kN·m）。

式中逆时针转动为正号，顺时针转动为负号。力矩是代数量。

由力矩定义可推论：

1）当力通过矩心时，力矩为零。

2）力沿作用线移动，不会改变力矩的大小。

（2）力偶和力偶矩　在生活实践中，经常遇到这样一种力系，它由两个大小相等、方向相反、作用线不在一直线上的反向平行力组成。如用手拧水龙头，驾驶方向盘，用丝锥攻螺纹，如图 2—6 所示。这样的力仅能使物体发生转动效应。在力学上，把大小相等、方向相反、作用线平行但不共线的二力组成的力系称为力偶。

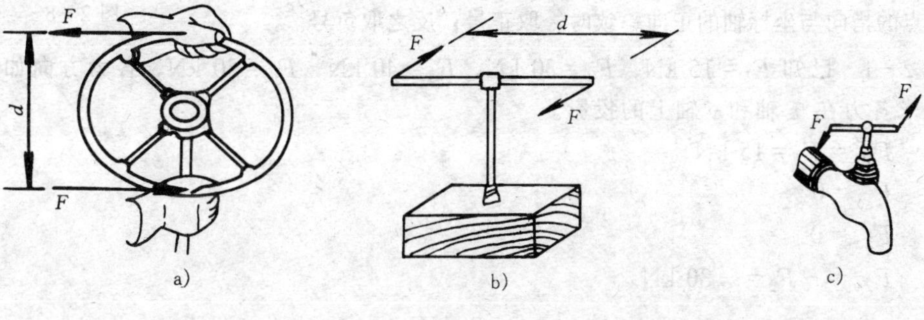

a)　b)　c)

图 2—6

力偶通常用符号（F，F）表示。构成力偶的二力作用线所在的平面称力偶作用平面，二力作用线的垂直距离称为力偶臂。

力偶使物体转动的效应，可用力偶中的任一力的大小与力偶臂的乘积，即力偶矩来度量，表达式为：

$$M=\pm F \cdot d$$

上式符号规定：逆时针转动时，力偶矩为正；顺时针转动时，力偶矩为负。力偶矩的单位为：牛顿·米（N·m）或千牛顿·米（kN·m）。

4. 平面汇交力系的平衡条件

所有力的作用线均在同一平面内且相交于一点的力系，称平面汇交力系。

（1）力的合成　求作用于 A 点（如图 2—7a 所示）的平面汇交力系 F_1、F_2、F_3、F_4 的合力，只需将各力首尾相连（图 2—7b），最后从起点到终点的封闭边 R 就是合力的大小和方向（图 2—7c）。

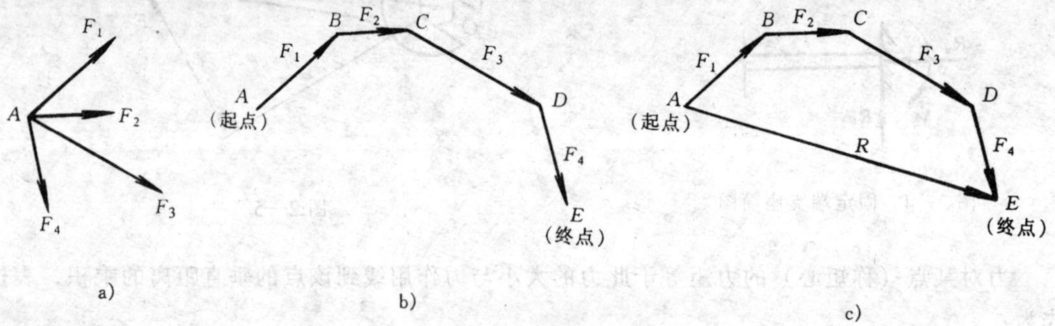

图 2—7

（2）力在坐标轴上的投影　如图 2—8 所示，从力 F 的起点 A 和终点 B 分别向 x 轴和 y 轴引垂线得 a、b 和 a'、b'，则线段 ab 和 $a'b'$ 的长度分别表示力 F 在 x 轴和 y 轴上的投影。其中 ab 表示力 F 在 x 轴上投影的大小，以 F_x 表示，$a'b'$ 表示力 F 在 y 轴上投影的大小，以 F_y 表示。则：

$$F_x=\pm F \cdot \cos\alpha$$

$$F_y=\pm F \cdot \sin\alpha$$

力在坐标轴上的投影是一个代数量，其正负号规定：从起点至终点的指向与坐标轴的正向一致时，取正号；反之取负号。

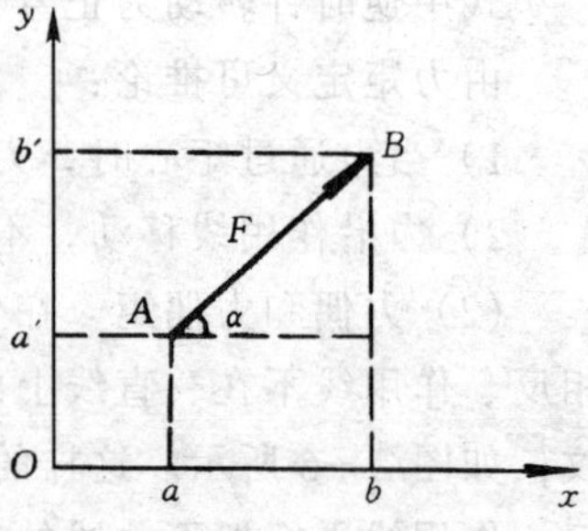

图 2—8

例 2—1　已知 $F_1=15$ kN，$F_2=30$ kN，$F_3=40$ kN，$F_4=50$ kN，各力方向如图 2—9 所示。求各力在 x 轴和 y 轴上的投影。

解　$F_{1x}=F_1=15$ kN

$F_{1y}=0$

$F_{2x}=0$

$F_{2y}=-F_2=-30$ kN

$F_{3x}=-F_3 \cdot \cos60°=-40\times\frac{1}{2}=-20$ kN

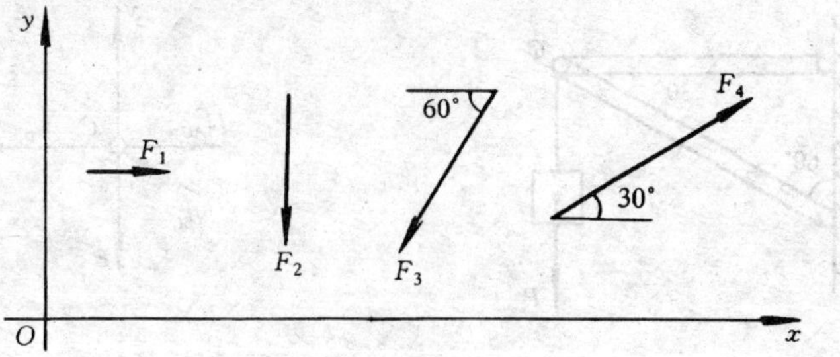

图 2—9

$$F_{3y}=-F_3\cdot\sin60=-40\times\frac{\sqrt{3}}{2}=-34.64\ \text{kN}$$

$$F_{4x}=F_4\cdot\cos30=50\times\frac{\sqrt{3}}{2}=43.30\ \text{kN}$$

$$F_{4y}=F_4\cdot\sin30=50\times\frac{1}{2}=25\ \text{kN}$$

(3) 合力投影定理　合力在坐标轴上的投影等于各个分力在同一坐标轴上投影的代数和，即：

$$R_x=F_{1x}+F_{2x}+F_{3x}+\cdots\cdots+F_{nx}=\sum F_x$$
$$R_y=F_{1y}+F_{2y}+F_{3y}+\cdots\cdots+F_{ny}=\sum F_y$$

合力的大小

$$R=\sqrt{R_x^2+R_y{}^2}=\sqrt{(\sum F_x)^2+\ (\sum F_y)^2}$$

合力的方向

$$\tan\theta=\left|\frac{R_y}{R_x}\right|=\left|\frac{\sum F_y}{\sum F_x}\right|$$

(4) 平面汇交力系的平衡条件　平面汇交力系平衡的充分和必要条件是合力 $R=0$。而要使 $R=0$，则 R_x、R_y 必然等于零。因此平面汇交力系的平衡方程为：

$$\begin{cases}F_x=0\\F_y=0\end{cases}$$

上式表明：力系中所有各力在两坐标轴上投影的代数和等于零。利用它可以求解两个未知量。

例 2—2　如图 2—10a 所示，杆 AC 和杆 BC 铰接于 C，两杆分别铰接在墙上。在 C 点悬挂重物 $P=100$ kN，杆重不计。试求两杆所受的力（不计两杆自重）。

解　(1) 取节点 C 为研究对象，作 C 点的受力图，如图 2—10b 所示。

(2) 选取坐标轴。

(3) 列出平衡方程：

$$\sum F_x=0\qquad -N_{AC}+N_{BC}\cdot\cos30°=0\qquad (1)$$

$$\sum F_y=0\qquad -P+N_{BC}\cdot\sin30°=0\qquad (2)$$

由 (2) 式得：$N_{BC}=200$ kN

代入 (1) 式得：$N_{AC}=173.2$ kN

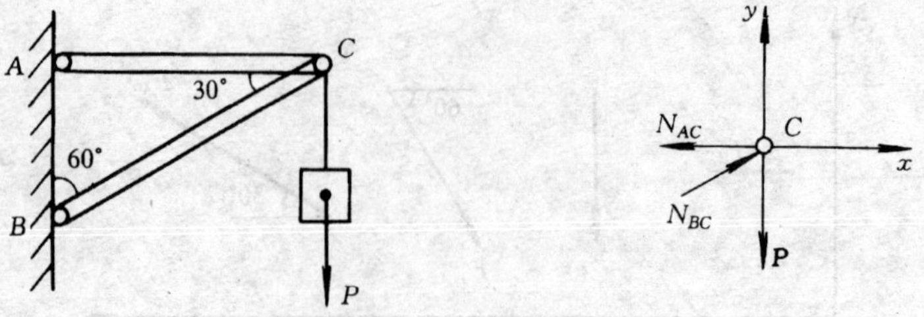

a)　　　　　　　　b)

图 2—10

5. 平面一般力系的平衡条件

所有力的作用线在同一平面内，但不全交于一点也不全互相平行的力系称平面一般力系。

(1) 力的平移定理　作用在刚体上的力，可以平行移动到刚体上的任意一点，但必须同时附加一个力偶，其力偶矩等于原力对新作用点之力矩，如图 2—11 所示。

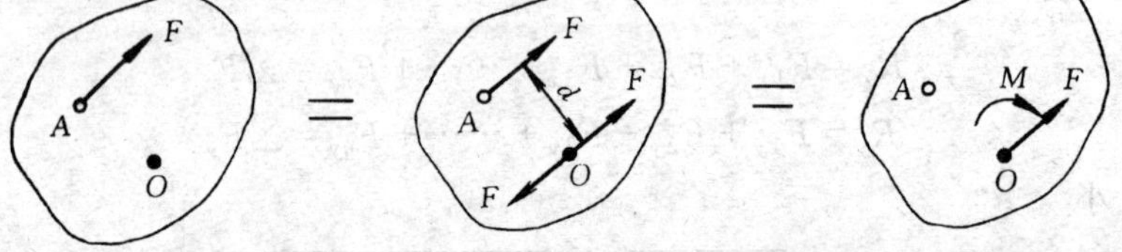

图 2—11

(2) 平面一般力系向任一点简化　平面一般力系向任一点简化后，得到一个作用于简化中心的平面汇交力系和一个平面力偶系，如图 2—12 所示。作用于简化中心的平面汇交力系可以合成为一个合力 R_0（称主矢量或主矢）；平面力偶系可以合成为一个合力偶 M_0（称主矩）。

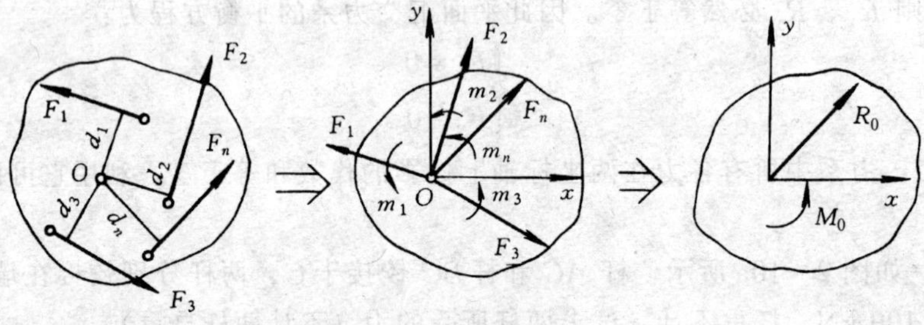

图 2—12

(3) 平面一般力系的平衡　平面一般力系平衡的充分和必要条件是：主矢 R_0 等于零，主矩 M_0 也等于零，即：

$$\begin{cases} R_0 = 0 \\ M_0 = 0 \end{cases}$$

用平衡方程表示，即：

$$\begin{cases}F_x=0\\F_y=0\\M=0\end{cases}$$

上式表明：力系中所有各力在 x 轴上投影的代数和等于零；力系中所有各力在 y 轴上投影的代数和等于零；力系中所有各力对任意点的力矩代数和等于零。利用它可以求解三个未知量。

例 2—3 如图 2—13a 所示为一简支梁，在 C 点和 D 点分别作用有集中力 $F_1=30$ kN，$F_2=10$ kN。试求 A、B 两支座的支座反力。

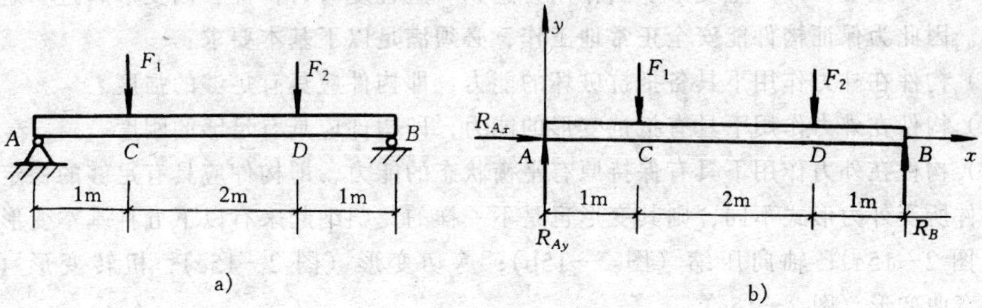

图 2—13

解 (1) 以梁 AB 为研究对象，作受力图，如图 2—13b 所示。

(2) 选取坐标轴 x、y。

(3) 列出平衡方程：

$\sum F_x=0 \qquad R_{Ax}=0$

$\sum M_A=0 \qquad -F_1\times1-F_2\times3+R_B\times4=0$

$R_B=15$ kN

$\sum F_y=0 \qquad R_{Ay}+R_B-F_1-F_2=0$

$R_{Ay}=25$ kN

例 2—4 求图 2—14a 所示悬臂梁 A 支座处的支座反力。

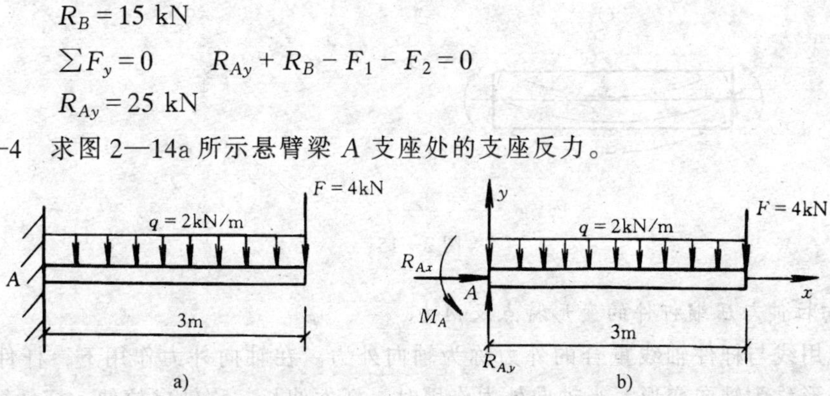

图 2—14

解 (1) 以梁 AB 为研究对象，作受力图如图 2—14b 所示。

(2) 选取坐标轴 x、y。

(3) 列出平衡方程：

$\sum F_x=0 \qquad R_{Ax}=0$

$$\sum F_y = 0 \qquad R_{Ay} - q\times 3 - F = 0$$

$$R_{Ay} = 10\ \text{kN}$$

$$\sum M_A = 0 \qquad m_A - q\times 3\times \frac{3}{2} - F\times 3 = 0$$

$$m_A = 21\ \text{kN}\cdot\text{m}$$

二、构件的变形及强度

1. 构件在外力作用下的五种基本变形

前面我们主要讲述的是物体在外力作用下的平衡问题。事实上物体在外力作用下会发生形状和尺寸的改变，即产生变形。当作用力达到一定程度时，构件会因变形超过一定限度而被破坏。因此为保证构件能安全正常地工作，必须满足以下基本要求：

(1) 构件在外力作用下具备抵抗破坏的能力，即构件应具有足够的强度。

(2) 构件在外力作用下具有抵抗变形的能力，即构件应具有足够的刚度。

(3) 构件在外力作用下具有保持原有平衡状态的能力，即构件应具有足够的稳定性。

构件所受外力形式不同，则其变形也是不一样的，归纳起来有以下五种基本变形：轴向拉伸（图 2—15a）；轴向压缩（图 2—15b）；剪切变形（图 2—15c）；扭转变形（图 2—15d）；弯曲变形（图 2—15e）。

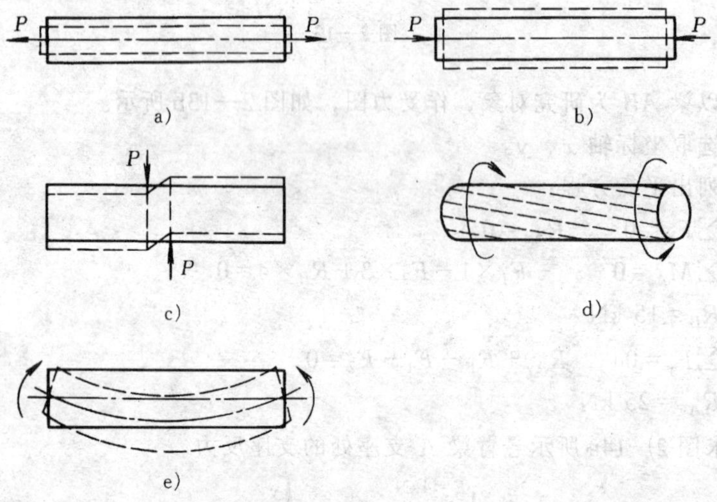

图 2—15

2. 轴向拉伸与压缩杆件的变形特点及内力

凡是作用线与杆件轴线重合的外力称为轴向外力。在轴向外力作用下，杆件将产生变形，这种变形称为轴向变形。当轴向外力作用时，杆件伸长，称轴向拉伸；杆件缩短，称轴向压缩。例如，起吊重物的绳索、桁架中的杆件等都属于轴向拉伸或压缩构件。

(1) 轴向拉伸与压缩时的内力　我们知道，组成杆件的材料是由许多分子组成的。杆件受外力作用时，分子间的距离将发生变化，当杆件受力变形时，分子之间就产生一种相互作用力来阻止这种变形。分子间相互的作用力就称内力。

(2) 截面法求内力　如图 2—16 所示，杆件受轴向力作用。为求杆件横截面 $m-m$ 截面上的内力，我们假想将 $m-m$ 截面切开，使杆件分成左右两段。现以左段为研究对象，则右段对左段的作用力（内力）用 N 来表示，N 沿杆件轴线作用，称轴力。当轴力背离截面时称拉力；当轴力指向截面时为压力。

一般规定：拉力为正，压力为负。

求轴力 N 的大小，可根据平衡方程 $\sum X=0$，得：

$$N=P$$

上述求轴力的方法称截面法，其步骤可归纳为：

1）截开　在需求内力的截面处假想切开。

2）代替　任取一部分为研究对象，并以内力代替舍去部分对留下部分的作用。

3）平衡　对研究部分，由平衡条件列出平衡方程，求出内力。

(3) 轴向拉压时横截面上的应力

1）应力的概念　有两根直杆，用相同材料做成，一根粗，一根细。让两杆承受相同大小的拉力，则两杆所受内力相同。经验表明，细杆一定较粗杆容易被拉断，这说明内力的大小不足以反映杆件的强度，杆件的强度还与横截面面积有关。

杆件单位横截面积上的内力，即内力集度称应力。应力作用线若垂直于杆件截面，则称正应力；若平行于杆件截面，则称剪应力。

应力的单位为帕斯卡，用符号 Pa 表示。

$$1\ \mathrm{Pa}=1\ \mathrm{N/m^2}$$

工程上常用千帕（kPa）或兆帕（MPa）。

$$1\ \mathrm{kPa}=10^3\ \mathrm{Pa}$$

$$1\ \mathrm{MPa}=10^6\ \mathrm{Pa}$$

2）轴向拉压时横截面上应力计算　当杆件受轴向力作用时，内力在横截面上是均匀分布的，并且垂直于横截面。杆件横截面上任一点的正应力 σ 为：

$$\sigma=\frac{N}{A}$$

式中　N ——杆件横截面上的内力；

　　A ——杆件横截面面积。

3. 剪切变形的特点及内力

如图 2—17 示杆件，它的受力特点是作用在构件上的两个力大小相等、方向相反、作用线不在同一直线上，但相距很近。这时两相邻截面将发生错动变形，这种变形称剪切变形。

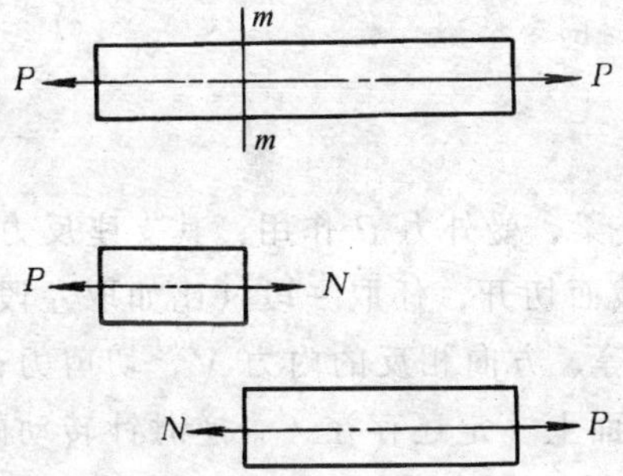

图 2—16

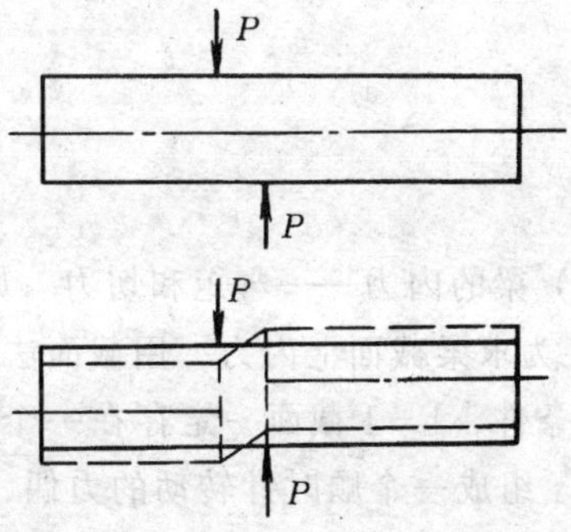

图 2—17

剪切变形常出现在构件的连接部位，如螺栓连接、铆钉连接等，如图 2—18 所示。

a)　　b)

图 2—18

求剪切面上的内力，仍用截面法。假想将铆钉在剪切面处切开，取其中一段为研究对象，如图 2—19b，由平衡条件，得：

$$V=P$$

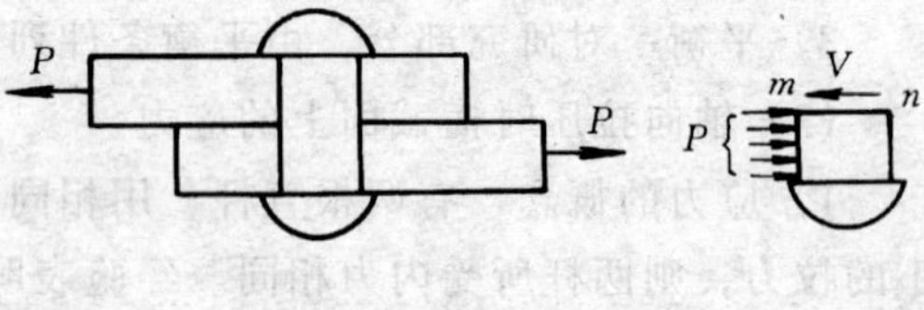

a)　　b)

图 2—19

内力 V 与剪切面平行，故称切力。单位面积上的切力大小称切应力，以 τ 表示，表达式为：

$$\tau=\frac{V}{A}$$

式中　V ——作用在构件截面上的切力；

A ——剪切面面积。铆钉的截面积为 $\pi d^2/4$（d 为铆钉直径）。

4. 弯曲变形的特点及内力

（1）平面弯曲　当构件在纵向对称面内受到力偶或受到垂直于轴线的力作用而变形时，原为直线的轴线将变成曲线，这种变形称弯曲变形。以弯曲变形为主的构件称为梁。

（2）梁的类型　工程上常见的梁有以下几种：

简支梁——一端为固定铰支座，一端为可动铰支座，如图 2—20a 所示。

悬臂梁——一端为固定端支座，一端自由，如图 2—20c 所示。

外伸梁——梁端具有外伸部分的简支梁，如图 2—20b 所示。

以上三种梁，其支座反力均可由静力平衡方程求得，称静定梁。

a)　　b)　　c)

图 2—20

（3）梁的内力——弯矩和切力　如图 2—21 简支梁，受外力 P 作用，其支座反力为 R_A 和 R_B。为求梁截面上内力，用截面法将梁在 1 - 1 截面切开，任取一段（比如取左段）。根据平衡条件，1 - 1 截面一定存在一个与 R_A 大小相等、方向相反的内力 V，切剪力；同时 V 与 R_A 组成一个顺时针转动的力偶，因此 1 - 1 截面上一定还存在一个逆时针转动的力偶与之平衡，这个力偶 M 称弯矩。

符号规定：切力 V 使切开的截面邻近微段顺时针转动为正，反之为负；弯矩使切开的截面邻近微段下凹时为正，反之为负。切力、弯矩的大小，可由平衡方程求得。

由 $\Sigma X=0 \quad R_A-V=0$

$$V=R_A=\frac{bP}{l}$$

由 $\Sigma M=0 \quad M-R_A\cdot x=0$

$$M=R_A\cdot x=\frac{bP}{l}\cdot x$$

(4) 弯矩图和切力图　在一般情况下，梁的内力随梁截面的位置不同而变化。为了求出梁截面的最大内力值和所在的位置，我们必须绘出梁的内力沿轴线变化规律的图形，这种图形称梁的内力图——切力图和弯矩图。

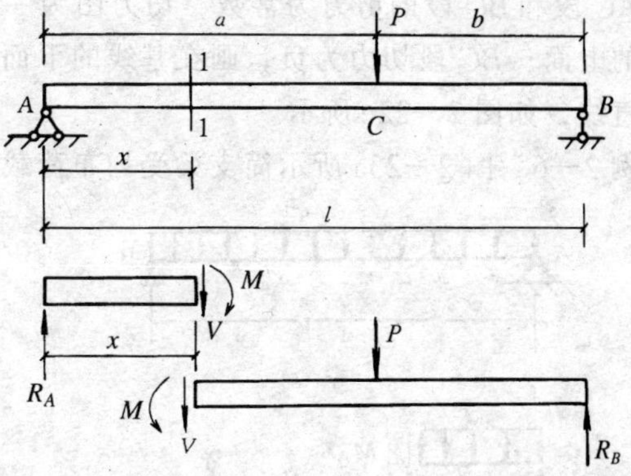

图 2—21

要画出梁的切力图和弯矩图，必须分别建立剪力、弯矩随截面位置变化的函数表达式，即切力方程和弯矩方程，为此我们用横坐标 x 表示梁截面位置，以切力和弯矩为纵坐标，即可按比例绘出切力图和弯矩图。

例 2—5　求图 2—22a 所示简支梁的切力图和弯矩图。

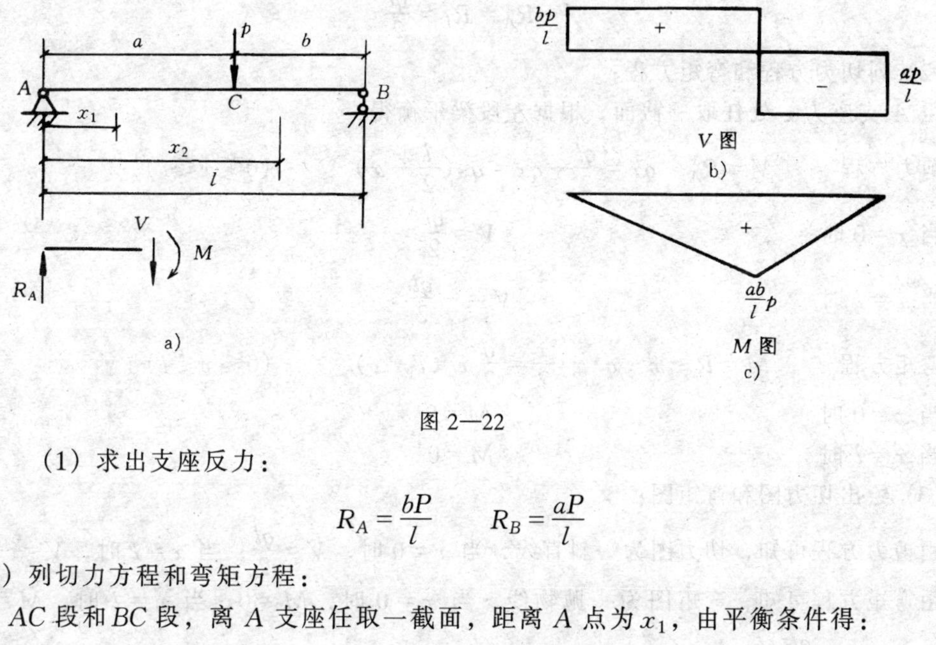

图 2—22

解　(1) 求出支座反力：

$$R_A=\frac{bP}{l} \qquad R_B=\frac{aP}{l}$$

(2) 列切力方程和弯矩方程：

分 AC 段和 BC 段，离 A 支座任取一截面，距离 A 点为 x_1，由平衡条件得：

AC 段　$V=R_A=\dfrac{bP}{l} \qquad (0\leqslant x_1<a)$

$$M=R_A\cdot x_1=\frac{bP}{l}\cdot x_1$$

BC 段　$V=R_A-P=-\dfrac{aP}{l} \qquad (a<x_2\leqslant l)$

$$M=R_A\cdot x_2-P\ (x_2-a)\ =\frac{aP}{l}\ (l-x_2) \qquad (a<x_2\leqslant l)$$

(3) 绘出切力图和弯矩图：

AC 段和 *BC* 段的剪力为常数，切力图为一平行于基线的直线。*AC* 段切力为正，画在基线的上面；*BC* 段切力为负，画在基线的下面，如图 2—22b 所示。*AC* 段和 *BC* 段弯矩图为斜直线，如图 2—22c 所示。

例 2—6 图 2—23a 所示简支梁受均布荷载作用，试作出梁的切力图和弯矩图。

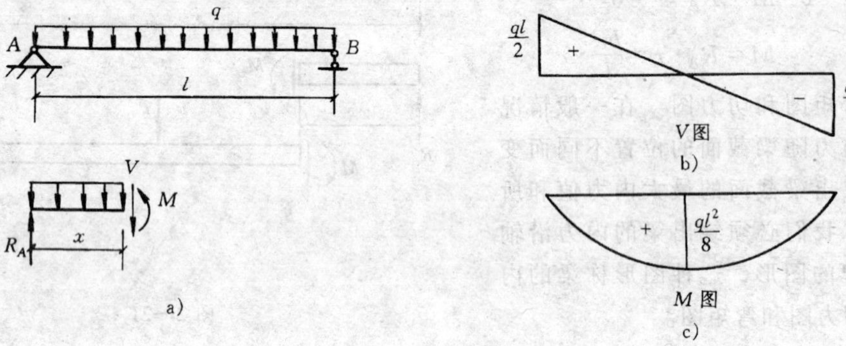

图 2—23

解 (1) 求支座反力：

$$R_A = R_B = \frac{ql}{2}$$

(2) 列切力方程和弯矩方程：

距 *A* 支座为 x 处任取一截面，根据左段梁平衡得：

剪力方程 $V = R_A - qx = \frac{ql}{2} - qx = q\left(\frac{l}{2} - x\right)$ $(0 \leqslant x \leqslant l)$

当 $x = 0$ 时 $V = \frac{ql}{2}$

当 $x = l$ 时 $V = -\frac{ql}{2}$

弯矩方程 $M = R_A \cdot x - q \cdot x \cdot \frac{x}{2} = \frac{q}{2}x(l - x)$ $(0 \leqslant x \leqslant l)$

当 $x = 0$ 时 $M = 0$

当 $x = l$ 时 $M = 0$

(3) 绘出切力图和弯矩图：

由剪力方程可知，切力图为一斜直线，当 $x = 0$ 时，$V = \frac{ql}{2}$；当 $x = l$ 时，$V = -\frac{ql}{2}$

由弯矩方程可知，弯矩图为一抛物线，当 $x = 0$ 时，$M = 0$；当 $x = l$ 时，$M = 0$；当 $x = \frac{l}{2}$ 时，$M = \frac{ql^2}{8}$

切力图和弯矩图如图 2—23b、c 所示。

(5) 弯曲时的正应力　如图 2—24 所示的梁，在力偶的作用下将发生弯曲。上部受压，下部受拉，位于梁中间的纵线既不受拉也不受压，称中性层。中性层与梁横截面的交线称中性轴。

梁截面上任一点正应力的计算公式为：

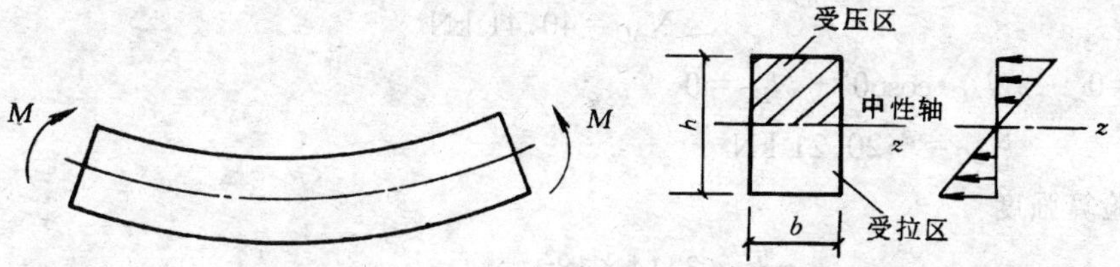

图 2—24

$$\sigma = \frac{M \cdot y}{I_z}$$

式中　M ——计算截面处的弯矩；

　　y ——正应力点至中性轴的距离；

　　I_z ——截面对中性轴的惯性矩，m^4 或 mm^4。

公式表明，正应力与所在截面的弯矩成正比，与截面对中性轴的惯性矩成反比。正应力沿截面高度按直线分布，离中性轴愈远，正应力愈大，中性轴处正应力等于零。最大正应力位于截面上下边缘处，其值为：

$$\sigma_{max} = \frac{M \cdot y_{max}}{I_z}$$

令

$$W_z = \frac{I_z}{y_{max}}$$

则：

$$\sigma_{max} = \frac{M}{W_z}$$

式中　W_z ——抗弯截面模量，m^3 或 mm^3。

三、材料力学强度的计算公式

为保证构件在外力作用下能安全可靠地工作，其强度必须满足要求。构件所用材料不同，或所受外力形式不同，则其强度条件也不同。

1. 轴向拉压时的强度计算公式

$$\sigma = \frac{N}{A} \leqslant [\sigma]$$

式中　N ——轴向拉压时横截面上的内力；

　　A ——横截面面积；

　　σ ——轴向拉压时横截面上的正应力；

　　$[\sigma]$ ——材料的许用应力。

例 2—7　一支架如图 2—25 所示。AC 杆为圆形截面钢杆，直径 $d = 18$ mm，许用应力 $[\sigma] = 170$ MPa；BC 杆为正方形截面木杆，边长 $a = 60$ mm，许用应力 $[\sigma] = 8$ MPa，在节点 C 处挂重物 $P = 35$ kN。试验算两杆的强度。

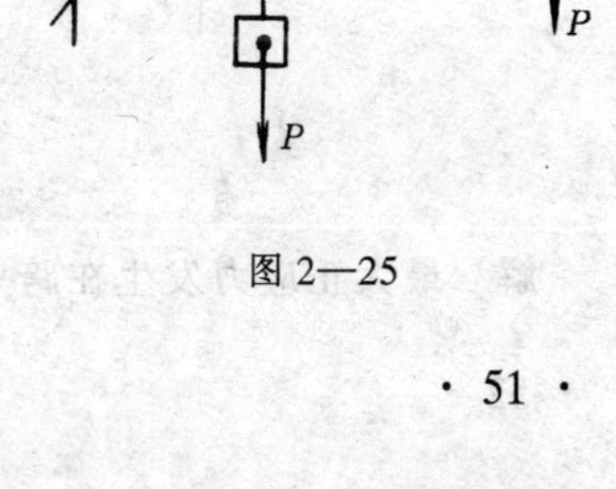

图 2—25

解　(1) 求出各杆轴力：

以节点 C 为研究对象，由平衡条件得：

$\Sigma F_y = 0$　　$N_{AC} \cdot \sin 60° - P = 0$

$$N_{AC}=40.41\ \text{kN}$$

$\Sigma F_x=0 \qquad N_{AC}\cdot\cos60°+N_{BC}=0$

$$N_{BC}=-20.21\ \text{kN}$$

（2）验算强度：

AC 杆：截面积 $A_1=\dfrac{\pi d^2}{4}=\dfrac{3.14\times18^2}{4}=254.34\ \text{mm}^2$

$$\sigma_{AC}=\frac{N_{AC}}{A_1}=\frac{40.41\times10^3}{254.34}=158.9\ \text{MPa}<[\sigma]=170\ \text{MPa}$$

强度满足要求

BC 杆：截积 $A_2=a^2=60\times60=3\ 600\ \text{mm}^2$

$$\sigma_{BC}=\frac{N_{BC}}{A_2}=\frac{20.21\times10^3}{3\ 600}=5.6\ \text{MPa}<[\sigma]=8\ \text{MPa}$$

强度满足要求

2. 剪切的强度计算公式

$$\tau=\frac{V}{A}\leqslant[\tau]$$

式中 V ——构件截面上的切力；

A ——剪切面面积；

τ ——剪切面上的切应力；

$[\tau]$——构件材料的许用应力。

3. 弯曲时的正应力强度计算公式

进行梁强度计算时，需求出全梁最大弯矩所在截面，即求出 $M_{\max}$ 时梁的最大正应力 $\sigma_{\max}=\dfrac{M_{\max}}{W_z}$ 其强度条件为：

$$\sigma_{\max}=\frac{M_{\max}}{W_z}\leqslant[\sigma]$$

式中 $M_{\max}$——截面上的最大弯矩；

W_z ——抗弯截面模量，对高为 h、宽为 b 的矩形截面 $W_z=\dfrac{bh^2}{6}$，对直径为 d 的圆形截面 $W_z=\dfrac{\pi d^2}{32}$。

例 2—8 一支梁，荷载及截面尺寸如图 2—26 所示。木材弯曲许用应力 $[\sigma]=10$ MPa，试校核其强度。

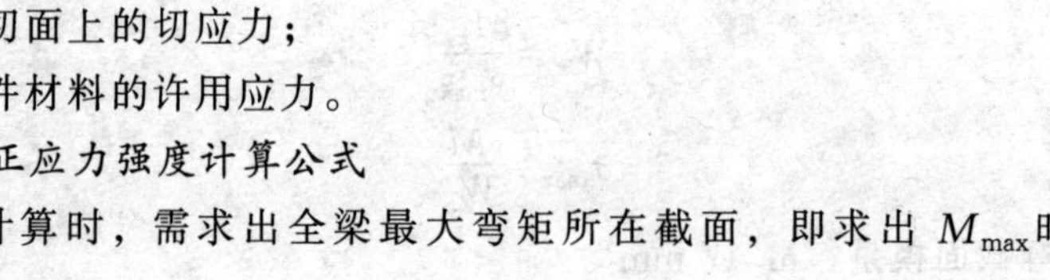

图 2—26

解 最大正应力发生在跨中弯矩最大的截面处：

$M_{max}=\frac{1}{8}ql^2=\frac{1}{8}\times4\times4^2=8\ kN\cdot m$

抗弯截面模量 $W_z=\frac{1}{6}bh^2=\frac{1}{6}\times150\times200^2=1\times10^6\ mm^3$

最大正应力 $\sigma_{max}=\frac{M_{max}}{W_z}=\frac{8\times10^6}{1\times10^6}=8\ MPa<[\sigma]=10\ MPa$

强度满足要求

第二节　钢筋混凝土构件受力的一般理论知识

一、钢筋混凝土构件配筋的一般规定

1. 混凝土保护层的作用及规定要求

混凝土保护层的作用是保证钢筋与混凝土能共同工作，防止钢筋锈蚀，增加结构耐久性。混凝土保护层厚度应满足表 2—1 的规定要求。

表 2—1　混凝土保护层厚度（mm）

项次	环境与条件	构件名称	混凝土强度等级		
			≤C20	C25 及 C30	≥C35
1	室内正常环境	板、墙、壳	15		
		梁和柱	25		
2	露天或室内高湿度环境	板、墙、壳	35	25	15
		梁和柱	45	35	25
3	有垫层	基　础	35		
	无垫层		70		

2. 钢筋弯钩的作用及设置要求

（1）为了增加钢筋与混凝土的粘结锚固作用，在受力光圆钢筋的末端应做成弯钩。在焊接骨架、焊接网以及轴心受压构件中，可不做弯钩。对受力变形钢筋，其末端可不做弯钩。

（2）钢筋弯钩的弯折规定

1）Ⅰ级钢筋末端需做 180°弯钩时，其圆弧弯曲直径 D 不应小于钢筋直径的 3 倍，如图 2—27a 所示。用于轻骨料混凝土时，其 D 不小于钢筋直径的 3.5 倍。

2）Ⅱ级钢筋末端需作 90°或 135°弯折时，弯曲直径 D 不应小于钢筋直径的 5 倍，如图 2—27b、c 所示。平直部分长度一般按设计要求确定。

3）用Ⅰ级冷拔低碳钢丝制作的箍筋，其末端应做弯钩。弯钩的弯曲直径应大于受力钢筋直径，且不得小于箍筋直径的 2.5 倍。弯钩的平直部分，对一般结构不宜小于箍筋直径的 5 倍；对有抗震要求的结构，不应小于箍筋直径的 10 倍。对有抗震要求的结构应按图 2—28a 加工制作；如无设计要求时，可按图 2—28b、c 加工制作。

3. 钢筋的锚固措施及锚固长度的规定

（1）简支板下部纵向钢筋应伸入支座，其锚固长度 $l_{as}\geqslant5d$。当采用焊接网配筋时，其末端至少应有一根横向钢筋配置在支座内（图 2—29a）。如不符合图 2—29a 要求时，应把

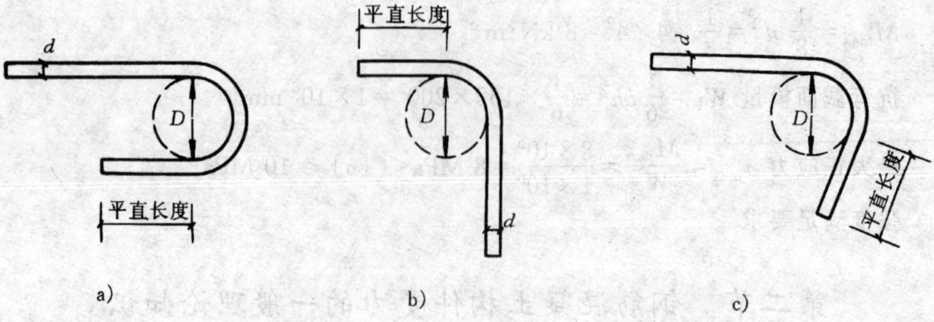

图 2—27

a）180°弯钩　b）90°弯折　c）135°弯折

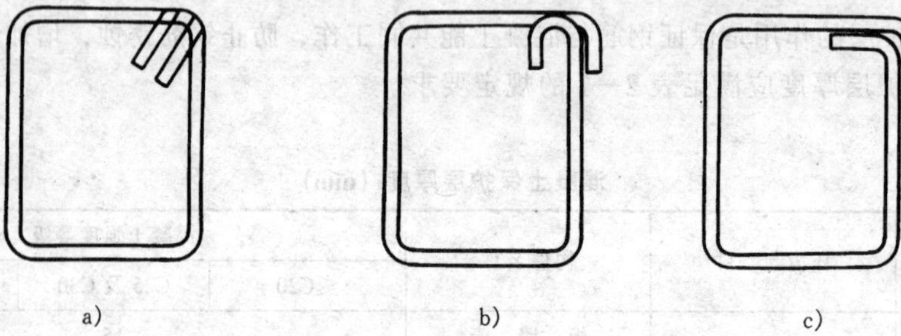

图 2—28

a）135°/135°　b）90°/180°　c）90°/90°

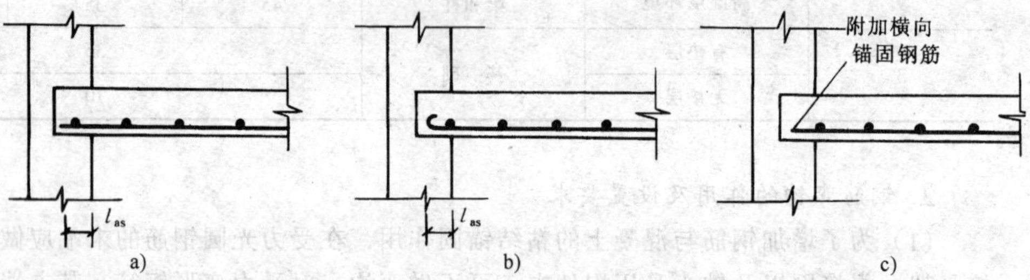

图 2—29

受力钢筋末端制成弯钩（图 2—29b）或加焊横向附加锚固钢筋（图 2—29c）。当 $V > 0.07fbh$时，配置在支座边缘内的横向钢筋不应少于 2 根，其直径不应小于纵向受力钢筋直径的1/2。

(2) 简支梁下部纵向受力钢筋在边支座内的锚固长度应满足下列条件：

当 $V \leqslant 0.07f_c bh_0$ 时　　$l_{as} \geqslant 5d$

当 $V > 0.07f_c bh_0$ 时

月牙纹钢筋　　$l_{as} \geqslant 12d$

光圆钢筋　　$l_{as} \geqslant 15d$

如支座处梁的搁置长度较短，锚固长度不能满足上述规定时，可采用附加锚固措施：在支座内纵筋端部加焊横向短钢筋；或纵筋端头加焊锚固钢板；或将纵筋端部焊接在支座预埋件上。

(3) 连续梁中间支座下部纵筋的锚固：一般情况下，支座下部为受压区，上部为受拉区，所以上部纵筋应贯通支座，下部纵筋的锚固分三种情况：

1) 计算中不利用其强度时，其伸入支座的锚固长度均按 $V>0.07f_c bh_0$ 的规定值。

2) 计算中充分利用其抗拉强度时，其伸入支座的最小锚固长度应符合表 2—2 的规定值。

表 2—2　　纵向受拉钢筋的最小锚固长度 l_a

钢筋类型		混凝土强度等级			
		C15	C20	C25	>C30
Ⅰ级钢筋		40d	30d	25d	20d
月牙纹	Ⅱ级钢筋	50d	40d	35d	30d
	Ⅲ级钢筋	—	45d	40d	35d
冷热低碳钢丝		250 mm			

注：①当采用螺纹钢筋时，锚固长度可按表中数值减小 5d；直径大于 25 mm 的螺纹钢筋，锚固长度按表中数值取用。

②直径大于 25 mm 的月牙纹钢筋，锚固长度应按表中数值增加 5d。

③任何情况下，受拉钢筋的锚固长度应不小于 250 mm。

3) 当计算中充分利用钢筋的抗压强度时，其伸入支座的锚固长度不应小于 0.7 l_a（l_a 见表 2—2）。

4. 钢筋接头的配置及对接头的规定

钢筋的接头有绑扎和焊接接头，宜优先采用焊接。

(1) 钢筋直径大于 25 mm 时，不宜用绑扎接头。

(2) 轴心受拉和小偏心受拉杆件（如拱、桁架中的拉杆），以及直接承受动力荷载并按疲劳验算的构件均不得采用绑扎接头。

(3) 直接承受中、重级工作制的吊车构件，其纵向受拉钢筋不得采用绑扎接头，并应尽可能采用长料加工，非不得已不用接头，且不得在钢筋上焊有任何附件（端头锚固除外），也不宜采用焊接接头。

(4) 绑扎骨架和绑扎网中的非预应力受力钢筋，当接头用搭接而不加焊时，受拉钢筋的搭接长度不应小于 1.2 l_a（l_a 详见表 2—2），且不应小于 300 mm；受压钢筋的搭接长度不应小于 0.85 l_a，且不应小于 200 mm。

(5) 焊接骨架在受力方向的接头可采用非焊接的搭接接头，受拉钢筋的搭接长度不应小于 l_a，受压钢筋的搭接长度不应小于 0.7l_a。

(6) 在绑扎骨架中，非焊接的搭接接头长度范围内，当搭接钢筋为受拉时，其箍筋的间距不应大于 5d，且不应大于 100 mm；当搭接钢筋为受压时，其箍筋的间距不应大于10d，且不应大于 200 mm。d 为受力钢筋的最小直径。

(7) 受力钢筋接头的位置应相互错开，当采用非焊接的搭接接头时，在规定的搭接长度的任一区段内，和采用焊接接头时在焊接接头处的 35d 且不小于 500 mm 区段内，有接头的受力钢筋截面面积占受力钢筋总截面面积的百分率应符合表 2—3 的规定。

表 2—3　　接头区段内受力钢筋接头面积的允许百分率

接头形式	受拉区	受压区
绑扎骨架和绑扎网中钢筋的搭接接头	25%	50%
焊接骨架和焊接网的搭接接头	50%	50%
受力钢筋的焊接接头	50%	不限制
预应力钢筋的对焊接头	25%	不限制

注：①接头位置宜设置在受力较小处，在同一根钢筋上应尽量少设接头；

②装配式构件连接处的受力钢筋焊接接头和后张法预应力混凝土构件的螺纹端杆接头，可不受上表的限制。

③采用绑扎骨架的现浇柱，在柱中及柱与基础交接处，如采用搭接接头时，其接头面积允许百分率可适当放宽。

④承受均布荷载作用的屋面板、楼板、檩条等简支受弯构件，如在受拉区内配置少于 3 根受力钢筋时，可在跨度两端各四分之一跨度范围内设置一个焊接接头。

⑤如有保证焊接质量的可靠措施时，预应力钢筋对焊接头在受拉区内的接头面积允许百分率可放宽至 50%。

(8) 经过冷处理的钢筋，其接头应满足下列条件：

1）冷拉钢筋的闪光对焊或电弧焊，应在冷拉前进行。

2）冷拔低碳钢丝的接头不得采用闪光对焊和电弧焊。

二、钢筋混凝土基础

1. 基础的作用

基础是建筑物的重要组成部分。它的作用是承受上部结构传来的全部荷载，并将这些荷载均匀地传给地基，保证结构的稳定和安全。

2. 钢筋混凝土基础的受力特点

钢筋混凝土基础的强度、耐久性和抗冻性较好，可用于荷载较大或地基土质较差的墙、柱基础。其受力特点为：基础不受台阶（基础大放脚）宽高比的限制，基础板伸臂长度可以较大，其产生的较大弯曲应力由配置的钢筋来承担，基础宽度可达 2 m 以上，而高度仅为 300～500 mm。它适用于建筑荷载较大而地基承载力较低及施工现场受到一定限制的浅埋基础。

根据上部荷载大小、结构形式的不同，钢筋混凝土基础可设计成条形基础、独立基础、片筏基础、箱形基础、壳体基础等。

3. 基础中钢筋的作用

当建筑物上部荷载较大而地基承载力较低时，通常采用钢筋混凝土基础。基础中钢筋的作用是承受由上部结构传来的荷载而产生的弯矩的拉力。

4. 基础配筋的构造要求

(1) 条形基础

1）横向布置受力钢筋，其直径一般为 6～16 mm，间距为 120～250 mm，如图 2—30 中①号筋。

2）纵向布置分布钢筋，其直径一般为 5～6 mm，间距为 250～300 mm，如图 2—30 中②号筋。

3）条形基础的宽度 $B \geqslant 1\,600$ mm 时，横向受力钢筋的长度可减至 $0.9B$，交错布置，如图 2—30 所示。

4）条形基础交接处配筋，如图 2—31 所示。L 形交接时，纵横墙受力钢筋重叠布置，该部分取消分布钢筋但须搭接，如图 2—31a 所示。T 形交接时，重叠处横墙受力钢筋间距加倍排至纵墙处，如图 2—31b 所示。

5）柱下钢筋混凝土条形基础交接处配筋构造

①T 形和十字形交接处，翼板横向受力钢筋仅沿一个主要受力轴向通长放置，而另一轴向的横向受力钢筋，伸入主要受力轴向底板宽度的 1/4 即可，如图 2—32a 所示。

②L 形拐角交接处，其底面横向受力钢筋应沿两个轴向通长放置，分布筋在主要受力轴向通长放置，而另一轴向的分布筋可在交接边缘处断开，如图 2—32b 所示。

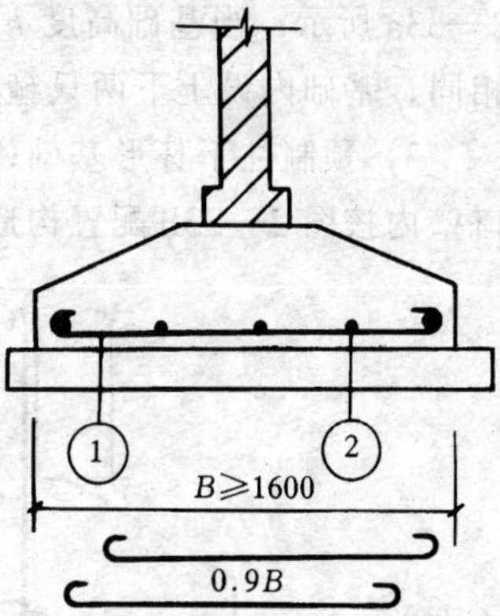

图 2—30

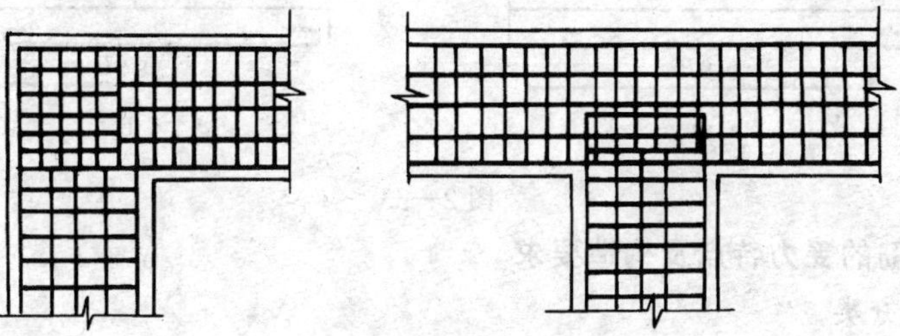
a)

b)

图 2—31

a)

b)

图 2—32

(2) 单独基础

1）单独基础为双向受力，其受力钢筋直径不宜小于 8 mm，间距为 100～200 mm。短边方向的受力筋放在长边受力筋的上面。对于混凝土保护层厚度，当有素混凝土垫层时不小于 35 mm，无垫层时不小于 70 mm。当基础边长 $B \geqslant 3\,000$ mm 时，受力钢筋的长度可减为 $0.9B$，交错布置。

2）现浇柱下单独基础的插筋直径、规格、根数和间距应与柱内纵向钢筋相同，插筋应满足锚固长度和搭接长度要求。基础高度除满足冲切强度要求外，还需满足柱纵向钢筋的锚固要求。当基础高度 $h<900$ mm 时，插筋下端宜做成直弯钩，放在基础的钢筋网上，如图 2—33a 所示；当基础高度 $h\geqslant 900$ mm 时，可将四角插筋伸至基底。插筋的箍筋与柱中箍筋相同，基础内设上下两只箍筋固定。

3）预制柱下杯形基础，当杯口宽度 b 与杯口外壁高度 h_1 之比，即 $b/h_1<0.65$ 时，杯口壁内按图 2—33b 配置构造钢筋。

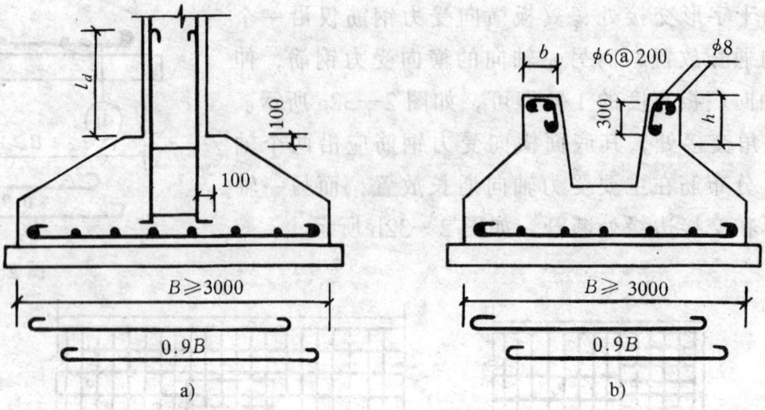

图 2—33

三、柱中钢筋的受力特点及构造要求

1. 柱的受力分类

（1）轴心受压柱　当纵向力作用点与构件截面重心重合时，为轴心受压构件。由于施工误差、材料不均匀以及钢筋不对称等原因，实际上理想的轴心受压构件是不存在的。工程上把偏心很小、可忽略的构件按轴心受压考虑，如房屋中柱、屋架或桁架中的受压杆件。

（2）偏心受压柱　当纵向力作用点偏离构件截面重心时，称偏心受压构件。根据偏心距大小，可分大偏心受压和小偏心受压。

2. 柱中钢筋受力特点

柱中配有纵向钢筋和箍筋，形成钢筋骨架。纵向钢筋在轴心受压柱中是受压的，在偏心受压柱中可能受压，也可能受拉。而箍筋总是受拉的，所以做成封闭式。

3. 柱中纵向受力钢筋的构造要求

钢筋的直径不小于 12 mm，一般为 12 mm$\leqslant d \leqslant$32 mm。

根数宜少而直径宜粗，但不少于 4 根。

配筋率 ρ 不宜超过 5%。

纵筋净距 $s\geqslant$50 mm，水平预制柱净距与梁相同，中距不大于 350 mm。

柱中钢筋搭接一般设在楼面大梁顶面处，其搭接长度 $l_d\geqslant 0.85\ l_a$ 且不小于 200 mm（对偏心受压柱，$l_d\geqslant 1.2\ l_a$ 且不小于 300 mm）。柱中钢筋搭接要求如图 2—34 所示。

对偏心受压柱，纵筋应沿短边布置，每边的最小纵筋面积不小于全截面面积的 0.2%，全部纵筋配筋率不宜超过 3%。当截面高度 $h\geqslant$600 mm 时，应配置直径在 10～16 mm 之间的构造筋，并用拉筋或附加箍筋相连。

4. 柱中箍筋的构造要求

柱中箍筋可防止钢筋向外鼓出，保证混凝土与钢筋共同受力，从而改善构件的受力性能。

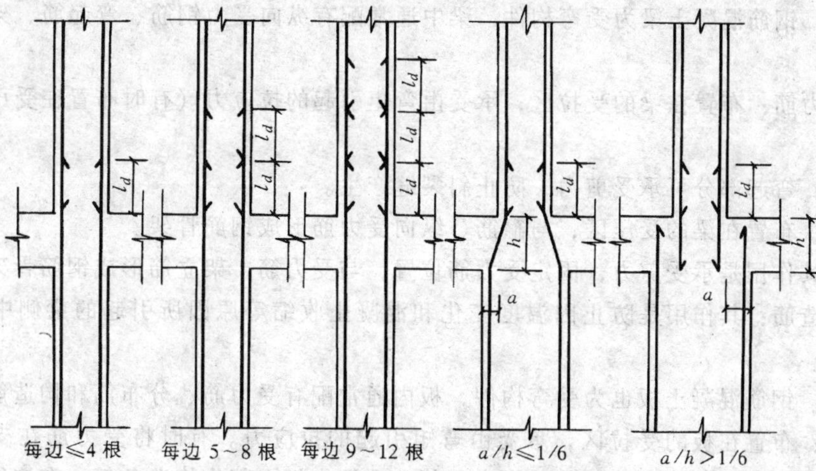

图 2—34

箍筋直径：用热轧钢筋时，不应小于 $d/4$ 且不小于 6 mm；用冷拔低碳钢丝时，不应小于$\frac{d}{5}$且不小于 5 mm（d 为纵筋的最大直径）。

箍筋间距：在绑扎骨架中，不应大于 $15d$，在焊接骨架中不应大于 $20d$，且不大于 400 mm，也不大于柱的短边（d 为纵筋最小直径）。

当柱中全部纵筋配筋率超过 3%时，箍筋直径不宜小于 8 mm，且应焊成封闭式，其间距不大于 $10d$（d 为纵筋最小直径）且不大于 200 mm。

纵筋搭接范围内箍筋间距应加密。当搭接钢筋为受压时，间距不大于 $10d$；当搭接钢筋为受拉时，间距不大于 $5d$（d 为纵筋最小直径）。

当柱子各边纵筋多于 3 根时，应设置复合箍筋（图 2—35a）；当柱子短边不大于 400 mm 且纵筋不多于 4 根时，可不设复合箍筋（图 2—35b）。

柱中箍筋应做成封闭式，但不允许有内折角（图 2—35d）。在内折角处箍筋应切断并锚固或用两个单箍叠合（图 2—35c）。

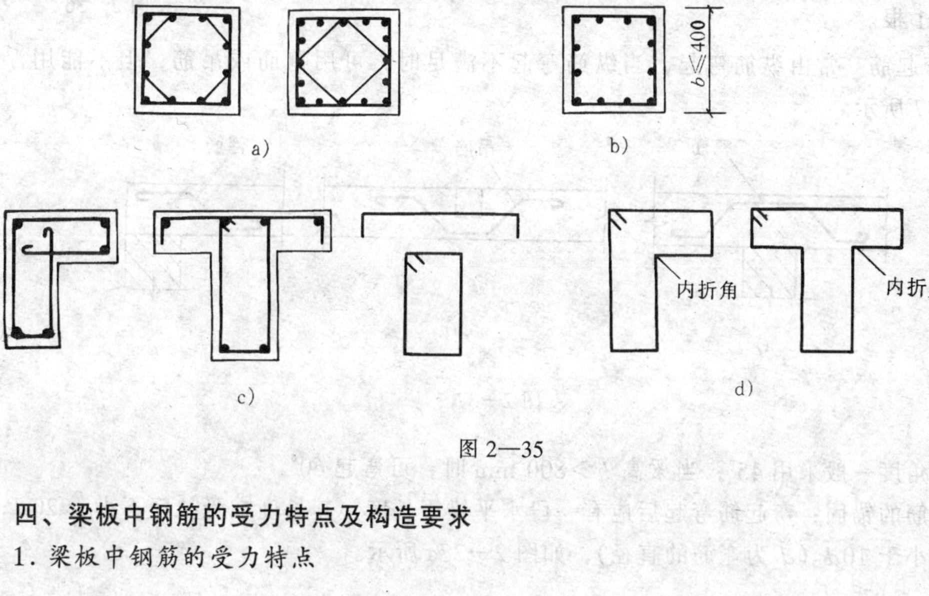

图 2—35

四、梁板中钢筋的受力特点及构造要求

1. 梁板中钢筋的受力特点

(1) 梁　钢筋混凝土梁为受弯构件，梁中通常配有纵向受力钢筋、弯起筋、架立筋、箍筋和构造筋。

纵向受力筋：布置在梁的受拉区，承受由弯矩引起的拉应力（有时布置在受压区承受压应力）。

弯起筋：弯起部分可承受剪力，防止斜裂缝产生。

架立筋：布置在梁的受压区，与箍筋、纵向受力筋形成钢筋骨架。

箍筋：其作用是承受剪力，固定受力筋位置，与受力筋、架立筋形成钢筋骨架。

梁侧构造筋：其作用是防止因温度变化和混凝土收缩等原因所引起的梁侧中部混凝土开裂。

(2) 板　钢筋混凝土板也为受弯构件，板内通常配有受力筋、分布筋和构造筋。

受力筋：布置在板的受拉区，承受由弯矩引起的拉应力。有时将受力筋在支座附近弯起，其目的并不是抗剪。弯起后伸入支座上部，在简支板上部作构造负筋，在连续板上部作负弯矩钢筋。

分布筋：垂直受力筋按构造设置，其作用是：固定受力筋位置；将板上荷载均匀传递给受力筋；防止因温度变化或混凝土收缩等原因而产生的裂缝。

构造筋：嵌入承重墙内的板，在支座处板面应设构造筋，防止平行于墙身方向板面产生裂缝。

2. 梁板中钢筋的构造要求

(1) 梁

1) 纵向受力筋　直径常用 12～25 mm，一般不宜大于 28 mm。同一梁中直径种类不宜多于两种，直径差不宜小于 2 mm，也不宜相差太多，以免受力不均匀。

混凝土保护层厚度和净距如图 2—36 所示，下部纵筋净距 $s \geqslant$ 25 mm 且 $\geqslant d$；上部纵筋净距 $s \geqslant 30$ mm 且 $\geqslant 1.5d$。伸入支座钢筋数量，当梁宽 $b \geqslant 150$ mm 时，不少于 2 根，当梁宽 $b < 150$ mm 时，可为 1 根。

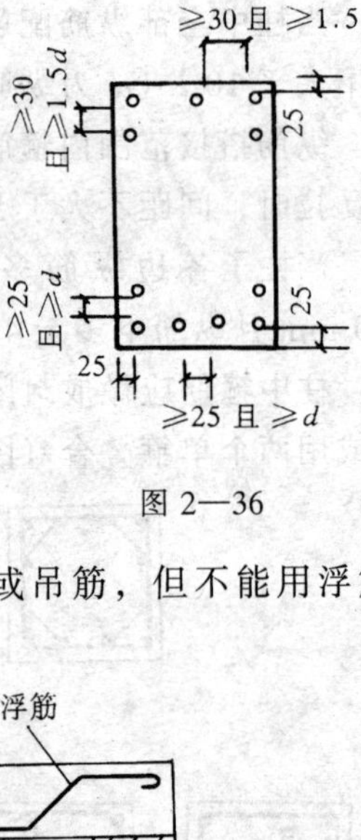

图 2—36

2) 弯起筋　常由纵筋弯起，当纵筋弯起不满足时，可用鸭筋或吊筋，但不能用浮筋，如图 2—37 所示。

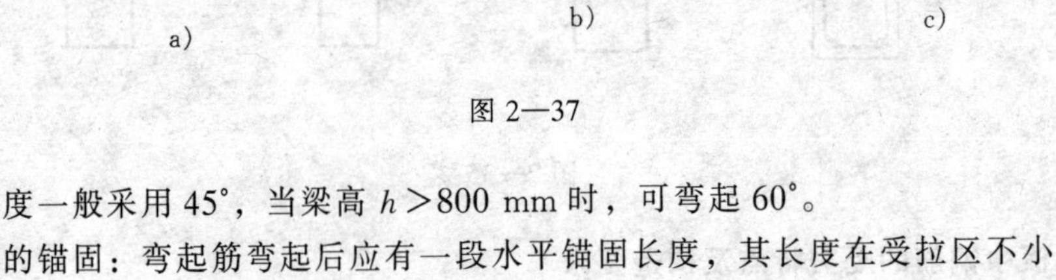

图 2—37

弯起角度一般采用 45°，当梁高 $h > 800$ mm 时，可弯起 60°。

弯起筋的锚固：弯起筋弯起后应有一段水平锚固长度，其长度在受拉区不小于 $20d$；在受压区不小于 $10d$（d 为弯筋的直径），如图 2—38a 所示。

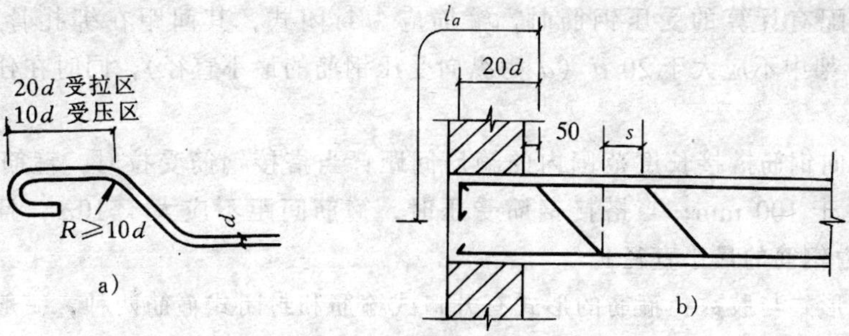

图 2—38

弯起筋的最大间距：第一排钢筋的弯起点至第二排钢筋的弯终点之间的距离不得大于箍筋的最大间距，如图 2—38b 所示。

3）架立筋　架立筋直径，当梁跨度小于 4 m 时，不宜小于 6 mm；当梁跨度为 4～6 m 时，不宜小于 8 mm；当梁跨度大于 6 m 时，不宜小于 10 mm。根数一般不少于 2 根。

4）梁侧构造筋　当梁高大于 700 mm 时，在梁的两侧沿高度方向每隔 300～400 mm 处设置直径不小于 10 mm 的构造筋，并用拉筋相连，其直径与箍筋相同，间距可取箍筋间距的倍数，如图 2—39 所示。

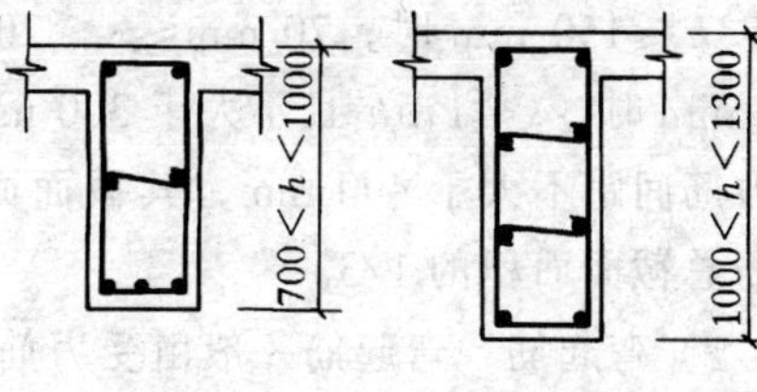

图 2—39

5）箍筋

①箍筋直径：最小直径见表 2—4。当梁中配有计算的受压钢筋时，其直径尚应不小于受压钢筋直径的$\frac{d}{4}$（d 为受压钢筋的最大直径）。

表 2—4　　梁中箍筋的最小直径（mm）

梁高 h（mm）	箍筋直径
$h\leqslant250$	4
$250<h\leqslant800$	6
$h>800$	8

②箍筋间距：箍筋间距不能过大，最大间距见表 2—5。

表 2—5　　梁中箍筋的最大间距（mm）

项　次	梁高 h（mm）	$V>0.07f_cbh_0$	$V<0.07f_cbh_0$
1	$150<h\leqslant300$	150	200
2	$300<h\leqslant500$	200	300
3	$500<h\leqslant800$	250	350
4	$h>800$	300	500

③当梁中配有计算的受压钢筋时，箍筋应为封闭式，其间距在绑扎骨架中不应大于 $15d$，在焊接骨架中不应大于 $20\ d$（d 为纵向受压钢筋的最小直径），同时在任何情况下不应大于 400 mm。

④梁中纵向钢筋搭接长度范围内的箍筋间距：当搭接钢筋受拉时，箍筋间距不应大于 $5d$，且不应大于 100 mm；当搭接钢筋受压时，箍筋间距不应大于 $10d$，且不应大于 200 mm（d 为受力钢筋的最小直径）。

⑤箍筋的形式与肢数：箍筋的形式有开口式箍筋和封闭式箍筋两种，一般采用封闭式箍筋。箍筋的肢数有单肢、双肢和四肢，一般采用双肢。当梁宽 $b>350$ mm 或一排中受拉钢筋多于 5 根或纵向受压筋多于 3 根时，宜采用四肢箍，如图 2—40 所示。

(2) 板

1) 受力筋　直径一般为 6～12 mm。对于间距 s，当板厚 $h\leqslant150$ mm 时，70 mm$\leqslant s\leqslant$200 mm，当板厚 $h>$ 150 mm 时，$s\leqslant1.5h$ 且不大于 300 mm，伸入下部支座的受力筋间距不大于 400 mm，其截面面积不应小于跨中受力筋总截面面积的 1/3。

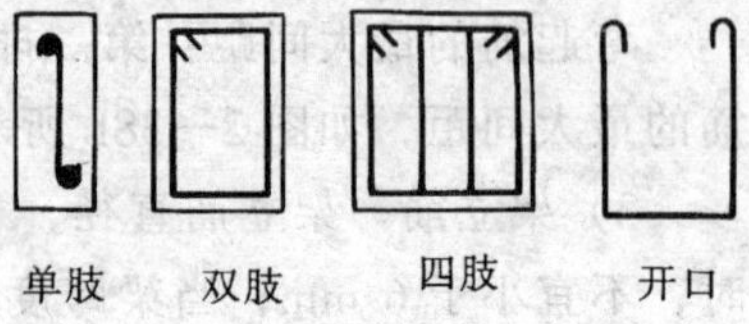

图 2—40

2) 弯起筋　弯起筋一般由受力筋弯起，弯起角度一般为 30°，当板厚大于 200 mm 时，可弯起 45°。

3) 分布筋　直径常用 4～6 mm，其间距不应大于 300 mm，其截面面积不应小于单位长度受力筋截面面积的 10%。

4) 构造筋　对嵌固在承重墙内的板，在支座处板的上部配置直径不小于 6 mm、间距不大于 200 mm 的构造筋，伸出墙边长度不小于 $l_1/7$。在板角部分应配置上述双向构造筋，其伸出长度不应小于 $l_1/4$（l_1 为单向板的跨度或双向板的短跨），如图 2—41a 所示。

当板的受力钢筋与主梁平行时，应在与主梁垂直方向配置 $\phi6@200$ 的构造筋，其截面面积不应小于跨中受力筋面积的 1/3，如图 2—41b 所示。

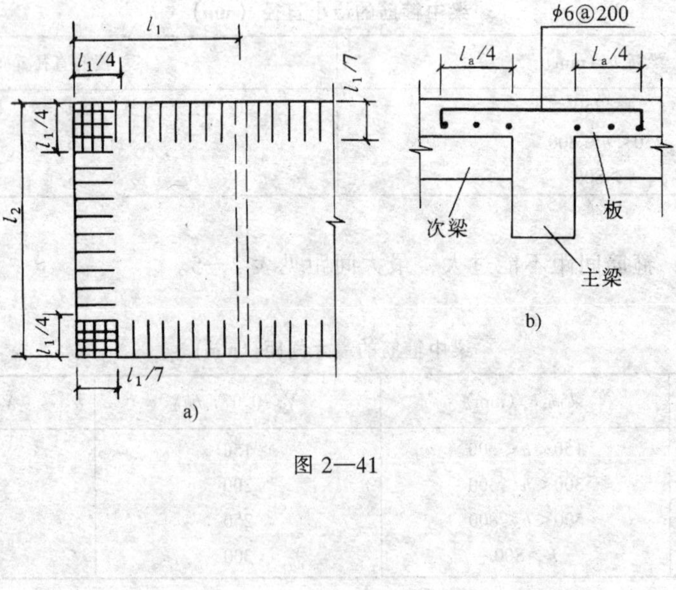

图 2—41

第三章　钢筋的性能和加工

第一节　钢筋的种类和技术性质

一、钢筋的种类和品种

钢筋混凝土结构用钢筋和钢线是由碳素结构钢和低合金钢加工而成的，即钢筋的种类归属于碳素结构钢和低合金钢二大类。

1. 碳素结构钢

根据国家标准《碳素结构钢》（GB 700—88）的规定，碳素结构钢的牌号以屈服点的符号（Q）、屈服点值（195、215、235、255和275 MPa）和质量等级（A、B、C、D）、脱氧程度（F、b、Z、TZ）构成。其中A、B为普通质量钢（即旧标准中甲类和特类钢），C、D级钢为磷、硫杂质控制较严格的优质钢；脱氧程度以F代表沸腾钢，b代表半镇静钢，Z和TZ代表镇静钢和特殊镇静钢。Z和TZ在牌号中可省略。

钢号Q235的强度和伸长率均居中等，两者得以兼顾，所以是结构钢常用的牌号（相当于旧标准的A3钢）。Q215钢强度低，塑性好，在轧制、焊接加工或受冲击、偶然超载等情况下能保证安全。

等级为A、B的各牌号钢属于“普通质量非合金钢”。其中B级钢（即旧标准中称特类钢），等级为C和D的Q235钢，属于优质钢。

沸腾钢质量较差，时效敏感性大，钢材性能不够稳定，限于一般结构工程使用。

2. 低合金结构钢

在钢中加入适量合金元素，如钒（V）、铌（Nb）、钛（Ti）、锰（Mn）、硅（Si）等，即成低合金结构钢。

根据《低合金高强度结构钢》（GB 1591—94），低合金结构钢的牌号由屈服点的汉语拼音字母（Q）、屈服点数值、质量等级符号（A、B、C、D、E）三个部分按顺序排列组成，如：Q390A。低合金结构钢是由氧气转炉、平炉或电炉冶炼，脱氧完全的镇静钢。

低合金结构钢强度高，具有良好的塑性和韧性，并具有耐锈蚀、耐低温性能。一般情况下，它的含碳量≤0.2%，故仍具较好的可焊性，且冶炼方便，成本低。

二、钢筋品种

钢筋混凝土结构用钢筋主要品种有热轧钢筋、冷拔低碳钢丝、碳素钢丝、钢绞线和热处理钢筋等。

1. 热轧钢筋

热轧钢筋的分级及其应用，根据《钢筋混凝土用热轧光圆钢筋》（GB 13013—91），《钢筋混凝土用热轧带肋钢筋》（GB 1499—98），热轧钢筋按力学性能划分成四个等级。各个等级的钢筋应符合所要求的力学性能。Ⅰ级钢筋是采用Q235轧制的，适合于作非预应力钢筋；Ⅱ和Ⅲ级钢筋均是采用普通低合金钢轧制，适合于做非预应力钢筋和预应力钢筋；而Ⅳ

级钢筋由优质合金钢轧制，适宜做预应力钢筋。

2. 热处理钢筋

经淬火和高温回火（调质处理）的热轧带肋钢筋叫热处理钢筋。其强度高，抗拉强度 $\sigma_b \geqslant 1\ 500$ MPa，屈服点 $\sigma_{0.2} \geqslant 1\ 350$ MPa，伸长率 $\delta_{10} \geqslant 6\%$。通常卷成直径为 1.7～2.0 m 的弹性盘条，开盘后可自行伸直。使用时按要求长度切割，不能用电焊切割，也不能焊接，以免引起强度下降或脆断。

热处理钢筋的综合性能较好，应力松弛率低，施工方便，适用于预应力混凝土结构。

3. 冷拔低碳钢丝

将直径 6.5～8 mm 的 Q215 或 Q235 热轧圆盘条，经拔丝模拔制成直径更小的钢丝的过程称冷拔，是冷加工的一种。冷拔使钢筋受到强烈拉伸和挤压作用，塑性变形更大，其屈服点可以提高 40%～60%，塑性和韧性降低更大，具有硬钢的性质。

根据《钢筋混凝土工程施工及验收规范》（GB 50204—92），冷拔低碳钢丝分为甲、乙两个级别。甲级钢丝用作预应力筋，乙级钢丝用作非预应力构件，如焊接网、焊接骨架、箍筋和构造钢筋。冷拔低碳钢丝加工方便，成本低，适用于中小型预应力构件，也可以用它绞捻成钢绞线。

4. 碳素钢丝、刻痕钢筋和钢绞线

碳素钢丝又称高强度钢丝，是用优质碳素结构钢经冷拔或再经回火等工艺处理制成。其强度高，柔性好，适用于大跨度屋架、吊车梁等大型构件及 V 形折板等。使用碳素钢丝可节省钢材、施工方便、安全可靠，但成本较高。

刻痕钢筋系由碳素钢经压痕轧制而成，全部经低温回火成盘。其强度高，刻痕后与混凝土握裹力大，可减少混凝土裂缝，主要用于预应力钢筋混凝土结构。

钢绞线由 7 根 $\phi 2.5$～7.0 mm 的高级碳素钢丝绞捻后消除内应力制成。其强度高，柔性好，主要用于大型屋架、薄腹梁、大跨度桥梁等大负荷的预应力大跨度结构。

三、钢筋的力学性能

建筑用钢材的力学性能有很多指标。钢筋工程中使用的钢筋的力学性能指标要求取决于构件中使用要求与钢筋加工要求，集中体现在钢筋的强度性能和塑性性能二大方面。

1. 强度性能主要反映在屈服强度指标（如抗拉强度）上

低碳钢和普通低合金钢筋，一般经历这样四个阶段：弹性阶段（*oa*）即应力（单位面积上的拉力）与应变（单位长度上的伸长变形）成正比例；屈服阶段（*a′b*），此阶段中，应变增长很快，而应力不明显增加，却在很小范围内波动；强化阶段（*bc*），通过钢材变形后，内部组织发生新的变化，应力又随应变的增加而上升，但这时应力、应变不成正比例，在图形中表现出来的是曲线关系；颈缩阶段（*cd*），拉到一定强度后，钢筋的薄弱截面开始缩小，应力集中，缩小如砂，承受拉力下降，最后断裂。整个拉伸过程的表现对钢筋的强度至关重要。

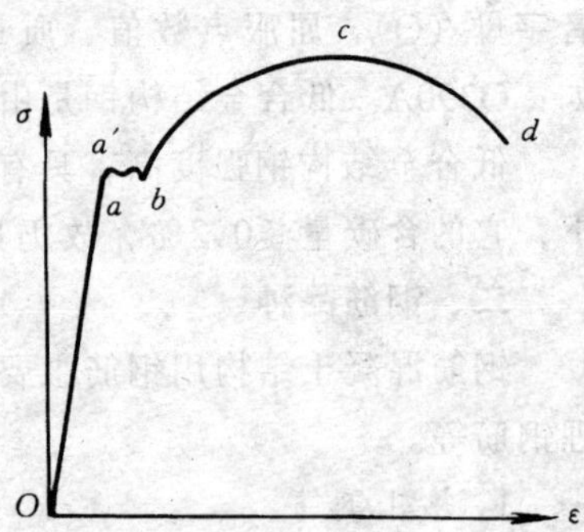

图 3—1 钢筋的应力应变图形

钢筋的应力应变图形如图 3—1。

屈服阶段的限值叫做屈服点，表示钢筋中的应力小于屈服点时，钢筋变形较小，处于弹性状态。工程中将屈服点作为钢筋的标准强度值。颈缩阶段开始前钢筋未出现破坏前的最高值叫做抗拉强度，它反映了钢筋抵抗拉力的最大能力。同时抗拉强度与屈服点之差还反映了钢筋强度的后备能力。但由于变形太大，抗拉强度不直接作为设计的依据，而是考虑钢筋安全度、钢筋设计强度标准值取值时的一个因素。

2. 钢筋的塑性性能主要反映在伸长率、冷弯性能上

伸长率是指一定测量标距下钢筋的极限伸长百分率。在做钢筋拉伸试验中，试件拉断后的长度减去试件原有长度即为钢筋的最大伸长量。用最大伸长量除以试件原来长度的百分比，即为伸长率，用公式表示：伸长率 $\delta=$（最大伸长值/原长 L_0）$\times 100\%$。

伸长率是钢筋塑性性能的重要指标。伸长率越大，塑性越好，表示钢筋在拉断前有较大的塑性变形，钢筋混凝土构件在破坏前有良好的工作性能，同时也为钢筋冷加工提供了保证条件。伸长率同时也反映了冶炼与轧制的质量，同一种类的钢筋冶炼轧制过程中存在的质量缺陷，都明显表现为伸长率降低。

冷弯性能是钢筋在万能试验机上进行的。钢筋经过冷弯后，检查钢筋有无裂缝、鳞落、断裂等现象。冷弯性能反映钢筋在冷加工时承受变形的能力，也检查钢筋的质量，是否所含成分不符而影响钢筋的塑性。

某些特殊的构件，如承受动荷载冲击的构件，就应考虑抵抗冲击能力的指标——冲击韧性。承受多次反复荷载的，并有一定周期性的动荷载的构件如工业厂房中的吊车梁，吊车梁内的受力筋就要考虑钢筋的疲劳性能。但通常情况下，钢筋的力学性能主要指钢筋的屈服点、抗拉强度、伸长率、冷弯性能。

热轧钢筋的力学性能见表 3—1。

表 3—1　　热轧钢筋的力学性能

表面形状	钢筋级别	强度等级代号	公称直径（mm）	屈服点 σ_s（MPa）	抗拉强度 σ_b（MPa）	伸长率（%）	冷弯
				不小于			
光　圆	Ⅰ	R235	8～20	235	370	25	180°　$d=a$
月牙肋	Ⅱ	RL335	8～25	335	510	16	180°　$d=3a$
			28～40		490		180°　$d=4a$
月牙肋	Ⅲ	RL400	8～25	400	570	14	90°　$d=3a$
			28～50				90°　$d=4a$
等高肋	Ⅳ	RL540	10～25	540	835	10	90°　$d=5a$
			28～32				90°　$d=6a$

冷拔低碳钢丝的力学性能应符合表 3—2 的规定。

表 3—2　　冷拔低碳钢丝的力学性能

等级	直径（mm）	抗拉强度 σ_b（MPa）不小于		伸长率 δ_{10}（%）不小于	反复弯曲（180°）次数
		Ⅰ组	Ⅱ组		
甲	5	650	600	3.0	4
	4	700	650	2.5	
乙	3～5	550		2.0	4

四、钢筋的化学成分及对钢筋性能的影响

钢中的基本成分是铁（Fe），纯铁含量约占99%。另一个基本成分是碳（C），同时也存在冶炼过程中不易除净的有害元素硫（S）、磷（P）、氮（N）、氧（O）。有时为了提高钢筋的性能掺加一些其他元素如锰、硅后，成为普通低合金钢。各种化学成分含量的多少，对钢筋的力学性能和焊接性能影响很大。钢材中含碳量的多少对钢的力学性能有决定性的影响，碳的成分增加，钢筋的屈服点与抗拉强度提高，但伸长率和冲击韧性低，钢筋的抗腐性能、抗疲劳性能如冷弯性能降低。一般来说，低碳钢强度低，塑性好；碳钢强度高，塑性差；高碳钢不能用作建筑用的钢筋。

硫（S）、磷（P）、氮（N）、氧（O）都是有害元素，含量增大会降低钢筋的塑性，降低疲劳强度，降低冲击韧性、抗腐性能，加工时易脆断，焊接性能差。建筑用的钢筋对这些有害元素应控制在一个很小的范围，如硫、磷、含量应小于0.045%～0.55%。磷有二重性，有其有益的一面，适度的磷的含量能提高抗拉强度与屈服点，提高钢材的抗腐性能。

硅（Si）、锰（Mn）、钠（Na）、钛（Ti）等合金元素对改善钢筋的性能有益。

硅含量小于1%时，能使钢筋的屈服点、抗拉强度、硬度提高，提高冷弯性和高温疲劳强度。但含量过高时，会降低钢筋的塑性和冲击韧性，钢筋焊接性能变坏。锰能提高钢筋的强度，并保持一定的塑性，还能消除硫、氧等有害元素对钢材的不利影响。

钢筋的化学成分见表3—3。

表3—3　　钢筋的化学成分　　单位：%

强度等级	牌号	碳	硅	锰	钒	钛	铌	硫	碳
							不大于		
Ⅰ级	R235	0.14～0.22	0.12　0.30	0.35～0.65				0.050	0.045
Ⅱ级	20锰硅	0.17～0.25	0.40～0.80	1.20～1.70				0.050	0.050
	20锰铌硅	0.17～0.25	≤0.17	1.00～1.50			0.050		
Ⅲ级	25锰硅	0.20～0.30	0.60～1.00	1.20～1.60				0.050	0.050
Ⅳ级	40硅2锰钒	0.36～0.46	1.40～1.80	0.70～1.00	0.08～0.15				
	45硅锰钒	0.40～0.52	1.10～1.50	1.00～1.40	0.05～0.12			0.045	0.045
	45硅2锰钛	0.40～0.48	1.40～1.80	0.80～1.20		0.02～0.08			

五、钢筋的检验

1. 热轧钢筋检验

热轧钢筋出厂时，每捆（盘）上都挂有不少于两个标牌，印有厂标、钢号、炉罐号（批号）、直径等标记，并附有质量证明书。

热轧钢筋进场时应分批验收。每批由同一截面尺寸和同一炉号的钢筋组成，质量不大于60 t。对容量不大于30 t的氧气转炉或电炉冶炼的钢坯和用连铸坯轧成的钢筋，允许由同钢号、同一台冶炼和浇注方法的不同炉罐号的钢筋组成混合批，但每批不得超过10个炉罐号，各炉罐号的含碳量差不得超过0.02%，含锰量差不得超过0.15%。验收内容包括查对标牌、外观检查和力学性能试验等。

(1) 外观检查　热轧钢筋的表面不得有裂缝、结疤和折叠。钢筋表面允许有凸块，但不得超过横肋的最大高度。

(2) 力学性能试验　从每批钢筋中任选两根钢筋，每根取两个试样分别进行拉力试验（包括屈服点、抗拉强度和伸长率）和冷弯试验。如有一项试验结果不符合要求，则从同一批中另取双倍数量的试样重作各项试验。如仍有一项试验结果不合格，则该批钢筋为不合格品。

对热轧钢筋的质量有疑问或类别不明时，在使用前应作拉力和冷弯试验，根据试验结果确定钢筋的类别后，才允许使用。抽样数量应根据实际情况确定。这种钢筋不宜用于主要承重结构的重要部位。

热轧钢筋在加工过程中发现脆断、焊接性能不良或力学性能显著不正常等现象时，应进行化学成分分析或其他专项检验。

2. 冷拉钢筋检验

冷拉钢筋制成后，应分批验收。每批由不大于 20 t 的同级别、同直径的冷拉钢筋组成。

(1) 外观检查　冷拉钢筋的表面不得有裂纹和局部缩颈。作预应力筋时应逐根检查。

(2) 力学性能试验　从每批冷拉钢筋中抽取两根钢筋，每根取两个试样分别进行拉力试验（包括屈服点、抗拉强度和伸长率）和冷弯试验。如有一项试验结果不符要求，则应另取双倍数量的试样重作各项试验。如仍有一个试样不合格，则该批冷拉钢筋为不合格品。

计算冷拉钢筋的屈服点和抗拉强度，应采用冷拉前的截面面积。

3. 冷拔低碳钢丝检验

冷拔低碳钢丝制成后，对甲级钢丝应逐盘检验，对乙级钢丝应分批抽样检验。每批由不大于 5 t 的同直径的冷拔低碳钢丝组成。

(1) 外观检查　冷拔低碳钢丝的表面不得有裂纹和机械损伤。

(2) 力学性能试验　对于甲级钢丝，应从每盘上任一端截面取两个试样，分别做拉力试验（包括屈服强度和伸长率）和反复弯曲试验，按其抗拉强度确定该盘钢丝的组别。

对于乙级钢丝，应从每批中选取三盘，每盘各取两个试样，分别做拉力试验和反复弯曲试验。如有一个试样不合格，应在未取过试样的钢丝盘中另取双倍数量的试样，再做各项试验。若仍有一个试样不合格，则该批钢丝应逐盘试验，合格者方可使用。

第二节　钢筋的冷加工

在配料之前，有条件时，先对钢筋进行冷加工，即冷拉、冷拔加工来提高钢筋的设计强度。这样可节约钢筋，同时解决钢筋的除锈和调直问题。

一、钢筋的冷拉

钢筋冷拉是将钢筋在常温下进行拉伸，超过屈服点，然后放松，经过一般时效后使钢筋屈服点提高的一种冷加工方法。通过冷拉工艺后的钢筋的屈服点一般可提高 20%～25%；钢筋的长度增加 3%～8%左右，同时解决了钢筋的除锈和调直问题。因而钢筋冷拉在钢筋加工工艺中的作用突出，通过解决钢筋冷拉工艺中的机械问题，可带动整个钢筋加工工艺的改革和提高。

1. 冷拉原理及操作

(1) 钢筋冷拉原理　通常热轧钢筋都是塑性材料，即在拉伸过程中有明显的屈服点，将钢筋拉力超过屈服点，钢筋产生较大的变形，然后放松（卸荷），经过一段时间后，再受拉时，就会出现新的屈服点，而且该屈服点较原屈服点高，这样提高了钢筋强度的使用值。

(2) 钢筋冷拉的操作方法　随着冷拉施工条件的不同，钢筋冷拉工艺布置也有所不同，但基本操作程序是一样的，主要有钢筋上盘、放圈、切断、夹紧夹具、冷拉、放松、堆放等工序，整个操作过程中关键是拉力控制。由于钢筋的拉力与伸长有一定的关系，所以，钢筋冷拉的参数反映在应力控制和冷拉率（伸长率）参数上。根据现行规范规定，不同种类钢筋的冷拉控制应力及最大冷拉率见表 3—4。

表 3—4　　冷拉控制应力及最大冷拉率

项　次	钢　筋　级　别		冷拉控制应力（MPa）	最大冷拉率（%）
1	Ⅰ　级（$d \leqslant 12$）		280	10
2	Ⅱ　级	$d \leqslant 25$	450	5.5
		$d = 28 \sim 40$	430	5.5
3	Ⅲ　级		500	5
4	Ⅳ　级		700	4

(3) 控制方法　钢筋冷拉可采用控制应力或控制冷拉率的方法。用作预应力筋的钢筋，冷拉时宜采用控制应力的方法。不能分清炉批号的热轧钢筋的冷拉不应采用控制冷拉率的方法。

1）控制应力的方法　采用控制应力的方法冷拉钢筋时，其冷拉控制应力及最大冷拉率应符合表 3—4 的规定。

冷拉时应检查钢筋的冷拉率，若超过表 3—4 的规定，应进行力学性能试验，符合规定要求后方可使用。

2）控制冷拉率的方法　采用控制冷拉率的方法冷拉钢筋时，其冷拉率应由试验确定。即在同炉批号的钢筋中切取若干试样（不少于 4 个），按表 3—5 的冷拉应力拉伸钢筋，测定各试样的冷拉率，取其平均值作为该批钢筋实际采用的冷拉率。若试样的平均冷拉率小于 1%时，则仍按 1%采用。

表 3—5　　测定冷拉率时钢筋的冷拉应力

项　次	钢　筋　级　别		冷拉应力（MPa）
1	Ⅰ　级（$d \leqslant 12$）		310
2	Ⅱ　级	$d \leqslant 25$	480
		$d = 28 \sim 40$	460
3	Ⅲ　级		530
4	Ⅳ　级		730

确定冷拉率后，便可根据钢筋的长度求出钢筋的冷拉长度。例如冷拉一批 24 m 长的Ⅱ级钢筋，由试验测得其试样平均冷拉率为 4%，则这批钢筋的冷拉长度为 $24\times4\%=0.96$ m，冷拉时便可以这一长度控制冷拉。

冷拉时，为使钢筋变形充分发展，冷拉速度不宜过快，一般以 0.5～1 m/min 为宜。当拉到规定的控制应力（或冷拉长度）后，须稍停（约 1～2 min），待钢筋变形充分后再放松钢筋，冷拉结束。

钢筋在负温下进行冷拉时，其温度不宜低于 -20°C，如采用控制应力方法时，冷拉控制应力应较常温提高 30 MPa；采用控制冷拉率方法时，冷拉率与常温相同。

（4）冷拉钢筋的时效　冷拉后的钢筋在一定的温度下，经过一定的时间，钢材中的晶体被钢材内渗碳体分布在晶体滑动面上，进一步起到阻碍晶体滑动的作用，从而提高钢材的屈服点和抗拉强度。这时时间是决定因素，这就是所谓的时效。钢筋冷拉后未经一定的时效，钢筋的屈服点仅少许超过冷拉控制应力，而抗拉强度基本没有显著提高。冷拉后的钢筋经过时效后，钢筋的屈服强度、抗拉强度都有显著的提高，并且冷拉后对钢筋的弹性模量降低有所恢复，因此，冷拉钢筋的主要优点必须通过时效后才能充分得以体现。

达到时效的途径有二个，即自然时效和人工时效。自然时效是在常温下钢筋保持半月以上时间，达到时效目的。人工时效，对Ⅰ、Ⅱ级钢筋要求加温到 100°C 保持 2 h；Ⅲ、Ⅳ级钢筋需加温到 200°C，保持 20 min；完成时效。加热方式可采用蒸汽或电热方式。

（5）冷拉钢筋时的注意事项

1）在钢筋冷拉前应对测力器和各项冷拉数据进行校检和复核，确认无误后才能操作。在冷拉操作过程中要作好冷拉记录，用作预应力钢筋的冷拉钢筋要有编号，记录每根钢筋的冷拉过程。

2）冷拉过程不宜过快，一般以每秒拉长 5 mm 或每秒增加 5 N/mm^2 拉应力为宜。待拉到预定长度或规定控制应力后应稍停，停车 2～3 mm 后，再进行放松。

3）以拉力机拉紧钢筋时钢筋的长度作为伸长值的测量起点。

4）焊接钢筋时应先焊接后冷拉，这样可以避免因焊接而降低冷拉质量，可以检验焊接接头的质量。如焊接接头被拉断，可重新焊接后再拉，但一般不应超过两次。

5）钢筋冷拉后，表面容易再次发生锈蚀，因此要注意防锈工作。

6）钢筋冷拉后表面不应发生裂纹及局部颈缩现象。

7）冷拉钢筋进行冷弯试验时，不应有裂纹、鳞落或断裂的现象。

（6）钢筋冷拉的安全技术

1）冷拉前应查核钢筋控制拉力是否与冷拉设备张拉能力相符，不允许设备超负荷。

2）冷拉前、冷拉过程中要经常检查地锚是否稳固，卷扬机、钢丝绳、夹具、滑轮组是否正常，讯号装置是否良好。应及时排除不安全因素。

3）冷拉线两端设置防护设施，以防钢筋拉断或夹具滑脱，飞出伤人。严禁操作人员站在冷拉两端或跨越、触动正在冷拉的钢筋。

4）操作要思想集中，听从统一指挥，卷扬机司机严格听从指挥操作。

二　钢筋的冷拔

钢筋的冷拔工艺是指将直径 6～8 mm 的Ⅰ级光面钢筋以强力拉拔，通过用钨合金钢制成的冷拔模，把钢筋拔成比原钢筋直径小的钢材的加工方法。钢筋通过冷拔不单纯是一个纵向受拉过程，同时横向也受到强大的压力，使钢材内部晶体发生更强烈的变化。从而在使钢筋的强度大幅提高的同时也影响了钢材的塑性和伸长率，有负面影响。

1. 冷拔钢丝的加工工艺

冷拔钢丝主要经过除皮、钢筋头轧细、拔丝等主要工序。

钢筋除皮：冷拔前使钢筋通过三个带槽的滚轮，反复弯曲钢筋，将其表面的锈皮和氧化层除掉。钢筋通过滚轮的动力由单独卷扬机带动。

钢筋轧头：为使钢筋能穿过拔丝模具，在冷拔前应将钢筋端部的一部分轧细。钢筋轧头机主要由上下两个轧轮组成，轧机上有数个粗细不同的半圆槽，通过由大至小的槽将钢筋端部轧细，直至钢筋能通过拔丝模。

拔丝：拔丝机的一般原理是，电动机提供动力，通过变速箱改变转速，带动转轮牵动经过拔丝模的钢丝，完成拔丝过程。拔丝过程中，主要控制压缩率。压缩率$\beta=(d_0^2-d^2)/d_0^2$。压缩率可选用0.85，即冷拔不能一次完成。通过适宜的压缩率，多次完成，如：由$\phi8$拔$\phi b5$，$\phi b4$钢丝，较适宜的过程是：8→6.5→5.7→5→4.5→4；用$\phi6$拔$\phi b4$，$\phi b3$钢丝，选用：6→5.5→4.6→4→3.5→3。

2. 钢筋冷拔操作的质量和安全要求

(1) 对成品进行外观检查。主要检查冷拔丝表面是否光滑，有无砂孔、沟痕夹皮等缺陷，直径偏差是否在±（0.1～0.06）mm之间，如发现不符要求的情况，应检查模具磨损情况，不能使用过度磨损的模具。

(2) 按冷拔钢丝的性能指标，对冷拔丝进行抽样检验。

(3) 操作前检查各设备、工具是否完好，保护装置是否完整，按规定加润滑油。

(4) 查核钢筋原料的技术资料，冷拔前的钢筋应是符合技术要求的材料。

(5) 钢筋轧头时，两手应远离轧头机。由大到小逐级轧压，严禁用钢筋去按电钮。

(6) 选用符合要求的拔丝模。

(7) 拔丝卷筒用链条挂料时，操作人员应离开链条甩动范围。卷筒速度由慢逐渐转快，发现异常应立即停车。卷筒未停稳之前，不能用手接料、装拆链条卡具，不能用手取卷筒周围的物件。

(8) 操作人员靠近电源开关时，思想要集中，如发现盘圆钢筋打结成乱结时，应立即停车，并注意防止拔丝到最后时钢丝末端弹出伤人。

第三节　钢筋的焊接

钢筋工程中钢筋连接是不可避免的。采用焊接方法连接有很大的优越性，焊接工艺的发展日趋成熟，提高了钢筋工程施工的技术含量，大大减轻了劳动强度，加快了工程进度，充分发挥了钢筋性能，确保工程质量。

在钢筋焊接施工中，普遍采用接触对接焊、手式电弧焊和接触点焊三种焊接方法，同时电渣压力焊、气压焊、埋弧压力焊亦日趋广泛采用。以下重点介绍钢筋对焊、气压焊和竖向电渣压力焊等焊接工艺。

一、钢筋的可焊性

钢筋的可焊性是指被焊接的钢筋在采用一定焊接材料、焊接工艺条件下，获得优质焊接接头的难易程度，也就是钢筋对焊接加工的适应性。不同钢筋的可焊性决定焊接工艺上的差异。

钢筋的可焊性包括：

(1) 工艺可焊性，也就是接合性能。表现为在一定焊接工艺条件下，焊接接头出现各种缺陷的敏感性和可能性。敏感性、可能性越大，即工艺可焊性越差。

(2) 使用可焊性。是指在一定焊接条件下，焊接接头对使用要求的适应性，以及影响使用可靠性的程度。这种适应性、可靠性越大，焊接性能越好。

钢筋的可焊性与钢筋的化学成分直接有关。如前所述，当某种元素含量增加时，可焊性会带来负面影响。如碳、硅、锰等元素适当增加时，对钢材的强度会有所提高，但可焊性变差。有些合金元素可改善钢筋的可焊性，如合金元素钒、钛。

钢筋的可焊性常用碳当量来估计。碳当量是根据钢筋的化学成分与焊接热影响区淬硬性的关系，对焊接时产生冷裂纹的倾向和脆化倾向的一种估计。Ⅰ级钢的碳当量为0.21%～0.33%，焊接性能良好；Ⅱ级和Ⅲ级钢筋的碳当量在0.3%～0.57%之间，焊接性能较差(尤其是碳、锰含量处于上限时)，焊接时需要预热和控制焊接规范等；Ⅳ级钢碳当量相当高，在0.48%～0.68%之间，焊接难度大，一般不允许采用电弧焊，需采用闪光对接焊。焊接时必须采取较高的预热温度、焊后热处理和严格的工艺措施。

二、钢筋对焊技术及质量要求

1. 对焊工艺

根据钢筋品种、直径和所用焊机功率不同，闪光对焊可分为连续闪光焊、预热闪光焊和闪光－预热－闪光焊等三种工艺。

(1) 连续闪光焊　先闭合一次电路，使被焊的两根钢筋端面轻微接触，此时端面的间隙喷射出火花般熔化的金属微粒——闪光，接着徐徐移动钢筋使钢筋端面仍保持轻微接触，形成连续闪光。当端头加热到将近熔点时就以一定的压力进行顶锻，焊接接头即完成，表3—6为连续闪光焊钢筋的上限直径。

表3—6　连续闪光焊钢筋上限直径

焊机容量 (kVA)	钢筋级别	钢筋直径 (mm)
150	Ⅰ级 Ⅱ级 Ⅲ级	25 22 20
100	Ⅰ级 Ⅱ级 Ⅲ级	20 18 16
75	Ⅰ级 Ⅱ级 Ⅲ级	16 14 12

(2) 预热闪光焊　在连续闪光前增加一次预热过程。闭合电源，然后使钢筋端面交替地接触、分开，钢筋端面的间隙发出断续的闪光而形成预热，达到预热温度后，进行闪光阶段，随后顶锻而成。预热闪光焊适宜焊接直径大于25 mm，端面较平整的钢筋。

(3) 闪光－预热－闪光焊　在预热闪光焊前加一次闪光过程。首先连续闪光，使钢筋端部闪平，然后过程同预热闪光焊。它适用于焊接直径较粗，且钢筋等级较高的钢筋。

2. 对焊参数

这些参数包括：调伸长度、闪光留量、闪光速度、顶锻留量、顶锻速度、顶锻压力、变压器级次及预热留量、预热频率等。

(1) 调伸长度　是指焊接前两钢筋端部从电极钳中伸出的长度。调伸长度应能使接头均匀加热，并能使钢筋在顶锻时不会发生旁弯。Ⅰ级钢的调伸长度为（0.25～1.25）d，Ⅱ级钢为（1.0～1.5）d，小直径钢宜取较大的数值。

(2) 闪光留量与闪光速度　闪光留量是指闪出金属所消耗的钢筋长度。应能使钢筋闪光热量均匀，并达到一定的温度。闪光留量取值是指：对连续闪光焊为钢筋端部压缩切断之和另加8 mm，预热闪光焊为 8～10 mm，闪光－预热－闪光焊的一次闪光为钢筋断口压缩部分之和，二次闪光为 8～10 mm。

闪光速度为由慢到快终止时近 1.5～2 mm/s。

闪光过程应当稳定强烈，以防焊口金属氧化。

(3) 预热留量与预热频率　预热应使接头充分加热，预热程度由预热留量与预热频率控制。

预热留量取值对预热闪光焊为 4～7 mm，对闪光－预热－闪光焊为 2～7 mm。

预热频率取值对Ⅰ级钢筋宜高一些，对Ⅱ、Ⅲ级钢筋宜为 1～2 次/s，以扩大接头外加加热范围，减少温度梯度。

预热应充分，频率应适量，以保证热影响区的塑性。

(4) 顶锻留量、顶锻速度与顶锻压力　顶锻留量应使钢筋焊口完全并产生一定的塑性变形，宜取 4～6.5 mm。

顶锻速度应越快越好，特别是顶锻开始的 0.1 s 内应将钢筋压缩 2～3 mm，使焊口迅速闭合不致氧化，而后断电并以 6 mm/s 的速度顶锻至结束。

顶锻压力应足以将全部溶化的金属从接头内挤出，并使临近接头处（约 10 mm）的金属产生适当的塑性变形。

(5) 变压器级次　钢筋级别高、直径大，则级次高。

根据焊接电流和时间不同，分为强参数（即大电流和短时间）和弱参数（即较小电流，较长时间）二种。采用强参数，可减少接头过热，提高工效，但易产生淬硬倾向；采用弱参数则可降低温度和冷却速度。

3. 质量检验

(1) 取样数量　外观检查每批抽查 10% 的接头，并不少于 10 个。

力学试验每批取 6 个试件，3 个进行拉伸试验，3 个进行弯曲试验。

(2) 外观检查　外观检查结果应符合下列要求：

1）接头处不能有横向裂纹。

2）与电极接触处的钢筋表面不得有烧伤。

3）接头处的弯折不得大于 4°。

4）接头处的钢筋轴线偏移值不得大于 0.1 倍钢筋直径，同时不得大于 2 mm。

(3) 拉力试验应符合下列要求：

1）三个试件的抗拉强度均不得低于该级别钢筋的标准抗拉强度。

2）试样应呈塑性断裂，并断于焊缝之外。

(4) 冷弯试验　冷弯试验前应将试件金属毛刺和镦粗变形部分去除，与母材外表齐平。焊缝应处于弯曲中心点，弯心直径：Ⅰ级钢 $2d$，Ⅱ级钢 $4d$，Ⅲ级钢 $5d$，Ⅳ级钢 $7d$。弯曲 90°，接头外侧不得出现宽度大于 0.15 mm 的横向裂纹。

4. 焊接缺陷及防止措施　见表 3—7。

表 3—7　　钢筋焊接异常现象、焊接缺陷及防止措施

项　次	异常现象和缺陷种类	防　止　措　施
1	烧化过分剧烈并产生强烈的爆炸声	(1) 降低变压器级数 (2) 减慢烧化速度
2	闪光不稳定	(1) 清除电极底部和表面的氧化物 (2) 提高变压器级数 (3) 加快烧化速度
3	接头氧化膜、未焊透或夹渣	(1) 增加预热程度 (2) 加快临近顶锻时的烧化速度 (3) 确保带电顶锻过程 (4) 加快顶锻速度 (5) 增大顶锻压力
4	接头中有缩孔	(1) 降低变压器级数 (2) 避免烧化过程过分强烈 (3) 适当增大顶锻留量及顶锻压力
5	焊缝金属过烧或热影响区过热	(1) 减小预热程度 (2) 加快烧化速度，缩短焊接时间 (3) 避免过多带电顶锻
6	接头区域裂纹	(1) 检验钢筋的碳、硫、磷含量，如不符合规定时，应更换钢筋 (2) 采取低频预热方法，增加预热程度
7	钢筋表面未熔及烧伤	(1) 清除钢筋被夹紧部位的铁锈和油污 (2) 清除电极内表面的氧化物 (3) 改进电极槽口形状，增大接触面积 (4) 夹紧钢筋
8	接头弯折或轴线偏移	(1) 正确调整电极位置 (2) 修整电极钳口或更换已变形的电极 (3) 切除或矫直钢筋的弯头

三、电渣压力焊工艺

电渣压力焊是利用电流通过渣池产生的电阻热将钢筋端部熔化，然后施加压力使钢筋焊合。电渣压力焊容易掌握，工效高、成本低、工作条件好。

1. 焊接设备与焊剂

(1) 自动电渣压力焊设备　包括焊接变压器、控制箱、操作箱、焊接机头等，焊接机头如图 3—2。

（2）手工电渣压力焊设备　包括焊接变压器、控制箱、焊接夹具、焊剂盒等。焊接变压器、控制箱同前。焊接夹具应具有一定刚度，使用灵巧、坚固耐用、上下钳口同心。焊剂盒的内径为 90～10 mm，与所焊钢筋相适应。

（3）电渣压力焊用焊剂　一般采用 431 焊药。

2. 焊接工艺

电渣压力焊工艺包括：引弧、电弧、电渣和顶压过程，分手动和自动。

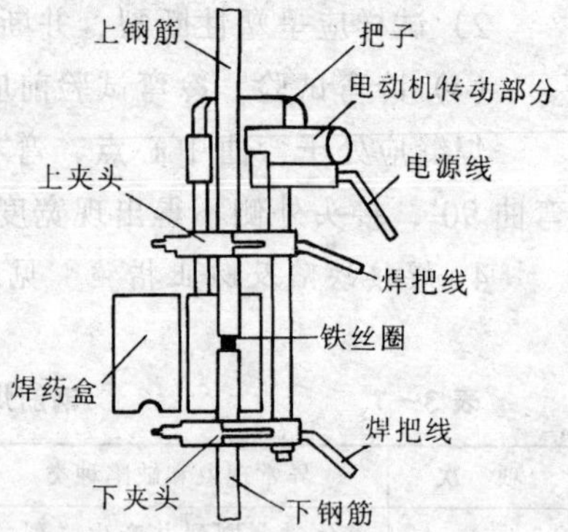

图 3—2　焊接机头示意图

（1）手动电渣压力焊　直接引弧，先将上下钢筋接触，通电后，将上钢筋提升 2～4 mm 引弧；然后继续缓缓提升几毫米使电弧稳定燃烧；之后，随钢筋的熔化，上钢筋逐渐插入渣池中，此时电弧熄灭，转入电渣过程。电流通过电渣池产生大量电阻热，使钢筋端部继续熔化，待熔化到一定程度，切断电源，同时迅速进行顶压。完成后应持续几秒方可松开操作杆，以免接头偏斜。

（2）自动电渣压力焊　宜采用铁丝圈引弧法，铁丝圈高约 10～12 mm。焊接的引弧、电弧、电渣与顶压过程由凸轮自动控制。

3. 焊接参数

电渣压力焊的参数主要包括渣池电压、焊接电流和通电时间等，见表 3—8。

表 3—8　　电渣压力焊焊接参数

钢筋直径（mm）	渣池电压（V）	焊接电流（A）	焊接通电时间（s）
14	25～35	200～250	12～15
16		200～300	15～18
20		300～400	18～23
25		400～450	20～25
32		450～600	30～35
36		600～700	35～40
38		700～800	40～45
40		800～900	45～50

注：不同直径钢筋焊接时，应根据较小直径钢筋选择参数。

4. 质量检验和焊接缺陷及防止措施

质量检验同闪光对焊。钢筋电渣压力焊接接头缺陷及防止措施见表 3—9。

四、钢筋气压焊工艺

钢筋气压焊是指用氧－乙炔火焰对钢筋端部加热至其呈塑性状态，并施加一定压力使钢筋焊合。气压焊有设备简单、操作方便、质量好、成本低等优点，但对焊工要求严，焊前对钢筋端面处理要求高。

表 3—9　　钢筋电渣压力焊接头焊接缺陷及防止措施

项次	焊接缺陷	防 止 措 施	项次	焊接缺陷	防 止 措 施
1	偏心	1. 把钢筋端矫直 2. 上钢筋安放正直 3. 顶压用力适当 4. 及时修理夹具	4	未熔合	1. 提高钢筋下送速度 2. 延迟断电时间 3. 检查夹具，使上钢筋均匀下送 4. 适当增大焊接电流
2	弯折	1. 把钢筋端部矫直 2. 钢筋安放正直 3. 适当延迟松开机（夹）具的时间	5	焊包不匀	1. 钢筋端部切平 2. 铁丝圈放置正中 3. 适当加大熔化量
3	咬边	1. 适当调小焊接电流 2. 适当缩短焊接通电时间 3. 及时停机 4. 适当加大顶压量	6	气孔	1. 按规定烘烤焊剂 2. 把铁锈清除干净
			7	烧伤	1. 钢筋端部彻底除锈 2. 把钢筋夹紧
			8	焊包下流	塞好石棉布

主要设备：主要设备是加热系统、加压系统如钢筋卡具等，如图 3—3 所示。

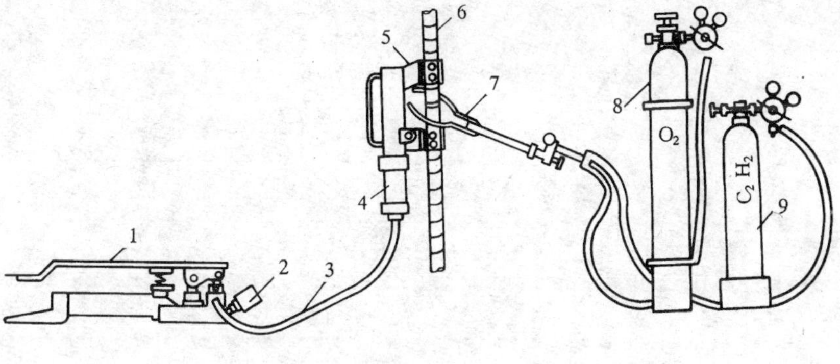

图 3—3　气压焊设备工作简图

1—脚踏液压泵　2—压力表　3—液压胶管　4—活动油缸　5—钢筋卡具　6—被焊接钢筋　7—多火口烤枪　8—氧气瓶　9—乙炔瓶

1. 焊接工艺

(1) 焊前对钢筋端部进行处理，钢筋下料时要用砂轮锯，端面用磨光机打磨见新，倒角，端面要平且与钢筋轴线垂直，清除端面附近铁锈、油污、水泥浆等杂物。

(2) 焊接工艺

1）预压　钢筋卡好后，使端面密贴，间隙不超过 3 mm。

2）加热　端面间隙完全闭合前用强碳化焰加热，使钢筋内外温度均匀，防止钢筋端面氧化。待端面闭合后，改中性焰加热，目的是提高温度，加快加热速度。

3）压接　当钢筋加热到所需温度时，对钢筋再次加压，接缝处膨鼓至其直径的 1.4 倍。

膨鼓要平稳过渡，不能有明显的凸起和塌陷。

2. 焊接参数

(1) 加热温度宜在熔点下 100℃～200℃。对低碳钢，加热温度可取 1 300℃～1 350℃。

(2) 火焰功率与性质

1) 火焰功率　只要接头不过烧，表面不熔化，焰稳定，就可采用大功率火焰焊接。氧气的工作压力不大于 0.7 N/mm^2，乙炔工作压力为 0.05～0.1 N/mm^2。

2) 火焰性质　焊缝闭合前用强碳化焰，闭合后用中性焰。

(3) 挤压力　只要加热温度适宜，对于钢筋单位挤压力宜取 30 N/mm^2。

3. 焊接质量检验同闪光对接焊

第四章　钢筋配料单的编制及钢筋的代换

钢筋配料单是钢筋配料、加工的技术文件。钢筋配料单不仅指导钢筋配料加工，决定加工后的钢筋在数量上、质量上满足钢筋安装、绑扎的技术要求，而且在施工现场它又与钢筋大样图（或施工图）一起指导钢筋工程的绑扎安装，同时配料单又作为工料计算的依据。可见一份好的钢筋配料单对整个工程非常重要。钢筋的代换是在缺少原设计中的钢筋品种或规格不一致时，用现有钢筋代换。钢筋的代换往往在编制配料单时一并决定，本章将钢筋的代换与配料单的编制一起介绍。

第一节　编制钢筋配料单的准备

一、研读施工图

研读施工图应做到：熟悉了解、审查核对、妥善处理。

熟悉了解施工图，了解所属工程概况，熟悉本工程中钢筋混凝土构件的品名、数量、配筋特点、标高、位置、相近构件的差异、构件的工艺要求，了解本工种与有关的模板、脚手架、结构吊装、安装、管道等工种的联系。

审查核对施工图中钢筋的表示是否清楚，核对钢筋表与构件中配筋的数量、规格、式样是否一致。核对构件的数量，审核结构图、建筑图中钢筋混凝土构件是否一致。核视构件的标高位置，构件之间是否相互影响等。

妥善处理图样上存在的问题，性质不同，处理的方法也不同。图样中属于设计者的笔误，如构件的数量不符等，在结构布置平面图中很易于被核实清楚。不同施工图中钢筋数量、编号不一致，可通过进一步核对明确。此类较直观的关键问题，配料单的编制者根据结构施工规范可作进一步明确，有不明之处可请示技术人员解答。其他图样上的问题，编制者通常不应自作主张作出决定，必须通过在图纸会审会上提请设计者作进一步明确，或请示工程技术负责人作技术澄清，并附书面文字依据。

对于图样上明确，但由于施工条件限制而不能完全按图施工，但可采用其他变通方法的，应采取联系单的形式，经技术认可后采用。如钢筋品种、规格不能满足原设计要求，可作钢筋代换，并以联系单的形式，书面报告给有关人员。

二、了解材料准备情况

要了解钢筋库存情况和钢筋材料进货情况，了解库存钢筋的数量、规格、等级是否能满足施工进度要求，有否因钢材供应而影响钢筋加工的问题，事先做到心中有数。了解有否钢筋需代换的问题，若有应尽早作好技术准备。

三、调查施工条件、施工进度

钢筋配料不仅应符合施工规范、施工图上的要求，而且应切实地符合施工条件、施工现场的状况，这样才能保证配料的钢筋能顺利地组织实施绑扎、现场安装的工作。要熟知钢筋加工条件。焊接设备、粗钢筋弯曲设备、预应力张拉设备等直接影响钢筋加工、绑扎安装的工艺，根据工艺要求不同而编制相应钢筋配料单。场地大小、安装施工条件、水平运输条件、垂直运输条件直接影响配件钢筋的长度，也应在钢筋配料单中反映出来。配料单与施工进度也有关系。配料单下达的配料任务要正好满足施工进度的要求。所谓正好就是能满足施工进度又不能提前很多，以免弯曲成形后的钢筋堆放在施工现场长期不用，因锈蚀影响质量。

第二节　下料长度计算原则

结构设计图中，在非特殊情况下，往往对设计、施工规范中常见规定不加特别说明。如对钢筋在混凝土中的保护层、受力筋净距、钢筋弯钩、钢筋的搭接等规定，以及平直的钢筋弯曲成各种形状后带来的度量偏差对下料长度的影响等。配料单的编制者必须很熟悉，并能在工作中运用自如，在动手编制配料单以前对《规范》中的钢筋尺寸构造要求，以及钢筋弯曲前后的度量偏差等清楚、明了，这样才能正确地指导钢筋配料单的编制。

一、钢筋保护层的规定

钢筋保护层是指在钢筋混凝土构件中，钢筋外边缘到构件最近的边缘之间的距离。它的作用是在构件设计基准期间内，保护钢筋不受外部自然环境的影响而受侵蚀，保证钢筋与混凝土良好的工作性能。在施工中未作特殊规定时，保护层厚度直接按《混凝土结构设计规范》中的相应规定执行，该规定见表2—1。应该说明两点：一是保护层并不是越大越好。保护层过大，会减少构件有效高度，从而降低构件的承载能力，甚至不能正常工作，导致质量事故。雨篷板受力筋因施工不当被踩踏，位置严重不当而导致雨篷板倒塌，就是经常会发生的突出事例。二是钢筋混凝土梁、柱的保护层往往以控制纵向受力筋的保护层为主，箍筋保护层相应减少一个箍筋的直径，这被普通认可。

二、钢筋接头的有关规定

当钢筋原材料不够长，或为制作、运输、安装方便而将原统长的钢筋分为若干段时，就有了钢筋接头的问题。钢筋的接头有绑扎接头和焊接接头两种，《规范》中对接头有相应规定。

闪光对焊接头性能优于其他焊接接头，焊接接头优于绑扎接头，所以《规范》提出钢筋的接头宜优先采用焊接接头。Ⅳ级钢筋如需采用焊接接头时，必须采用闪光对焊。规定轴心受拉及小偏心受拉杆件的受力钢筋，双向配置受力钢筋的焊接骨架不得采用非焊接的搭接接头。受力钢筋的直径 $d>22$ mm 时，不宜采用非焊接的搭接接头。仅轴心受压和偏心受压柱中的受力钢筋，直径 $d\leqslant32$ mm 时可用搭接接头。接头位置应该设置在受力较小处。

对绑扎接头，《规范》中规定了最小搭接长度。受拉钢筋的搭接长度不应小于 $1.2l_a$（l_a 为钢筋的锚固长度，见表2—2）且不应小于300 mm，受压钢筋不应小于 $0.85l_a$ 且不应小于200 mm。焊接骨架在受力方向的接头可采用非焊接的搭接接头，受拉钢筋的搭接长度不应小于 l_a，受压钢筋不应小于 $0.7l_a$。

《规范》要求，无论是焊接接头，还是非焊接的搭接接头的接头位置必须错开。当采用非焊接的搭接接头时，在规定的搭接长度的任意区段内；采用焊接接头时在焊接接头处的 $35d$，且小于500 mm以内。有接头的受力钢筋截面积的百分率应符合表2—3的规定。

有些承受重复荷载的构件，由于钢筋焊接后，在接头处疲劳强度会降低，《规范》对这类构件中的受力钢筋的焊接接头作出了相应规定：直接承受中、重级工作制吊车的构件，其纵向受拉钢筋不得采用绑扎搭接接头，且不得在钢筋上焊有任何附件（端头锚固除外），也不宜采用焊接接头。但对直接承受中级工作制吊车的钢筋混凝土屋面梁及屋架下弦，采用冷拉Ⅱ、Ⅲ级钢筋的预应力混凝土屋面梁、屋架下弦和吊车梁可采用焊接接头。采用焊接接头时必须采用闪光接触对焊，并去掉接头的毛刺及卷边；在焊接接头 $45d$ 范围内，有焊接接头的受拉钢筋截面面积占受拉钢筋总截面的百分率不应大于 25%（对预应力筋接头其百分率按预应力钢筋总截面面积计算）。

《规范》对非焊接的搭接长度范围内的箍筋也作出了相应的规范。搭接钢筋为受拉时，箍筋的间距不应大于 $5d$，且不大于 100 mm；受压时不大于 $10d$ 且不大于 200 mm，d 为受力钢筋中的最小直径。

对钢筋的搭接及搭接位置的规定，《规范》中作了详尽的阐述。配料的编制人员应全面理解，认真执行，在配料单中准确地反映出来，并向操作工人交待清楚。

三、钢筋的弯钩

弯钩的作用是增加光面钢筋在混凝土中的锚固，有些设计施工图未能很清楚地反映出来。但在编制配料单前，必须掌握哪些钢筋必须在末端做弯钩，哪些钢筋可不做弯钩的问题，并且对弯钩形状作相应规定。

《规范》规定：钢筋骨架中的受力光面钢筋，应在钢筋末端做弯钩。在焊接骨架、焊接网以及轴心受压构件中，可不做弯钩。钢筋骨架中的受力变形钢筋在钢筋的末端均可不做弯钩。

钢筋是否设置弯钩不能单纯看结构施工图，以免造成误解。施工图中有可能反映，也有可能未反映出来。而钢筋配料单不能含糊，必须清楚地反映出来。这就需要编制配料单人员一方面熟记规范要求，另一方面对施工图的设计意图充分理解，以便能正确处理好是否设置弯钩的问题。

四、钢筋弯折后的度量偏差

在此不沿用旧称——延伸率，而采用度量偏差，是因为钢筋弯曲后，弯曲轴线的内侧收缩，弯曲轴线的外侧伸长，轴线长度几乎不改变，钢筋实际长度的改变可忽略不计。但长期来由于成形钢筋受保护层的制约，习惯上，采用直线外包角来度量钢筋成形后的尺寸，与钢筋原料长度尺寸产生度量偏差，这个偏差可在确定钢筋下料长度时给予扣除。

钢筋弯曲度量偏差调整值见表 4—1。

表 4—1　　钢筋弯曲度量调整值

钢筋弯曲角度（°）	30	45	60	90	135
弯曲调整值（d）	0.35	0.5	0.85	2	2.5

上表是指机械弯曲，而且弯曲直径（指弯曲机心轴直径）为 $2.5d$（d 为被弯钢筋直径），适用于Ⅰ级钢筋。由于Ⅱ、Ⅲ级钢筋塑性较Ⅰ级钢筋差，弯曲直径相应增大，表中调整值亦应适量增大。

当钢筋末端应做弯钩时，钢筋的下料长度应增加一个相应的长度。钢筋的弯钩通常有三种形式：半圆弯钩、直角弯钩、斜弯钩。

若弯心直径为 $2.5d$，平直部分为 $3d$，一个弯钩应增加的长度为：半圆弯钩 $6.25d$，直角弯钩 $3.5d$，斜弯 45° 弯钩 $4.9d$。

钢筋弯曲度量偏差理论上可通过计算得出，但在实际弯曲加工过程中受很多因素的影响。如手工弯曲与机械弯曲，影响成形后的曲率半径。机械弯曲中，轴心直径不同、挡板距离不同、钢筋塑性差异都会影响钢筋弯曲度量偏差。表中调整值经过生产实践证明是可行的，虽然存在一定的不准确度，但不足影响加工质量。

第三节　编制钢筋配料单的步骤

一、钢筋配料单的主要内容

钢筋配料单是把施工图（或施工翻样图）中钢筋的品种、规格、外形尺寸、数量进行编号、计算下料长度等内容反映在统一的表格内。它的作用有三个主要方面：钢筋加工制作的依据；用料耗工的计算依据；与施工图一起指导钢筋绑扎安装工艺。

钢筋配料单主要用表格表示，其主要内容分表内、表外二部分。

表内栏目有：构件名称、钢筋编号、式样、规格、下料长度、根数、合计根数、重量等。

表外栏目有：工程名称、施工单位名称、日期。

二、编制钢筋配料单的步骤

1. 熟悉施工图，明确设计意图。对结构中各构件的配筋状况、构件间配筋的关联与影响及整个结构中各构件的关联，该工程中钢筋混凝土构件的配筋状况各部细节，配料单的编制者应很清楚。

2. 考虑形成该项目该构件的施工工艺流程，这对编制配料单很重要。配料单中虽未具体讲明钢筋绑扎的位置及顺序，但长期来编制者与安装技工形成默契，配料单一定程度上反映了钢筋安装的顺序。

3. 熟悉钢筋加工工艺。下达配料单前必须熟悉钢筋加工设备及工艺，在必要时还应作试加工，以证实钢筋加工和下料的一致性和正确性，使配料单更具指导性。这对加工形状较为复杂或加工设备、场地更新时更具重要意义。

4. 根据图样要求及规范要求（如保护层、弯钩要求、搭接要求等）确定并绘制钢筋式样，并标注必要的尺寸。

5. 计算下料长度、根数、重量，填写钢筋配料，这些工作可边计算边填写。

衡量钢筋配料单质量的好坏，只有一个标准——施工现场正好满足施工要求。即绑扎的钢筋骨架在构件中尺寸准确，保护层满足要求，钢盘的数量不缺一根，不多一根。钢筋中的弯钩、锚固长度、搭接接头位置、数量符合规范要求。所以，编制时一定要认真仔细，配料计算填定后应认真进行复核，减少差错。

三、钢筋下料长度的计算

根据下料长度计算原则，对下面三种常见形式的钢筋作简要的阐述，其他形式可类推。

1. 直钢筋下料长度

直钢筋的下料长度为构件长度减两个端部保护层。变形钢筋端部不做弯钩，钢筋长度即为下料长度。光面钢筋的下料长度为：钢筋的长度 + 端部弯钩增加值。理论上每个 180° 弯钩增加 $6.25d$ 的钢筋长度，实际操作应视设备不同作适当调整。

2. 弯起钢筋下料长度

光面钢筋弯起筋下料长度=弯起筋总长度（扣除保护层后）+斜段增加长度-弯折量度差+端部弯钩增长值。

若弯形钢筋端为90°直角弯，那么变形钢筋弯起筋下料长度=弯起筋总长度+斜段增加长度+直角长度-弯折量度差总量。

弯起钢筋斜长增加长度见表4—2。

表4—2　　弯起钢筋斜长增加长度

弯起角度（α）	30°	45°	60°
增加长度	0.268 h_o	0.41 h_o	0.58 h_o

注：h_o为弯起钢筋的弯起净高。

3. 箍筋下料长度

箍筋边长=截面边长-2倍保护层+2倍箍筋直径。

箍筋下料长度=箍筋周长-10倍箍筋直径+箍脚长度（不应小于5d和50 mm）。对于6 mm的箍筋，可近似用周长加50 mm。

下面为某教学楼，楼面架的钢筋配料单实例。

已知某教学楼钢筋混凝土筒支伸臂梁的配筋如图4—1，求各种钢筋下料长度（本例摘自施工手册，部分数值适当调整）。

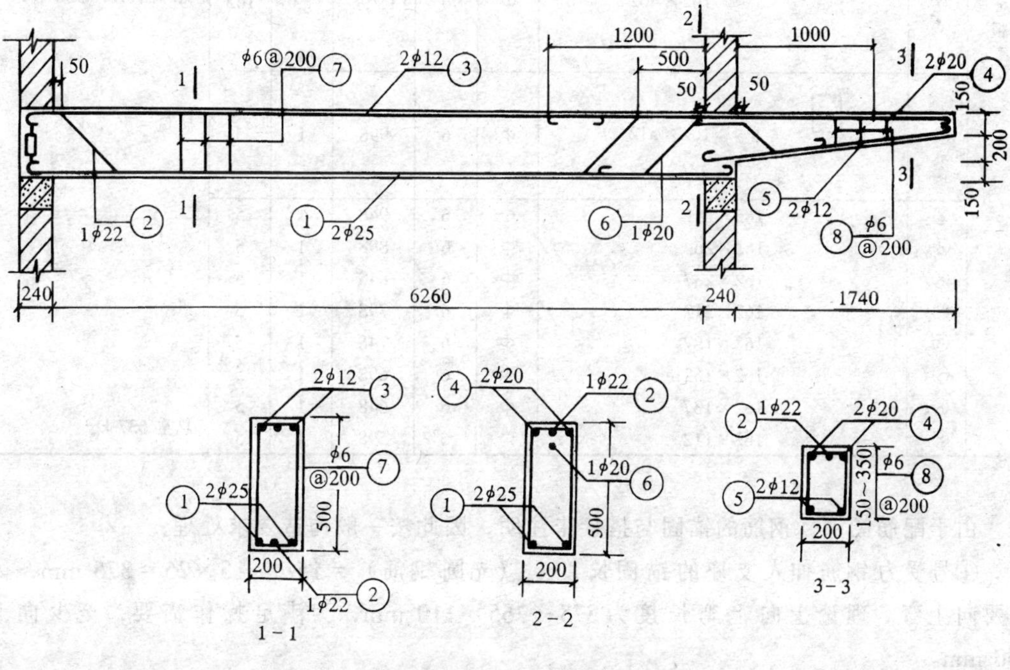

图4—1　钢筋混凝土筒支伸臂梁L_1的配筋详图

(1) 绘出各种钢筋简图（见表4—3）

表 4—3　　　　　　　　　　　　　钢筋配料单

构件名称	钢筋编号	简图	钢号	直径（mm）	下料长度（mm）	单位根数	合计根数	质量（kg）
某教学楼梁（共5根）	①		Φ	25	7 203	2	10	277.3
	②	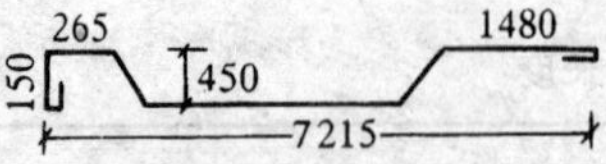	Φ	22	8 450	1	5	125.9
	③	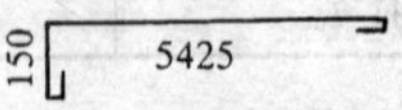	Φ	12	5 701	2	10	50.6
	④	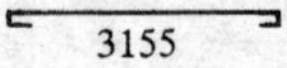	Φ	20	3 405	2	10	84.1
	⑤		Φ	12	2 110	2	10	18.7
	⑥	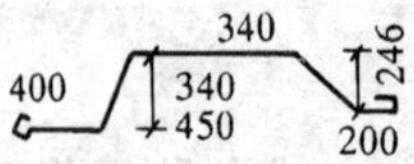	Φ	20	2 014	1	5	24.9
	⑦	 162×462	Φ	6	1 298	33	165	ϕ6 总长度＝250.5 m
	⑧$_1$	 162×312	Φ	6	998	1	5	质量＝55.5 kg
	⑧$_2$	162×287	Φ	6	948	1	5	
	⑧$_3$	162×262	Φ	6	898	1	5	
	⑧$_4$	162×237	Φ	6	848	1	5	
	⑧$_5$	162×212	Φ	6	798	1	5	
	⑧$_6$	162×187	Φ	6	748	1	5	
	⑧$_7$	162×162	Φ	6	698	1	5	
	⑧$_8$	162×137	Φ	6	648	1	5	
	⑧$_9$	162×112	Φ	6	598	1	5	总重 637 kg

由于配筋图上，钢筋的锚固与搭接未注明，因此按一般构造要求处理：

①号受力钢筋伸入支座的锚固长度 l_a（光圆钢筋）＝$15d=15\times25=375$ mm，因此需要向上弯。理论上向上弯长度为 $375-265=110$ mm，为满足操作需要，至少向上弯 150 mm。

$$长度：l_1=6\,260+2\times240-50=6\,690\text{ mm}$$

②号弯起钢筋左端弯终点外的锚固长度 l_a（受拉区）＝$20d=20\times22=440$ mm，因此需要向下弯 $440-265=175$ mm。

全长：$l_2 = 240 \times 2 + 6\ 260 + 1\ 000 - 25 = 7\ 715$ mm

③号架立钢筋左端锚固长度 l_a（作构造负筋）$= 25d = 25 \times 12 = 300$ mm＞215 mm，因此需要向下弯 150 mm。其右端与④号受力钢筋搭接长度取 150 mm（构造需要）。

⑥号鸭筋左端弯点外的锚固长度 l_a（当其受拉、受压不清楚时）$= 20d = 20 \times 20 = 400$ mm，右端 l_a（受压区）$= 10d = 10 \times 20 = 200$ mm。

$$l_3 = 240 + 6\ 260 - 1\ 200 + 150 - 25 = 5\ 425 \text{ mm}$$

(2) 计算钢筋下料长度

①号受力钢筋（Φ 25）下料长度为：钢筋长＋上弯长＋弯钩放量－度量偏差

$$6\ 690 + 2 \times 150 + 2 \times 6.25 \times 25 - 2 \times 2 \times 25 \approx 7\ 203 \text{ mm}$$

②号弯起钢筋（Φ 22）下料长度为：成形总长＋斜长放量＋上弯长＋弯钩放量－度量偏差

$$7\ 715 + 2 \times 0.414 \times 450 + 175 + 2 \times 6.25 \times 5 \times 22 - 4 \times 0.5 \times 22 - 2 \times 22 \approx 8\ 450 \text{ mm}$$

③号架立钢筋（Φ 12）下料长度为：成形长度＋上弯长＋弯钩放量－度量偏差

$$5\ 425 + 150 + 2 \times 6.25 \times 12 - 2 \times 12 \approx 5\ 701 \text{ mm}$$

④号受力钢筋、⑤号架立钢筋及⑥号鸭筋下料长度计算结算列于表 4—3。

⑦号箍筋（Φ 6）下料长度为：周长＋弯钩长－度量偏差，对Φ 6 的箍筋＝周长＋50

$$2 \times (462 + 162) + 50 = 1\ 298 \text{ mm}$$

⑧号箍筋下为下料长度，由于梁高变化，因此要先算出箍筋高差 Δ。

箍筋根数 $n = (1\ 740 - 2 \times 50) / 200 + 1 = 9$，箍筋高差 $\Delta = (312 - 112) / (9 - 1) = 25$ mm

每个箍筋下料长度计算结果列于表 4—3。

第四节　钢筋的代换

一、代换的原则

在编制配料单时，认定施工图中规定的某种规格的钢筋已经不可能及时供应，在迫不得已的情况下采取钢筋代换。

要处理好钢筋的代换并不是件容易的事，必须做到两个清楚：清楚被代换的钢筋在构件中的作用，清楚钢筋混凝土结构设计规范中相应的要求。要完全做到两个清楚所涉及的理论知识超过了钢筋工中级工的技术理论知识要求。就此而言，笔者提出以下建议：

1. 尽可能不擅自进行钢筋代换，必须进行代换时，一般重要构件必须征得设计单位同意。

2. 次要构件或结构体系中起构造作用的构件可进行钢筋代换。

3. 代换以考虑不降低承载能力为主，兼顾正常使用要求。

4. 钢筋代换必须考虑最小、最大配筋率，钢筋强度和相关的构造要求。

二、钢筋代换的配筋率问题

钢筋的配筋率是构件破坏状况的决定因素。当发现构件中纵向受力筋配筋百分率很小，接近于 0.2%～0.5%时，说明设计时是按最小配筋率配置的。那么，用高强钢筋代换低强钢筋时，用相等面积代换，即 $A_{s1} = A_{s2}$（A_{s1} 和 A_{s2} 分别代表代换前钢筋和代换后钢筋的截面面积）。相反，若用低强钢筋代替高强钢筋用等强度代换。当构件中纵向受力钢筋的配筋百分率已经很高时，不宜用低强度钢筋代换高强度钢筋，以免配筋率超过规定的最大配筋率，或因钢筋根数增加，影响钢筋布置而减小截面有效长度。

三、等强度代换计算

所谓强度是钢筋的截面面积×钢筋强度设计值。而钢筋的强度值，钢筋代换前后应保持相同。

$$A_{s1}\cdot f_{y1}\leqslant A_{s2}\cdot f_{y2}$$

式中 A_{s1}、A_{s2}——分别为钢筋代换前后钢筋截面面积；

f_{y1}、f_{y2}——分别为钢筋代换前后钢筋强度设计值。

例 某梁原设计纵向受力钢筋为 4 ⏀ 20，拟用Ⅰ级钢筋代换：Ⅰ级钢筋 $f_{y2}=210\ N/mm^2$，由资料查得Ⅱ级钢 $f_{y1}=310\ N/mm^2$，4 ⏀ 20 面积，$A_{s1}=1\ 256\ mm^2$

那么，$A_{s2}=(A_{s1}\cdot f_{y2})/f_{y2}=(1\ 256\times301)/210=1\ 800\ mm^2$

选用 5 ⏀ 22，$A_{s2}=1\ 900\ mm$

若钢筋代换前后钢筋强度等级相同上式成为：

$A_{s1}\leqslant A_{s2}$

前例若用Ⅱ级钢筋代换，4 ⏀ 22，$A_{s1}=1\ 256\ mm^2$

用 4 ⏀ 22+4 ⏀ 22，$A_{s2}=509+760=1\ 269\ mm^2$，正好。

四、钢筋代换时应注意的问题

1. 从工作程序要求上讲，实施钢筋代换前，必须经设计单位或施工单位有关技术负责人审定，签署书面审定意见。

2. 若纵向受力筋中还保留部分非代换钢筋，那么最好代换后的钢筋级别与非代换钢筋级别相同或仅差一个级别，钢筋的直径也应接近。

3. 钢筋代换后，应满足混凝土设计规范中所规定的钢筋间距、锚固长度、最小配筋率、最小钢筋直径和根数的要求。

4. 代换前后，纵向钢筋的含碳率也不宜发生太大的变化。含碳率变化可能会对裂缝的开展有影响，改变原有设计要求，加大裂缝的开展或减小构件的刚度。

5. 诸如吊车架、屋架等抗裂性要求较高的构件，不宜用Ⅰ级光面钢筋代替变形钢筋。

6. 梁的纵向受力钢筋与弯起钢筋应分别代换，偏心受压和偏心受拉构件钢筋应按同一受力状况的一边钢筋考虑代换，不能取整个截面配筋量计算代换。

7. 有抗震要求的框架梁、柱，因对钢筋的塑性有一定的要求，不宜以高强度等级的钢筋代换低强度等级的钢筋，保持钢筋一定的塑性变形储备。

第五章　预应力作业

第一节　预应力作业的基本知识

一、预应力混凝土概念

由于混凝土是一种脆性材料，其抗拉性能较差，故普通钢筋混凝土受弯构件一般是带裂缝工作的，这就使构件刚度受影响。而且高强度钢筋在普通钢筋混凝土中往往不能充分发挥作用。随着施工技术水平的不断提高就出现了预应力混凝土这种施工工艺，它较好地解决了这些矛盾。预应力混凝土施工时，先在构件的受拉区施加预压应力，当构件在使用中产生拉应力时，它首先要抵消预压应力，然后随着荷载增加，受拉区混凝土才受拉应力，直至开裂。这就大大推迟了构件上裂缝的出现，限制了裂缝展开，从而提高了构件的抗裂度和刚度。

采用预应力混凝土施工工艺制作的构件比普通钢筋混凝土构件截面小、自重轻、强度高、施工快，故已广泛地应用于建筑工程中。

二、施加预应力的基本方法

施加预应力常用的方法是先张法和后张法。

1. 先张法

先张法是在浇灌混凝土之前，在台座上或张拉车上将受拉钢筋先行张拉，用各种夹具将其临时固定，然后浇灌混凝土。待混凝土达到规定强度（一般在设计强度的75%及以上），保证预应力钢筋与混凝土有足够的粘结力后，放松或切断钢筋，借助于混凝土与预应力钢筋之间的粘结力，使混凝土产生预压应力。

2. 后张法

后张法需先制作混凝土构件，并在构件中按设计要求预留出相应的孔道，待构件混凝土强度达到设计规定的数值时，穿入预应力筋，用张拉机具进行张拉，并用锚具把张拉后的预应力筋锚固在构件的端部。预应力筋的张拉力，主要靠构件端部的锚具传给混凝土，使其产生压应力。张拉锚固后，即可在预留孔道内灌入水泥浆，使预应力筋不被锈蚀，并与构件形成整体，增加了构件刚度。

如果预应力筋采用通电加热方法使钢筋伸长，达到要求后锚固，停电冷缩，利用热胀冷缩原理使混凝土构件产生预压应力称为电热张拉法。

三、预应力混凝土中的材料

预应力混凝土中的钢筋有两类：预应力钢筋和非预应力钢筋。非预应力钢筋可采用Ⅰ级、Ⅱ级、Ⅲ级热轧钢筋和乙级冷拔低碳钢丝。预应力钢筋常用甲级冷拔低碳钢丝、冷拉Ⅱ～Ⅳ钢筋、碳素钢丝、钢绞线、热处理钢筋及精轧螺纹钢筋等。

预应力混凝土中的混凝土，其强度等级不宜低于C 30，当采用碳素钢丝、钢绞线、热处理钢筋作预应力钢筋时，混凝土强度等级不宜低于C 40。

四、预应力锚夹具及其要求

锚、夹具起着锚固预应力钢筋或钢丝的作用。锚具是后张法结构或构件中将预应力筋固定在构件端部，并传递预应力给混凝土的永久性锚固装置。夹具是在先张法施工中，将预应力钢筋固定在台座上，待混凝土达到一定强度后，可取下并再重复使用的临时性锚固装置。锚夹具按其构造和性能特点，基本上可分为螺杆式夹具、镦头式夹具、夹片式夹具和锥销式夹具等几种类别。锚夹具与张拉设备及预应力筋往往配套使用，故锚、夹具的选择除与构件外形有关外，还应考虑预应力筋的品种规格、数量和张拉设备等，具体施工中有以下几点要求：

1. 锚夹具所用钢材必须有一定硬度和韧性，加工准确能互换，锚固可靠。

2. 构造简单，加工方便成本低。

3. 易装易卸使用方便。

以下具体介绍几种常用的锚夹具：

1. 夹具

先张法中采用的夹具按其用途不同，可分为两类：一类是将预应力筋固定在台座上的锚固夹具，另一类是张拉时夹持预应力筋用的张拉夹具。

(1) 钢丝锚固夹具

1) 钢质锥形夹具　钢质锥形夹具是常用的单根钢丝夹具，适用于锚固直径 3～5 mm 的冷拔低碳钢丝和碳素（刻痕）钢丝。它由套筒和销子组成，如图 5—1。套筒为圆柱形，中间开圆锥形孔。销子有两种形式：一种是在圆锥形销子上留有 1～3 道凹槽，在凹槽内刻有细齿，称为圆锥形槽式夹具；另一种是在圆锥形销子上切去一块，在切削面上刻有细齿，即称圆锥形齿板式夹具。这两种夹具既可以用于固定端，也可以用于张拉端。

2) 镦头夹具　如图 5—2 所示，将钢丝端部冷镦或热镦形成镦头，通过承力板或梳筋板锚固。镦头夹具用于预应力钢丝固定端的锚固。

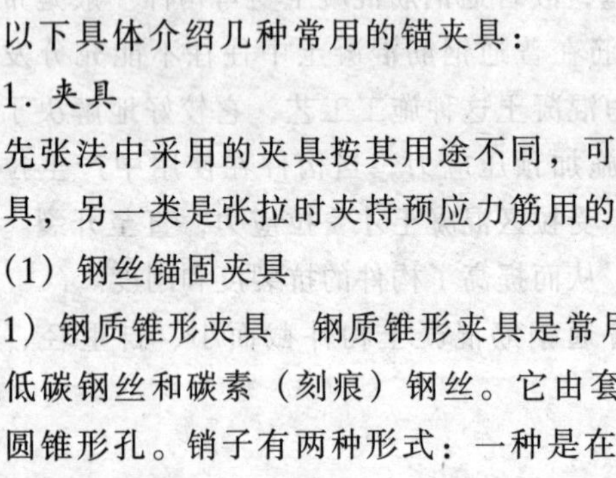

图 5—1　钢质锥形夹具

a）圆锥齿板式夹具　b）圆锥槽式夹具

1—套筒　2—齿板　3—钢丝　4—销子

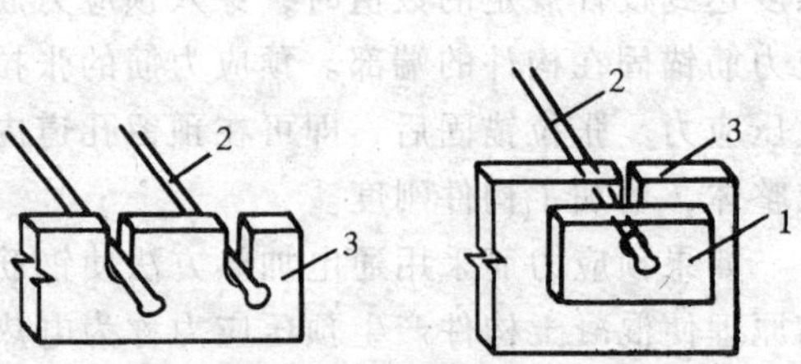

图 5—2　固定端镦头夹具

1—垫片　2—镦头钢丝　3—承力板

(2) 钢筋锚固夹具　圆套筒三片式夹具由夹片与套筒组成，如图 5—3 所示。套筒的内孔成圆锥形，三个夹片互成 120°，钢筋夹持在三夹片中心，夹片内槽上有齿纹，以保证钢筋的锚固。这种夹具适用于夹持直径为 12 mm、14 mm 的单根冷拉Ⅱ、Ⅲ、Ⅳ级钢筋。

(3) 张拉夹具　常用的张拉夹具有月牙形夹具、偏心式夹具和楔形夹具等，如图 5—4。

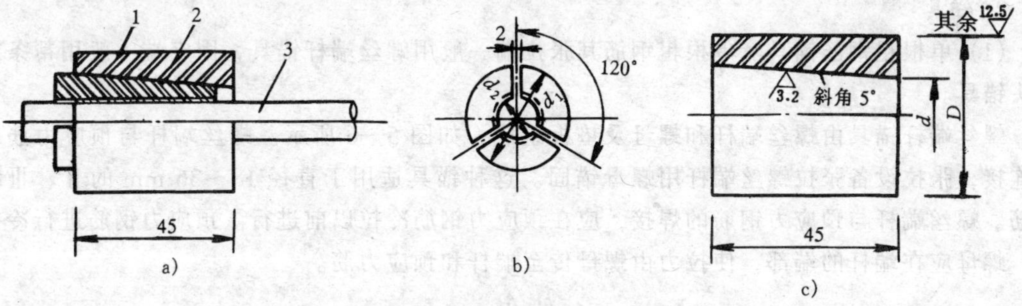

图 5—3　圆套筒三片式夹具

a）装配图　b）夹片　c）套筒

1—套筒　2—夹片　3—预应力钢筋

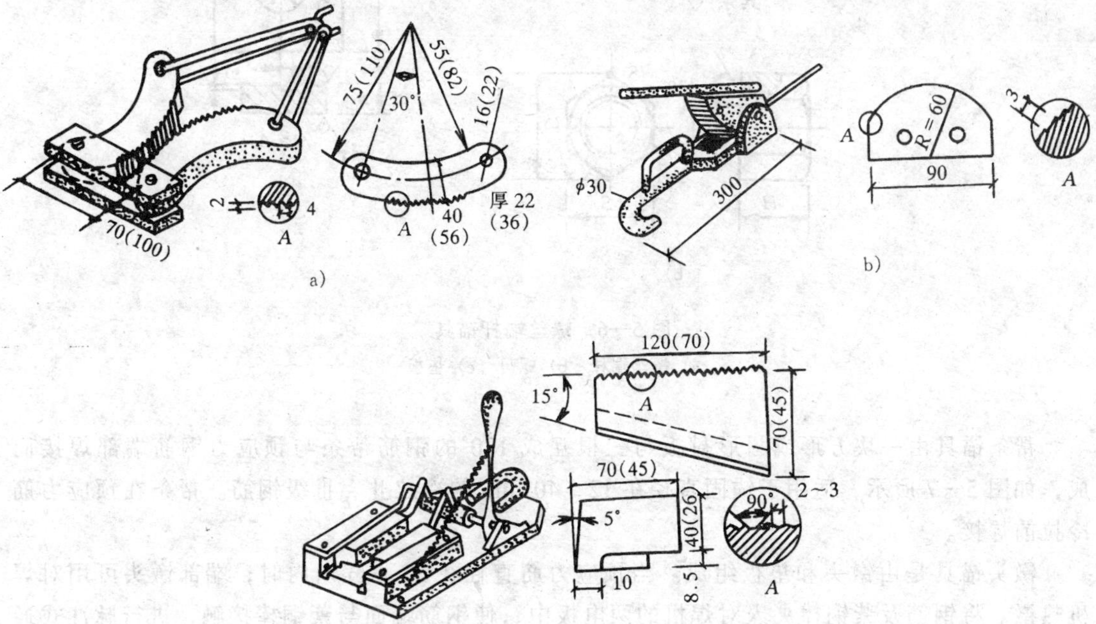

图 5—4　张拉夹具

a）月牙形夹具　b）偏心式夹具　c）楔形夹具

单根粗钢筋之间的连接或粗钢筋与螺杆的连接可采用钢筋连接器。图 5—5 是套筒双拼式连接器。这种连接器由两个半圆形套筒 1 用连接筋 2 焊接而成。使用时，将钢筋 3 及工具式螺杆 4（或另一根钢筋）用套筒套住，外箍钢圈。

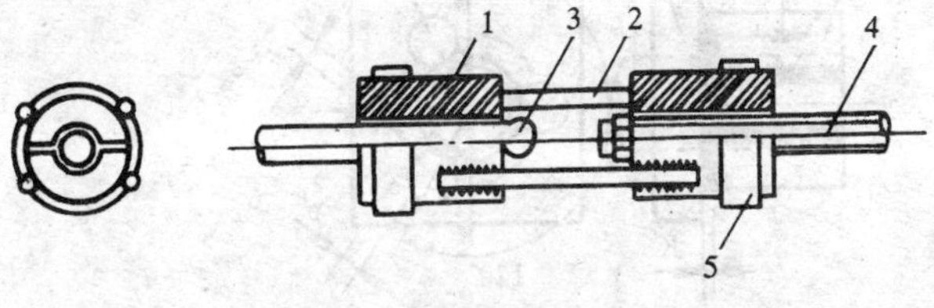

图 5—5　套筒双拼式连接器

1—半圆套筒　2—连接筋　3—钢筋镦头　4—工具式螺杆　5—钢圈

2. 锚具

(1) 单根粗钢筋锚具　单根粗钢筋其张拉端一般用螺丝端杆锚具，固定端一般用帮条或镦头锚具。

螺丝端杆锚具由螺丝端杆和螺母及垫板组成，如图 5—6 所示。螺丝端杆与预应力筋对焊连接，张拉设备张拉螺丝端杆用螺母锚固。这种锚具适用于直径 18～36 mm 的Ⅱ、Ⅲ级钢筋。螺丝端杆与预应力钢筋的焊接，应在预应力钢筋冷拉以前进行。预应力钢筋进行冷拉时，螺母应在端杆的端部，使拉力由螺母传至端杆和预应力筋。

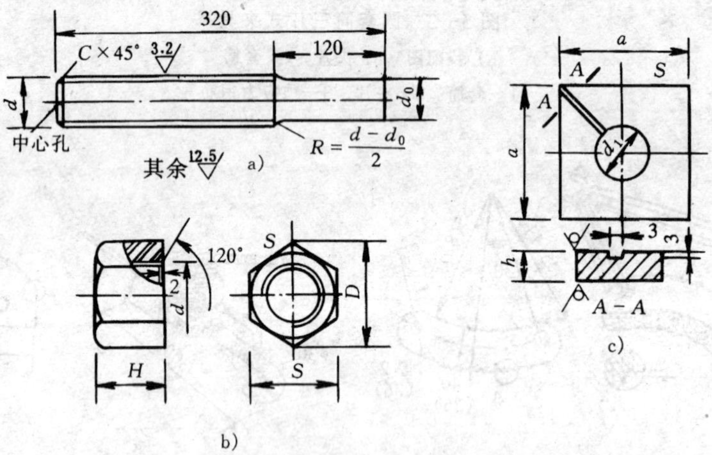

图 5—6　螺丝端杆锚具

a) 螺丝端杆　b) 螺母　c) 垫板

帮条锚具由一块方形或圆形衬板与三根互成 120°的钢筋帮条与预应力钢筋端部焊接而成，如图 5—7 所示，适用于锚固直径在 12～40 mm 的冷拉Ⅱ、Ⅲ级钢筋。帮条在预应力筋冷拉前焊接。

镦头锚具是由镦头和垫板组成。当预应力筋直径在 22 mm 以内时，端部镦头可用对焊机热镦。将钢筋及紫铜棒夹入对焊机的两电极中，使钢筋端面与紫铜棒接触，进行脉冲式通电加热。当钢筋加热至紫红色呈可塑状态时，即逐渐加热加压，直至形成镦头为止，如图 5—8。钢筋直径较大时可采用加热锻打成形的方法。

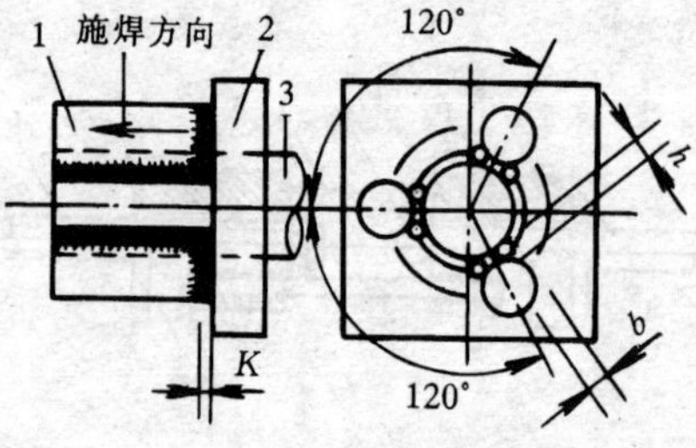

图 5—7　帮条锚具

1—帮条　2—衬板　3—主筋

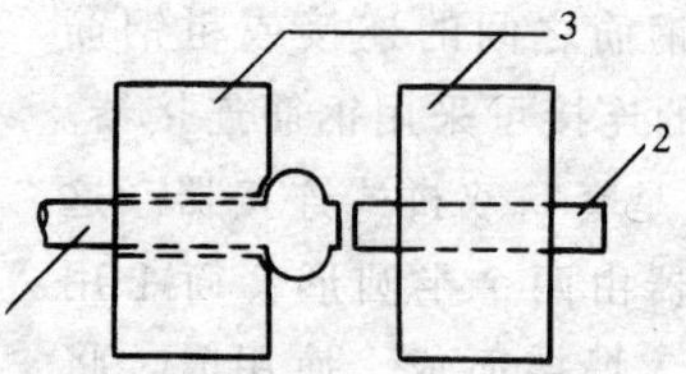

图 5—8　钢筋热镦示意图

1—钢筋　2—紫铜棒　3—电极

（2）钢筋束和钢绞线束锚具　钢筋束和钢绞线束目前使用的锚具有 JM 型、XM 型、QM 型和镦头锚具等。

1）JM 型锚具　它由锚环与六片夹片组成，如图 5—9 所示。夹片呈扇形，用两侧的半圆槽锚固预应力筋。为增加夹片与预应力筋之间的摩擦，在半圆槽内刻有截面为梯形的齿痕，夹片背面的坡度与锚环一致。锚环分甲型和乙型两种。甲型锚环为具有锥形孔的圆柱体，外形比较简单，使用时直接放置在构件端部的垫板上。乙型锚环在圆柱体外部增添正方形肋板，使用时，锚环直接预埋在构件的端部，不另设置垫板。

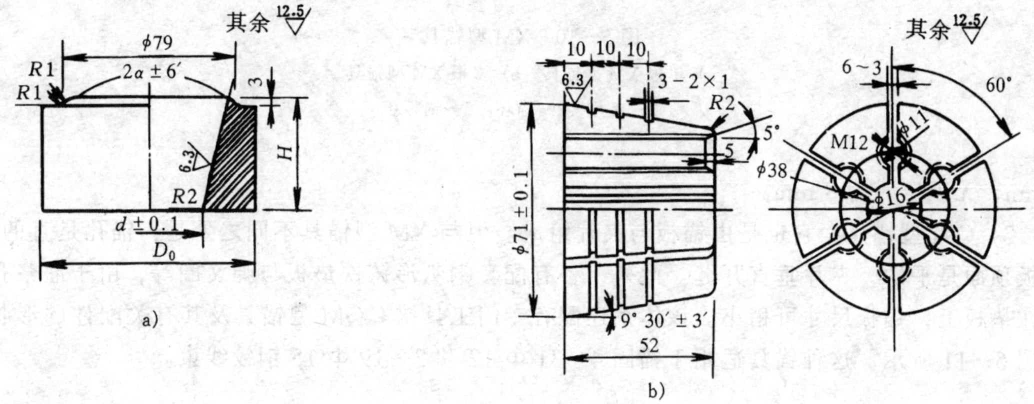

图 5—9　JM 型锚具

a）锚环　b）夹片

JM 型锚具可用于锚固 3～6 根直径为 12 mm 的光圆或变形的钢筋束，也可用于锚固 5～6 根直径为 12 mm 或 15 mm 的钢绞线束。JM 型锚具也可以作工具锚重复使用。但如发现夹筋孔的齿纹有轻度损伤时，即应改为工作锚使用。

2）XM 型锚具　它是一种新型锚具。它既可用于锚固钢绞线束，又可用于锚固钢丝束；既可锚固单根预应力筋，又可锚固多根预应力筋；当用于锚固多根预应力筋时既可单根张拉逐根锚固，又可成组张拉，成组锚固；它既可用作工作锚，又可用作工具锚。XM 型锚具通用性好，锚固性能可靠，施工方便，且便于高空作业。

XM 型锚具由锚环和三块夹片组成（图 5—10）。

XM 型锚具的锚环用 45 钢制作，经热处理硬度 HB = 285 ± 15。夹片为 120°均分的三片式夹片，夹片的开缝沿轴向有倾斜角，倾斜角的方向与钢绞线的扭角相反，以确保夹片能夹紧钢绞线或钢丝束中每一根外围钢丝，形成可靠的锚固。夹片开缝宽度一般平均为1.5 mm，夹片的齿形为“短牙”三角螺纹，是一种齿顶较宽，齿高较矮的特殊螺纹。

XM 型锚具在充分满足自锚条件下，夹片的锥面选用了较大的锥角，使 XM 型锚具可以兼作工具锚。作工具锚用时，张拉前在夹片与锚环之间加垫一层厚约 0.5 mm 的普通塑料薄膜（品种不限），张拉完毕后用锤轻轻一击，即可松开锚具重复使用。这是因为锚具的坡度越大，夹片所受的轴向反推力也越大。塑料薄膜衬垫起到了润滑剂的作用，降低了锚环与夹片之间的摩擦力。当夹片与锚环之间的摩擦角小于夹片的锥角时，张拉完毕，张拉力消失，在反推力的作用下，即能自动松开夹片。XM 型锚具变形和钢筋回缩值经实测，在顶压时为

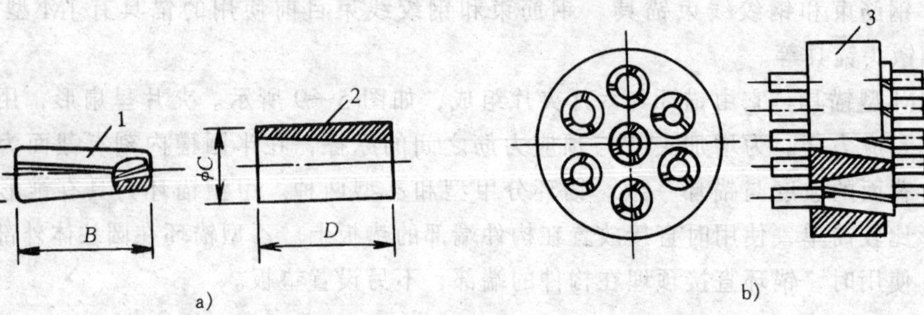

图 5—10　XM 型锚具

a）单根 XM 型锚具　b）多根 XM 型锚具

1—夹片　2—锚环　3—锚板

4 mm，无顶压时为 8 mm。

3）QM 型锚具　它也是由锚板与夹片组成。但与 XM 型锚具不同之处是：锚孔是直的，锚板顶面是平的，夹片垂直开缝。此外，备有配套喇叭形铸铁垫板与弹簧圈等，由于灌浆孔设在垫板上，锚板尺寸可稍小。该体系还配有专门工具锚。QM 型锚具及其有关配件的形状如图 5—11 所示。这种锚具适用于锚固 4～31 Φ 12 和 3～19 Φ 15 钢铰线束。

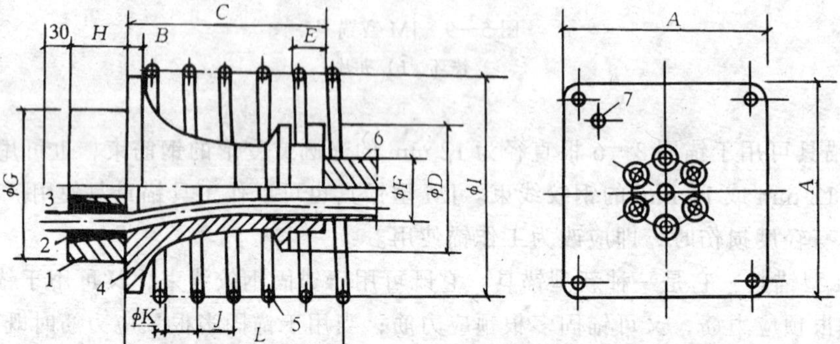

图 5—11　QM 型锚具及配件

1—锚板　2—夹片　3—钢绞线　4—喇叭形铸铁垫板　5—弹簧圈　6—预留孔道用的波纹管　7—灌浆孔

(3) 钢丝束锚具　钢丝束一般由几根到几十根直径 3～5 mm 平行的碳素钢丝组成。目前采用的锚具有钢质锥形锚具、XM 型锚具和钢丝束镦头锚具等。

1）钢质锥形锚具（又称弗氏锚具）　由锚环和锚塞组成（图 5—12），用于锚固以锥锚式双作用千斤顶张拉的钢丝束。钢丝分布在锚环锥孔的内侧，由锚塞塞紧锚固。锚环内孔的锥度应与锚塞的锥度一致。锚塞上刻有细齿槽，夹紧钢丝防止其滑动。

锥形锚具的主要缺点是当钢丝直径误差较大时，易产生单根滑丝现象，且滑丝后很难补救。如用加大顶锚力的办法来防止滑丝，过大的顶锚力易使钢丝咬伤。此外，钢丝锚固时呈辐射状态，弯折处受力较大。

2）钢丝束镦头锚具　用于锚固 12～54 根Φ 5 碳素钢丝的钢丝束，分 DM5A 型和 DM5B

型。DM5A 型用于张拉端，由锚杯和螺母组成；DM5B 型用于固定端，仅有一块锚板，如图 5—13 所示。

锚杯与锚板用 45 钢制作，先经调质处理后再进行机械加工。螺母用 30 钢制作。锚杯的内外壁均有丝扣，内丝扣用于连接张拉螺丝杆，外丝扣用于拧紧螺母锚固钢丝束。锚杯和锚板四周钻孔，以固定镦头的钢丝，孔数和间距由钢丝根数而定。钢丝用 LD－10 型液压冷镦器进行镦头。钢丝束一端可在制束

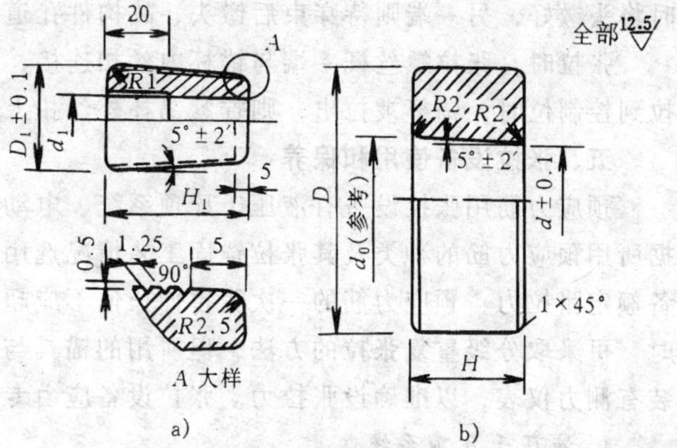

图 5—12　钢质锥形锚具

a）锚塞　b）锚环

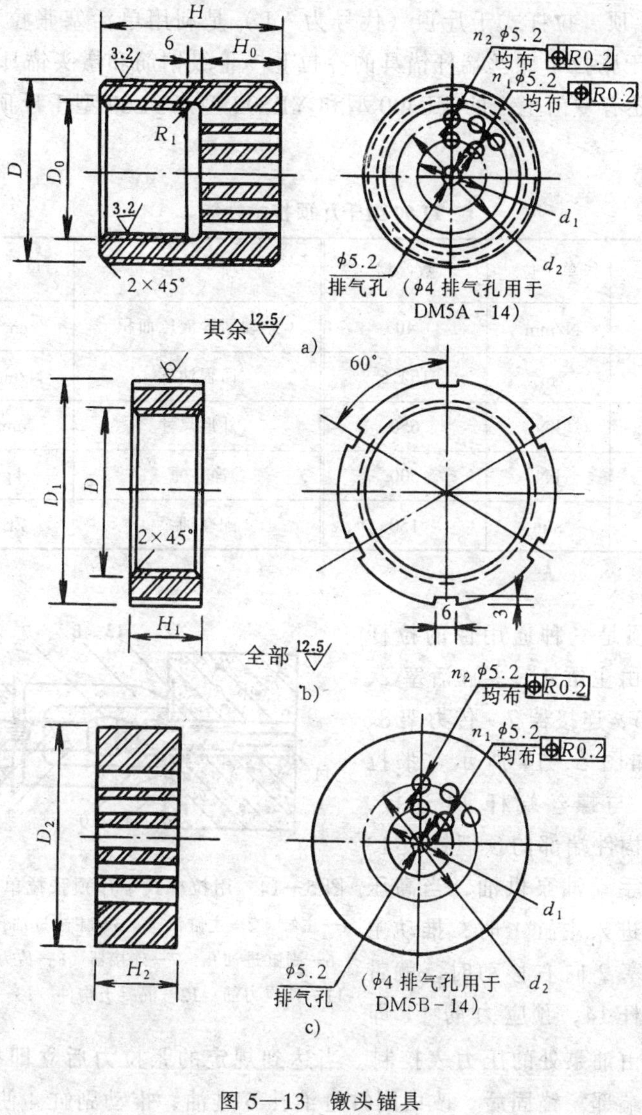

图 5—13　镦头锚具

a）DM5A 锚杯　b）DM5A 螺母　c）DM5B 锚板

时将头镦好，另一端则待穿束后镦头，故构件孔道端部要设置扩孔。

张拉时，张拉螺丝杆一端与锚杯内丝扣连接，另一端与拉杆式千斤顶的拉头连接。当张拉到控制位时，锚杯被拉出，则拧紧锚杯外丝扣上的螺母加以锚固。

五、张拉设备使用和保养

预应力筋用张拉设备有液压千斤顶系统、电动螺杆张拉机、电动卷扬机等。施工时应根据所用预应力筋的种类及其张拉锚固工艺情况选用张拉设备。预应力筋的张拉力不应大于设备额定张拉力，预应力筋的一次张拉伸长值不应超过设备的最大张拉行程。当一次张拉不足时，可采取分级重复张拉的方法，但所用的锚具与夹具应适应重复张拉的要求。张拉设备应装有测力仪表，以准确设张拉力。张拉设备应由专人使用和保管，并定期维护与标定。

1. 液压千斤顶系统

液压千斤顶系统主要由液压千斤顶、高压油泵和外接油管等组成。目前常用的张拉预应力筋的液压千斤顶有以下几种：

(1) YL 型千斤顶　拉杆式千斤顶（代号为 YL）是利用单活塞张拉预应力筋的单作用千斤顶。它主要用于张拉带螺丝端杆锚具的冷拉Ⅱ～Ⅲ级钢筋和镦头锚具的钢丝束。常用的有 YL60 型，此外还有专门生产的 YL400 型和 YL500 型。YL60 型千斤顶技术性能见表 5—1。

表 5—1　　**YL60 型千斤顶技术性能**

项　目	单　位	数　据	项　目	单　位	数　据
额定油压	N/mm^2	40	差动回程液压面积	cm^2	38
张拉缸液压面积	cm^2	162.6	回程油压	N/mm^2	<10
理论张拉力	kN	650	外形尺寸	mm	$\phi193\times677$
公称张拉力	kN	600	净　重	kg	65
张拉行程	mm	150	配套油泵	ZB4－500 型电动油泵	

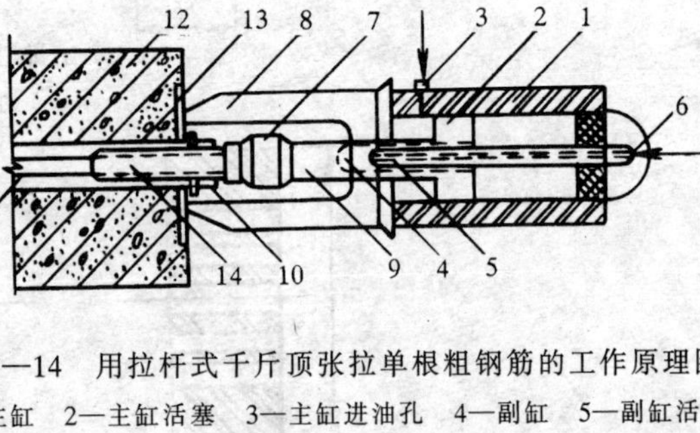

图 5—14　用拉杆式千斤顶张拉单根粗钢筋的工作原理图
1—主缸　2—主缸活塞　3—主缸进油孔　4—副缸　5—副缸活塞　6—副缸进油孔　7—连接器　8—传力架　9—拉杆　10—螺母　11—预应力筋　12—混凝土构件　13—预埋铁板　14—螺丝端杆

YL60 型千斤顶是一种通用性的拉杆式液压千斤顶。它由主缸 1、主缸活塞 2、副缸 4、副缸活塞 5、连接器 7、传力架 8、拉杆 9 等组成，如图 5—14 所示。张拉时，先使连接器 7 与螺丝端杆 14 连接，使传力架 8 支承在构件端部的预埋铁板 13 上。用电动油泵或手动油泵供油，当高压油从主缸进油孔 3 进入主缸 1 时，推动主缸活塞 2，主缸活塞 2 向右移动时，就带动拉杆 9 和螺丝端杆 14，预应力筋 11 即被拉伸。拉力大小由油泵处的压力表控制。当达到规定的张拉力后立即拧紧螺母 10，将预应力筋锚固在构件端部。锚固后，改由副缸进油孔 6 进油，推动副缸 4 使主缸活塞 2 和拉杆

9 向左移动，推回到开始位置。与此同时，主缸 1 的高压油也回到油泵中。此时，即卸下连接器，张拉结束。

（2）YC 型千斤顶　穿心式千斤顶（代号 YC）具有一个穿心孔，是利用双液压缸张拉预应力筋和顶压锚具的双作用千斤顶。这种千斤顶既适用于张拉采用 JM12 型、QM 型、XM 型锚具的预应力钢丝束、钢筋束和钢绞线束，配置撑脚和拉杆等附件后又可作为拉杆式千斤顶使用。YC 型千斤顶，根据使用功能不同可分为 YC 型、YCD 型、YCQ 型、YCW 型千斤顶等系列产品，以下分别介绍。

YC 型系列主要有 YC20D 型、YC60 型、YC120 型千斤顶，现以 YC60 型为代表说明其工作原理及性能，如图 5—15 和表 5—2。

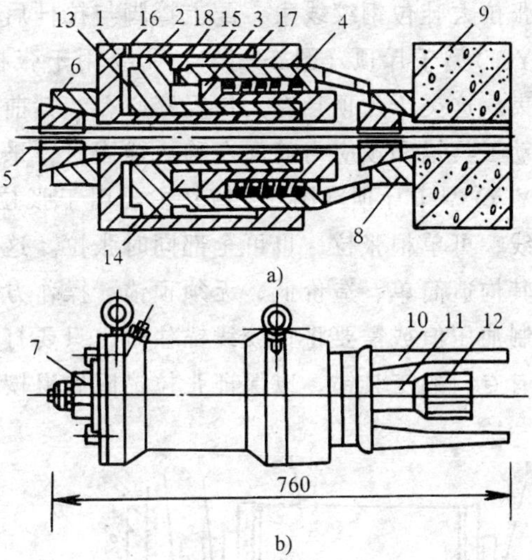

图 5—15　YC60 型千斤顶

a）构造与工作原理图　b）加撑脚后的外貌图

1—张拉油缸　2—顶压油缸（即张拉活塞）　3—顶压活塞　4—弹簧　5—预应力筋　6—工具锚　7—螺母　8—锚环　9—构件　10—撑脚　11—张拉杆　12—连接器　13—张拉工作油室　14—顶压工作油室　15—张拉回程油室　16—张拉缸油嘴　17—顶压缸油嘴　18—油孔

张拉前，先把装好锚具的预应力筋穿入千斤顶的中心孔道中，并在张拉油缸 1 的端部用工具锚 6 加以锚固。张拉时，高压油液由张拉油嘴 16 进入张拉工作室 13，由于张拉活塞 2 顶在构件 9 上，因而张拉油缸 1 逐渐向左移动而张拉预应力筋，直至规定的张拉力。在张拉过程中，由于张拉油缸 1 向左移动而使张拉回程油室 15 之容积逐渐减小，所以需将顶压缸油嘴 17 开启以便回油。张拉完毕应立即进行顶压锚固。顶压油液由顶压缸油嘴 17 经油孔 18 进入顶压工作室 14。由于顶压油缸 2 顶在构件 9 上，且张拉工作油室中的高压油液尚未回油，因此顶压活塞 3 向左移动顶压 JM12 型锚具的夹片，按规定的顶压力将夹片压入锚环 8 内，将预应力筋锚固。张拉和顶压完成后，开启油嘴 16，同时油嘴 17 继续进油。由于顶压活塞 3 仍顶住夹片，油室 14 的容积不变，进入的高压油液全部进入油室 15，因而张拉油缸 1 逐渐向右移动进行复位。然后，油泵停止工作，开启油嘴 17，利用弹簧 4 使顶压活塞 3 复位，并使油室 14、15 回油卸荷。

表 5—2　　YC60 穿心式千斤顶技术性能

项　目	单　位	数　据	项　目		单　位	数　据
额定油压	N/mm^2	40	顶压活塞回程			弹簧
张拉缸液压面积	cm^2	162.6	穿心孔径		mm	55
公称张拉力	kN	600	外形尺寸	无撑脚	mm	$\phi195\times425$
张拉行程	mm	150*		有撑脚		$\phi195\times760$
顶压缸活塞面积	cm^2	84.2	重　量	无撑脚	kg	63
顶压行程	mm	50		有撑脚		73
张拉缸回程液压面积	cm^2	12.4	配套油泵			ZB4－500　ZB0.8－500

* 张拉行程改为 200 mm，型号为 YC60A 型。

YCD 型千斤顶与 YCQ 型、YCW 型千斤顶均属大孔径穿心式千斤顶，又称群锚千斤顶。它是具有一个大口径穿心孔，利用单液压缸张拉预应力筋的单作用千斤顶。这种千斤顶广泛用于张拉大吨位钢绞线束，配上撑脚与拉杆后也可作为拉杆式千斤顶使用。

YCD 型千斤顶（图 5—16），主要用于张拉带有 XM 型锚具的 4～12 Φ^j15 钢绞线束和钢丝束。这类千斤顶具有大口径穿心孔，其前端安装顶压器，后端安装工具锚，张拉时活塞杆带动工具锚和预应力筋向左移。锚固时，采用液压预压器和弹性顶压器。

YCQ 型千斤顶（图 5—17）主要用于张拉带有 QM 锚具的 4～31 Φ^j12 和 3～19 Φ^j15 钢绞线，可单根张拉，也可全部同时张拉。这类千斤顶的特点是不顶锚，用限位板代替顶压器。其构造简单、造价低、无须顶锚、操作方便，但要求锚具的自锚性能可靠。在每次张拉到控制油压值或需要将钢绞线锚住时，只要打开截止阀，钢绞线即被锚固。另外，这类千斤顶配有专门的工具锚，以保证张拉锚固后退楔方便。

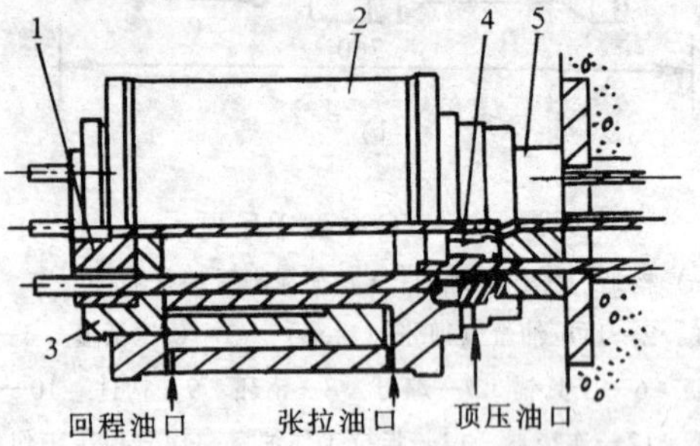

图 5—16　YCD 型千斤顶

1—工具锚　2—千斤顶缸体　3—千斤顶活塞

4—顶压器　5—工作锚

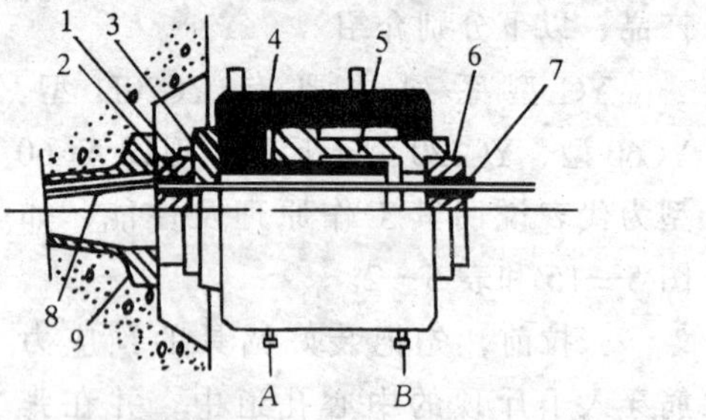

图 5—17　YCQ 型千斤顶

1—工作锚板　2—夹片　3—限位板

4—缸体　5—活塞　6—工具锚板　7—工具夹片

8—钢绞线　9—喇叭形铸铁板

A—张拉时进油嘴　B—回缩时进油嘴

YCW 型千斤顶是在 YCQ 型基础上发展起来的，其通用性强。

(3) YZ 型千斤顶　锥锚式千斤顶（代号 YZ）是具有张拉、顶锚和退楔功能的三作用千斤顶，仅用于张拉带钢质锥形锚具的钢丝束。其构造如图 5—18。

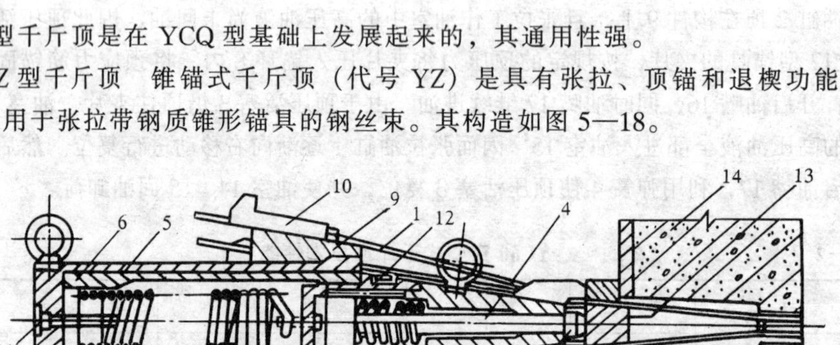

图 5—18　YZ 型千斤顶构造示意图

1—预应力筋　2—顶压头　3—副缸　4—副缸活塞　5—主缸　6—主缸活塞　7—主缸拉力弹簧　8—副缸压力弹簧

9—锥形卡环　10—楔块　11—主缸油嘴　12—副缸油嘴　13—锚塞　14—构件　15—锚环

YZ 型千斤顶主要由主缸、主缸活塞、主缸拉力弹簧、副缸、副缸活塞、副缸压力弹簧以及锥形卡环等部分组成。当张拉钢筋时，首先将预应力筋固定在锥形卡环上。然后主缸油嘴进油，主缸向左移，张拉预应力筋。张拉完成后，主缸稳压，副缸进油，则副缸活塞及顶压头向右移动，将锚塞推入锚环而锚固预应力筋。顶锚完成后，主、副缸同时回油，主缸及副缸活塞在弹簧力的作用下复位。

(4) 台座式千斤顶　台座式千斤顶是在先张法台座上整体张拉或放松预应力筋的单作用千斤顶。其行程为 300～500 mm，张拉力可达 1 200～300 kN。

千斤顶常见故障及排除见表 5—3。

表 5—3　　千斤顶常见故障及排除

故 障 现 象	故障的可能原因	排 除 方 法
漏　油	1. 油封失灵 2. 油嘴连接部位不密封	1. 检查或更换密封圈 2. 修理连接油嘴或更换垫片
千斤顶张拉活塞不动或运动困难	1. 操作阀用错 2. 回程缸没有回油 3. 张拉缸漏油 4. 油量不足 5. 活塞密封圈胀得太紧	1. 正确使用操作阀 2. 使回程缸回油 3. 排除漏油原因 4. 加足油量 5. 检查密封圈规格或更换
活塞不回程或回程困难	1. 操作阀用错 2. 张拉缸没有回油 3. 回程缸漏油 4. 回程时油量不足	1. 正确使用操作阀 2. 使张拉缸回油 3. 排除漏油原因 4. 加足油量
千斤顶活塞运行不平稳	油缸中存有空气	空载往复运行几次排除空气
千斤顶连接油管焊裂	1. 油管拆卸次数过多、使用过久 2. 压力过高 3. 焊接不良	1. 注意装拆、避免弯折，不易修复时应更换油管 2. 检查油压表是否失灵，压力是否超过规定压力 3. 焊接牢固

(5) 电动高压油泵　ZB4－500 型电动油泵是目前通用的预应力油泵，主要与额定压力不大于 50 N/mm^2 的中等吨位的预应力千斤顶配套使用，也可供对流量无特殊要求的大吨位千斤顶和对油泵自重无特殊要求的小吨位千斤顶使用。ZB10/320－4/800 型电动油泵是一种大流量、超高压的变量油泵，主要与张拉力 1 000 kN 以上或工作压力在 50 N/mm^2 以上的预应力液压千斤顶配套使用。ZB0.8－500 与 ZB0.6－630 型电动小油泵是同一构造的两种系列产品，主要用于小吨位预应力千斤顶和液压镦头器。该油泵自重轻、操作简单、携带方便，对现场预应力施工尤为适用。

2. 电动螺杆张拉机

常用型号为 DL1 型电动螺杆张拉机，如图 5—19 所示，主要用于预制工厂内长线台座张拉冷拔钢丝。其技术性能为：

张拉钢丝规格 Φ^b 3～5

最大张拉力　10 kN

最大张拉行程　780 mm

张拉速度　2 m/min

自重　　14.3 N

电动机转动时，通过一级直齿轮减速装置使中心轴转动。中心轴的中心孔内固定有梯形螺母，螺母带动螺杆向后作直线运动。弹簧测力计一端与螺杆连接，另一端与钢丝钳铰接。弹簧测力计两端的滑动架将其托持在支撑杆上，并能前后滑动，同时保持螺杆、测力计处于同一中心位置。螺杆的向前、向后运动由电动机的正、反转来控制。为了保证安全，防止机件碰撞，机上装有前后限位行程开关。弹簧测力计上装有微动行程开关，工作时调好标尺，当张拉力达到给定数值时，微动开关常闭触点断开，交流接触器释放，电动机停止转动，达到自动停止张拉的目的。

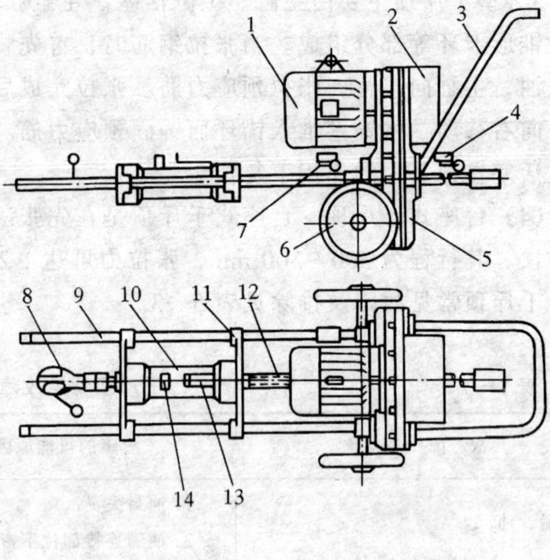

图 5—19　DL1 型电动螺杆张拉机

1—电动机　2—配电箱　3—手柄

4—前限位开关　5—变速箱　6—胶轮

7—后限位开关　8—钢丝钳　9—支撑杆　10—弹簧测力计

11—滑动架　12—梯形螺杆　13—计量标尺　14—微动开关

3. 电动卷扬机

电动卷扬机主要用于预制工厂内长线台座张拉冷拔钢丝，其中 LYZ－1 型电动卷扬机技术性能如下：

张拉钢丝规格 Φ^b3～5

张拉行程　5 m

最大张拉力　10 kN

张拉速度　2.5 m/min

电动卷扬机由千斤顶测力装置等组成。千斤顶测力卷扬机式电动张拉车其结构型式如图 5—20 所示。使用时，将顶杆顶在台座横梁上，钢丝端头夹紧在夹具中，而后开动卷扬机，钢丝绳带动千斤顶向后移动。由于千斤顶和张拉夹具连在一起，因此钢丝就被张拉。张拉力的大小可通过压力表读数显示出来。待压力表读数达到所需的张拉力时，立即停车，将预应力钢丝锚固在台座上。

4. 张拉设备的标定

张拉设备及仪表应由专人使用和管理，并定期维护和标定，明确张拉力与压力表读数的关系曲线。标定张拉设备用的测力计精度不得低于 ±2%。压力表的精度不宜低于 1.5 级，最大量程不宜小于设备额定张拉力的 1.3 倍。标定时，千斤顶活塞的运行方向应与实际张拉工作状态一致。

张拉设备的标定期限不宜超过半年。当发生下列情况之一时，均应对张拉设备重新标定：

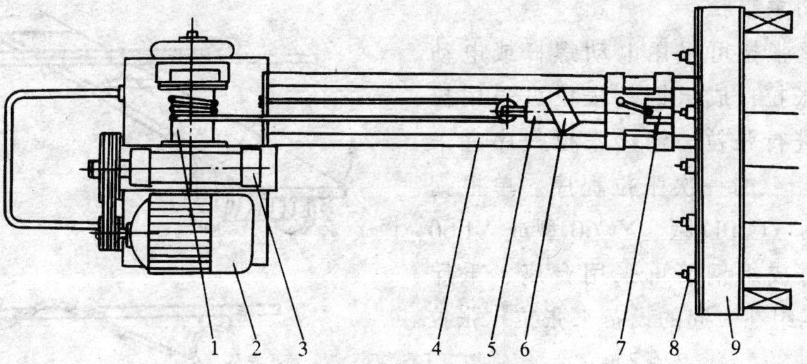

图 5—20　电动张拉车

1—卷筒　2—电动机　3—变速箱　4—顶杆　5—千斤顶　6—压力表　7—夹具　8—锚具　9—台座

(1) 千斤顶经过拆卸修理。

(2) 千斤顶久置后重新使用。

(3) 压力表受过碰撞或失灵。

(4) 更换压力表。

(5) 张拉中预应力筋发生多根破断或张拉伸长值误差较大。

第二节　预应力作业操作方法

一、先张法施工操作方法

先张法是指先将预应力筋张拉到设计控制应力，用夹具临时固定在台座上或钢模上，然后浇筑混凝土；待混凝土达到一定强度后，放松预应力筋，靠预应力筋与混凝土之间的粘结力使构件获得预压应力。

1. 预应力筋制作

先张法采用的预应力筋主要有：冷拉Ⅱ～Ⅳ级钢筋、冷拔钢筋、冷轧带肋筋、热处理钢筋、刻痕钢丝与钢绞线等。

预应力筋的下料长度应根据各种因素计算来确定。热处理钢筋、刻痕钢丝与钢绞线下料应采用砂轮切割机，不得采用电弧切割。钢绞线切割后其端头不应松散。对需要镦头的刻痕钢丝，其切割面应与母材垂直。

2. 预应力筋铺设

长线台座台面在铺放钢丝前应涂隔离剂。隔离剂不应沾污钢丝，以免影响钢丝与混凝土粘结。如果预应力筋遭受污染，应使用适当的溶剂加以清洗 。在生产过程中，应防止雨水冲刷台面上的隔离剂。

穿钢丝可用牵引车或人工铺放，要拉一根穿一根，按次序对号入座在定位板上，并用夹具固定。如两端未夹紧则不可松手，以免钢丝弹出伤人。钢丝接长可用钢丝拼接器，使用20～22 号铁丝密排绑扎（见图 5—21）。绑扎长度，对冷拔低碳钢丝不得小于 40d，对冷拔低合金钢丝不得小于 50d，对刻痕钢丝不得小于 80d。

钢筋之间的连接或钢筋与螺杆的连接工具，可采用套筒双拼式连接器。

3. 预应力筋张拉

单根钢丝张拉可采用电动螺杆或电动卷扬机进行张拉；成组钢丝张拉可采用拉杆或千斤顶进行张拉。钢丝张拉程序宜采用 $0 \longrightarrow 1.03\sigma_{con}$ 的一次张拉程序。单根钢筋张拉可采用 YC20D 型、YC60 型或 YL60 型千斤顶。对成组钢筋可采用台座、千斤顶与活动横梁组在一起的设备来张拉。张拉程序可采用 $0 \rightarrow 1.05\sigma_{con} \xrightarrow{\text{持荷 2 min}} \sigma_{con}$ 锚固。

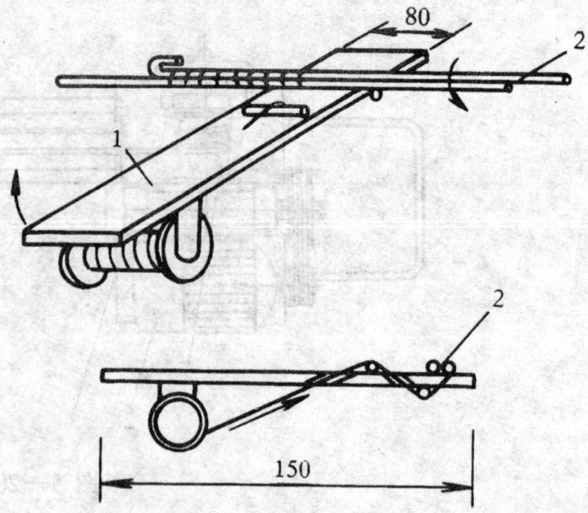

图 5—21 钢丝拼接器

1—拼接器 2—钢丝

采用应力控制法张拉钢筋时，为了校核预应力值，在张拉过程中应测应力筋的实际伸长值，即在初应力约为 $10\%\sigma_{con}$ 时量测。

张拉应以稳定的速度逐渐加大拉力，并保证使拉力传到台座横梁上。不能使钢丝在分丝板、横梁或夹具处产生尖锐的转角或弯曲，以免使预应力筋或夹具产生次应力。锚固时敲击锥塞或楔块时应先轻后重，同时可倒开张拉机，放松钢筋以防钢丝在锚固夹具与张拉具处受力过度而断裂。为了避免台座承受偏心力过大，可先张拉靠近台座截面重心处的预应力筋。

同时张拉多根钢丝时，断裂和滑脱的钢丝数量不得超过同一截面钢材总根数的 5%，且严禁相邻两根预应力钢丝发生上述现象。

张拉锚固后，预应力筋对设计的偏差不大于 5 mm，也不得大于构件截面短边尺寸的 4%。

4. 混凝土浇灌与养护

浇筑混凝土时，应安排好浇筑顺序及上料线路，严禁工作人员在操作中碰撞与踩压钢丝，按要求留置试块。可采用自然养护或湿热养护。

5. 预应力筋的放松与切断

放松钢筋应在混凝土达到设计要求强度或混凝土设计强度标准值的 75%时进行。

对配筋不多的中小型钢筋混凝土构件，可用砂轮锯或切断机逐根切断。配筋较多时，可采用油压千斤顶、砂箱、楔块等装置使所有钢丝同时放松。

二、后张法施工操作方法

后张法是指先制作混凝土构件，并在构件中预留出设计要求的孔道，待构件混凝土强度达到设计规定的数值后，穿入预应力筋，并利用张拉机具进行张拉后，使用锚具将预应力筋锚固在构件的端部。

后张法施工工艺中，与预应力相关的主要是孔道预留、预应力筋张拉、孔道灌浆三部分。

1. 孔道预留

主要根据所采用的预应力筋和锚具来决定孔径。留设方法有钢管抽心法、胶管抽心法或预埋波纹管法。预埋波纹管法只用于曲线孔道。

2. 预应力筋的张拉

(1) 准备工作　首先应检查混凝土构件的强度是否满足设计要求。如无设计要求时，强度应不低于设计强度标准值的 75%。构件端部各种预埋件、锚具、垫板等如粘附有焊渣、毛刺、混凝土残渣等时均应清除干净。预留孔道必须检查是否畅通，如不畅通可采用清孔器将孔道拉通。

其次应对预应力筋的品种、规格、长度和有关对焊次序记录，力学性能试验进行检查、核对。所用锚具应按其质量标准进行检验，并进行外观检查。穿筋前用铁丝将水泥纸袋或破布片缠绕在螺丝端杆上，保护螺牙。

安装张拉设备时，对直预应力筋，应使张拉力的作用线与孔道中心线重合；对曲线预应力筋，应使张拉力的作用线与孔道中心线束端的切线重合。

(2) 张拉　预应力筋的张拉顺序，应使混凝土不产生超应力，构件不扭转不侧弯，结构不变位等。因此对称张拉是一项重要原则。同时还应考虑到尽量减少张拉设备的移动次数。

对于曲线预应力筋或长度大于或等于 24 m 的直线预应力筋，应在构件两端同时张拉。小于 20 m 的直线预应力筋可在一端张拉，但宜将预应力筋的组数错开，将张拉端分别设置在构件的两端，如图 5—22 所示。当采用两端同时张拉一根预应力筋时，张拉后宜先在一端锚固，以减少预应力的损失。逐根张拉预应力筋时，靠近截面重心处的预应力筋先张拉，再逐步向外对称地进行。对于受弯构件应张拉受压区的预应力筋（图 5—23）。

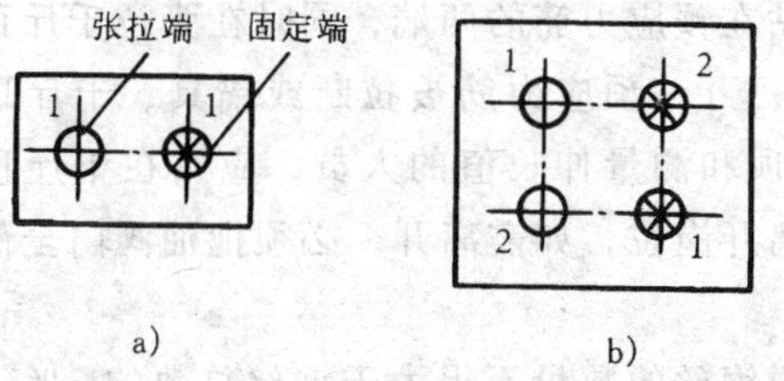

图 5—22　屋架下弦杆预应力筋张拉顺序

a) 两束　b) 四束

1、2—预应力筋分批张拉顺序

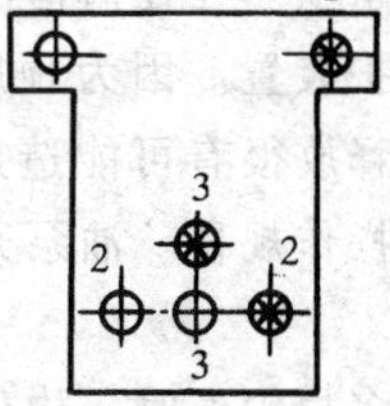

图 5—23　吊车梁预应力筋的张拉顺序

1、2、3—预应力筋的分批张拉顺序

预应力筋采用分批张拉时，应考虑后一批预应力筋的张拉使构件混凝土产生弹性压缩，引起先批张拉的预应力筋预应力损失。此项损失值应分别计到先张拉各批预应力筋的张拉控制应力值内，但其实际张拉应力值不得大于有关“超张拉”中规定的数值。实际操作中可采用以下方法：

1）采用同一张拉值，逐根复拉补足。

2）采用同一张拉值，在设计中扣除混凝土弹性压缩损失平均值。

平卧重叠浇筑的构件，宜先上后下、逐层进行张拉。为了减少上下层之间因摩擦阻力引起的预应力损失，可逐层加大张拉力，但底层张拉力不宜比顶层大 5%（钢丝、钢绞线、热处理钢筋）或 9%（冷拉Ⅱ～Ⅳ级钢筋）。这是因为对于平卧叠浇构件，在相同张拉力情况下，构件的弹性压缩变形值将自上而下地减小，上层构件重量所产生的摩擦阻力阻止了下层构件的自由变形。而当构件起吊后，则因摩擦阻力影响消失，各层构件的压缩值又会自上而下地逐层增大，从而引起预应力值的降低。为了减少叠层摩擦阻应力的损失，应改善构件间隔离层的性能，并应限制重叠层数，一般以 3～4 层为宜。表 5—4 为叠浇四层屋架不同预应力筋和不同隔离层时的超张拉值，供参考。

(3) 张拉程序　可根据构件类型、张锚体系、钢筋品种、松弛损失取值等因素确定，一般可采用：

表 5—4 重叠屋架各层超张拉值

预应力筋类型	隔离层	自上而下屋架超张拉值（σ_{con}）			
高强钢丝束	废机油加滑石粉	1.0	1.02	1.035	1.05
	石灰膏加废机油	1.0	1.0	1.0	1.0
	塑料薄膜	1.0	1.0	1.0	1.0
冷拉钢筋	废机油加滑石粉	1.0	1.05	1.06	1.08
	柴油加石蜡	1.0	1.02	1.05	1.08
	塑料薄膜	1.0	1.0	1.04	1.04
	架空支模	同一张拉值			

1）$0 \rightarrow 1.05\sigma_{con} \xrightarrow{\text{持荷 2 min}} \sigma_{con}$

2）$0 \rightarrow 1.03\sigma_{con}$

(4) 注意事项　在任何情况下作业人员不得站在预应力筋的两端，同时在张拉千斤顶的后面应设立防护装置。因为预应力有很大的能量，万一预应力筋被拉断或锚具、千斤顶失效，能量急剧释放很有可能造成危害，操作千斤顶和测量伸长值的人员，应站在千斤顶侧面，严格遵守操作规程。油泵开动中，不得擅自离开岗位，如需离开，必须把油阀门全部松开或切断电路。

同时张拉多根钢丝时，构件截面中断丝和滑脱钢丝的数量不得大于钢丝总数的 3%，但一束钢丝只允许一根发生断丝或滑脱。每根构件张拉完后，应检查端部和其他部位是否有裂缝，并填写张拉纪录表。预应力筋锚固后的外露长度不宜小于 30 mm。长期外露的锚具，可涂刷防锈油漆，或用混凝土封裹，以防腐蚀。

3. 孔道灌浆

预应力筋张拉锚固后，孔道应尽快灌浆。材料用不低于 425# 普通硅酸盐水泥，按 0.4～0.45 的水灰比制成水泥浆。灌浆前孔道应湿润、冲洗，用手动或电动灰浆泵进行灌浆。灌浆顺序宜先从下层孔道开始，缓慢均匀地进行，不得中断，并应排气通顺。在灌满孔道封闭排气孔后，宜再继续加压至 0.5～0.6 MPa，稍后再封闭灌浆孔。

第六章　钢筋工与其他工种的联系

钢筋工程作为钢筋混凝土工程中的一道工序，它的施工质量好坏不仅仅由它本身决定，同时也受到其他工序的影响。因此如果我们了解其他工种施工时对钢筋工程的影响程度，则可采取相应措施，防止发生质量问题，合理组织安排劳动力，加快施工进度。

第一节　钢筋混凝土工程的工艺流程

钢筋混凝土工程由模板、钢筋、混凝土等工程组成。它的施工程序较多，故对施工管理要求较高。其工艺流程如图 6—1。

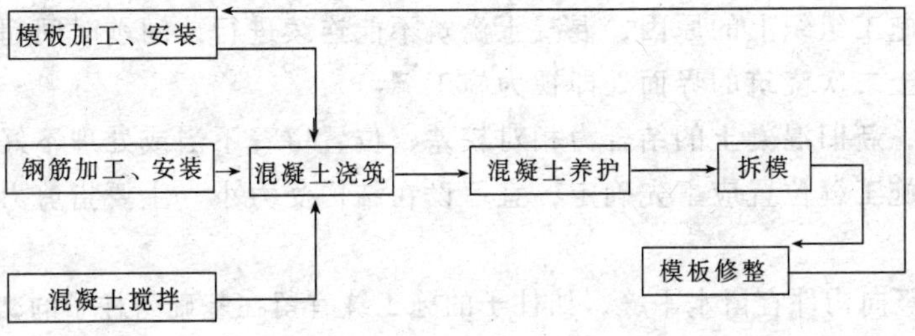

图 6—1　钢筋混凝土工艺流程

第二节　支模及拆模对钢筋的影响

一、支模影响

模板与钢筋是两个紧密联系在一起的工序，模板质量直接关系到钢筋工程质量。

钢筋经绑扎后，一般搁置在模板上，或竖立在模板内。其在混凝土中的位置大都以模板为依据。模板位置偏差较大，直接影响了钢筋安放位置的准确性。模板系统刚度不足，施工中在各种荷载作用下就会产生变形和位移，从而导致钢筋位置发生变化，达不到设计的要求。模板尺寸、几何形状不准确，也会产生这种情况。特别是尺寸偏小还会造成钢筋保护层的不足，而引起露筋，有时甚至连钢筋架也安放不进。模板拼缝对钢筋影响也很大，拼缝过大则易漏浆，从而使钢筋失去包裹而露筋。因此模板施工应能保证其位置、几何形状尺寸的准确性，模板拼缝不漏浆。

模板施工时，要求构造简单，否则不利于钢筋的绑扎与安装。

二、拆模影响

钢筋混凝土对拆模时间的要求是较严格的。拆模时间拖延过长，结构强度肯定满足要求，但影响了模板周转效率，增加了成本。实际施工中主要是由于拆模距浇混凝土的时间过短而引起较多问题。这时的混凝土强度往往很低，钢筋与混凝土之间的握裹力较小。拆模时如果有较大振动，就易产生钢筋与混凝土分离现象，或易使钢筋保护层剥落，造成钢筋露筋。

第三节　混凝土浇捣质量对钢筋的影响

由于某些构件钢筋配置较多，混凝土工在振捣时振捣器往往会碰上钢筋，有时甚至将振捣棒卡在钢筋上。某些工程中，施工人员直接在钢筋上进行运输、操作等，这些情况都极易造成钢筋的移位、变形、绑扣松脱等，对钢筋受力性能影响很大。如雨篷板负筋被踩弯后，不能起到抗拉作用，结果造成雨篷折断，这在工程中也很常见。

混凝土振捣不密实往往会产生空洞、蜂窝等现象。钢筋与混凝土接触面减小，影响其握裹力，使钢筋锚固强度和钢筋混凝土整体受力性能下降。同时钢筋缺少混凝土保护，也易锈蚀。

第四节　混凝土施工缝

由于技术或施工组织上的原因，混凝土浇筑不能连续进行，间歇时间超过了混凝土的凝结时间，则混凝土二次浇筑的界面处即视为施工缝。

在施工缝处，新旧混凝土的结合力相对较差，位置留置不当或处理不好极易产生质量问题。故对混凝土施工缝位置应事先确定，宜留设在结构受力小（主要指剪力）并且方便施工的部位。

具体来说，竖向构件宜留水平缝，如柱子的施工缝宜留在基础与柱子的交接水平面上，或梁的下面，吊车梁牛腿下面，吊车梁的上面，无梁楼盖柱帽下面等处。水平构件一般留垂直缝，如梁的施工缝一般可留在其跨中1/3范围内，但当梁的高度大于1 m时，在楼板底面以下20～30 mm处还应留水平施工缝。单向板的施工缝可留设在平行于短边的任何位置处。现浇楼梯施工缝应在梯段长度中间的1/3范围内等。对一些复杂构件应按设计要求留设施工缝。

在施工缝处继续浇捣混凝土时，应待混凝土的抗压强度不小于1.2 MPa方可进行。浇筑前，应除去混凝土表面松软的部分，用水冲洗干净但不能积水，再铺上与混凝土成分相同、厚度为10～15 mm的水泥砂浆一层，并细致地振实新浇混凝土，使其结合紧密，保证接缝质量。

第五节　脚手架与垂直运输设备

一、脚手架

1. 种类

脚手架是建筑工程中不可缺少的一项辅助工程。对脚手架的基本要求是：满足工人操作、材料堆放和运输的需要；坚固稳定；构造简单装拆方便；能多次周转使用。

工程中所用脚手架种类很多，按其搭设位置分为外脚手架和里脚手架；按其所用材料分为木脚手架、竹脚手架、钢管脚手架；按其构造形式分为多立杆式、门型、桥式、悬吊式、挂式、挑式、爬井式脚手架等。

2. 扣件式钢管脚手架构造

目前，扣件式脚手架在工程应用较广，因其装拆方便，搭设高度大，能适应建筑物平立面变化，同时周转次数多，摊销费较低，我们主要介绍这种脚手架。

扣件式钢管脚手架主要由钢管、扣件、底座和脚手板组成。钢管一般用 ϕ48 mm，厚 3.8 mm 的焊接钢管。作为立柱、纵向水平杆、支撑杆的长度一般为 4～6.5 m，用于横向水平杆的钢管长度以 2.2 m 为好。扣件有三种形式：直角扣件，用于两根钢管呈垂直交叉的连接；旋转扣件，用于两根钢管任意角度交叉的连接；对接扣件，用于两根钢管对接接长（图 6—2）。底座将立柱荷载较好地传递到地面上（图 6—3）。

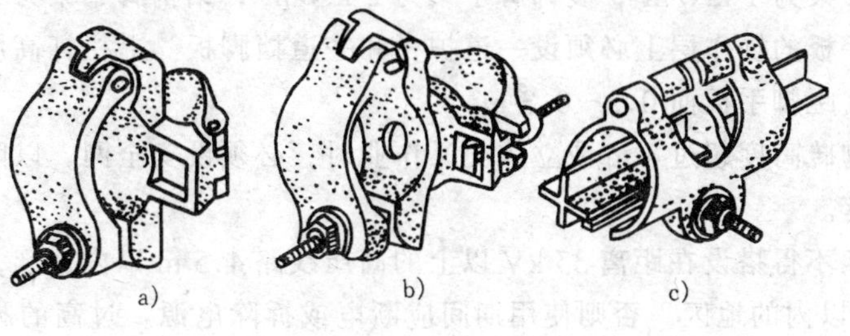

图 6—2　扣件形式图

a)直角扣件　b)旋转扣件　c)对接扣件

扣件式钢管脚手架一般用双排形式搭设，分里外两排立杆。立杆纵向间距为 1.4～2.0 m，立杆横向间距为 0.9～1.5 m（高层架子不大于 1.2 m）；里排立杆距为 0.4～0.5 m；大横杆步距在砌筑时为 1.5 m 左右，在装饰用时为 1.8 m 左右。为防止脚手架内外倾覆，三步以上脚手架必须设置固定件。24 m 以下脚手架可采用刚性或柔性固定件，24 m 以上应采用刚性固定件连接，具体如图 6—4、6—5 所示。

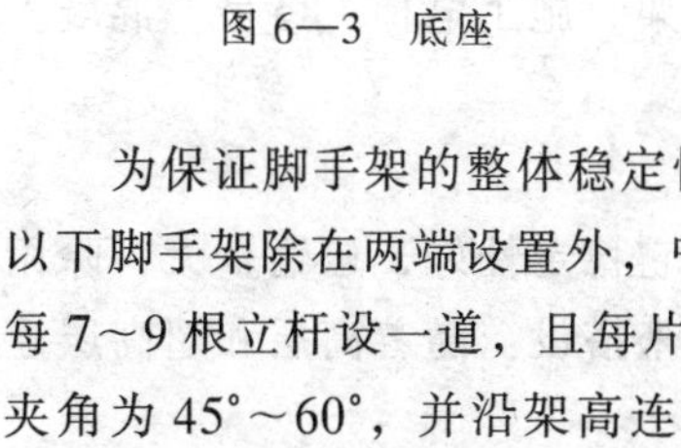

图 6—3　底座

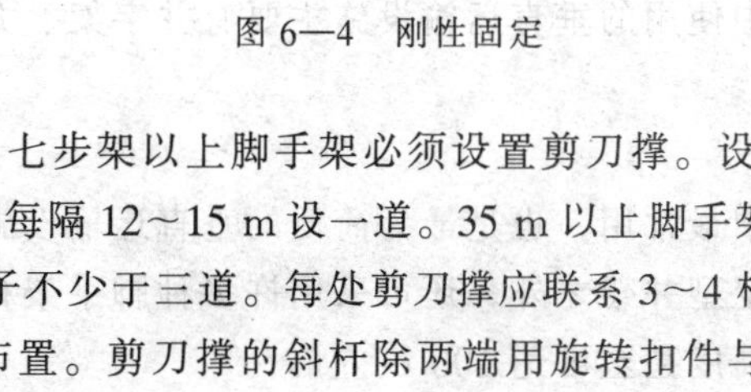

图 6—4　刚性固定

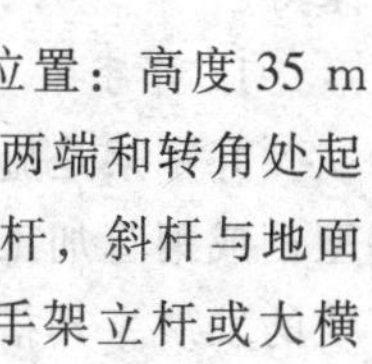

图 6—5　柔性固定

为保证脚手架的整体稳定性，七步架以上脚手架必须设置剪刀撑。设置位置：高度 35 m 以下脚手架除在两端设置外，中间每隔 12～15 m 设一道。35 m 以上脚手架沿两端和转角处起每 7～9 根立杆设一道，且每片架子不少于三道。每处剪刀撑应联系 3～4 根立杆，斜杆与地面夹角为 45°～60°，并沿架高连续布置。剪刀撑的斜杆除两端用旋转扣件与脚手架立杆或大横杆扣紧外，在其中间应增加 2～4 个扣结点。

3. 脚手架的搭设

搭设脚手架时，必须在统一指挥下，严格按规定程序进行。首先应使搭设范围内的地基夯至平实，并排水畅通，垫板、底座均应准确地放在定位线上。杆件安装顺序为立杆──→大横杆──→小横杆。每安装一步架均应对立杆的垂直度与大横杆的水平偏差进行校正。立杆垂直度偏差不大于 1/300 架高，大横杆水平偏差不大于 1/250 片架长，同时剪刀撑、连墙杆等应随搭长架子及时设置。另外双排脚手架的小横杆其中距墙应小于 100 mm，杆端伸出扣件的长度不应小于 100 mm。安装扣件时，螺栓拧紧扭力矩不应小于 40 N·m，不大于 70 N·m。除操作层的脚手板外，宜每隔 12 m 高满铺一层脚手板，遇到门洞时，可挑空 1～2 根立柱，并将悬空的立柱用斜杆逐根连接，使荷载均匀分布到两侧立柱上。

4. 脚手架在使用中应注意事项

(1) 在脚手架上施工时，荷载不应超出过多。对多立柱式外脚手架，施工均布荷载标准规定为：维修脚手架为 1 kN/m^2；装饰脚手架为 2 kN/m^2；结构脚手架为 3 kN/m^2。

(2) 在铺脚手板的操作层上必须设一道护栏和一道挡脚板。上栏杆高度 1.1 m。挡脚板可用低栏杆代替，距脚手板面 0.2～0.3 m。

(3) 当外墙砌砖高度超过 4 m 或立体交叉作业时，必须设安全网，以防材料下落伤人和高空操作人员坠落。

(4) 钢脚手架不得搭设在距离 35 kV 以上的高压线路 4.5 m 以内地区，和距离 1kV～10 kV 高压线路 2 m 以内的地区，否则使用期间应断电或拆除电源。过高的脚手架必须有防雷措施。

(5) 每班工人上架作业时，应先行检查有无影响安全作业的隐患，若有应在排除和解决后方许作业。

(6) 严禁架上人员在架面上戏闹，向下抛掷物品，倒退拉车等。

(7) 在施工中不得随意拆除脚手架的基本构架杆件、支撑体系杆件、扣件、连墙件等。

(8) 施工人员上下脚手架时必须走设安全防护的出入通（梯）道，严禁攀援脚手架上下。

5. 脚手架拆除

脚手架的拆除应由上而下，逐层进行。支撑体系及连墙件也应随着逐层拆下，不得提前数层或全部先拆完。拆下钢管及扣件应组织好及时下运，不得直接向下抛掷。

二、垂直运输设备的使用及安全

垂直运输设施是指输送各类材料、机械、人员等在施工工程中上下的机械设施。任何工程都需要垂直运输，随着高层建筑的发展，垂直运输在工程中所占比重越来越大，对垂直运输设施要求也相应提高，它是建筑施工中一项重要技术措施。

目前建筑工程中使用的垂直运输设施主要有井字架、龙门架、施工电梯、塔吊、混凝土泵等。

1. 井字架

井字架是施工中最常用，也是最为简便的垂直运输设施。它稳定性好，运输量大，除用型钢或钢管加工的定型井架之外，还可采用许多种脚手架材料来搭设。随着高层和超高层建筑的发展，其搭设高度甚至可达 100 m 左右。

井字架多为单孔，但也可构成两孔或多孔。井字架内设吊盘（也有的在吊盘下加设混凝土料斗）；两孔或三孔井字架可以分别设置吊盘或料斗，以满足同时运输多种材料的需要。井字架上可设拔杆，其起重量一般为 0.5～1.5 t，回转半径可达 10 m。为保证井字架稳定，用于 10 层以下时，多采用缆风绳固定；用于 10 层以上高层建筑施工时，必须采用附墙固定。

井字架必须立于可靠的地基和基座上，井字架立柱底部应设底座和垫木。井字架高度在 12～15 m 以下时设一道缆风绳，15 m 以上时每增高 5～10 m 增设一道，每道不少于 4 根。

缆风绳宜用7～9 mm的钢丝绳，与地面成45°角。井字架安装的垂直偏差应控制在全高的1/600以内。在雷雨季节使用超过30 m的钢质井字架，应装设避雷电装置，没有装的，在雷雨天气应暂停使用。井字架自地面5 m以上的四周（出料口除外）应使用安全网或竹笆、篷布等遮挡材料进行封闭，避免吊盘上材料坠落伤人。卷扬机司机操作观察吊盘升降的一面只能使用安全网。必须采用限位自停措施，以防止吊盘上升的时候“冒顶”。吊盘应有可靠的安全装置，防止吊盘在运行中和停车装卸料时发生卷扬机制动失灵而跌落等事故。吊盘内不要装长杆件材料和零乱堆放的材料，以免材料坠落或长杆件材料卡住井架酿成事故。吊盘内的材料应居中放置，避免载重偏向一边。井字架一般禁止载人。

应设置安全的卷扬机作业棚。卷扬机的位置应符合以下要求：不受场内运输和其他现场作业的干扰；不设在塔吊起重时回转半径之内，以免吊物坠落伤人；卷扬机司机能清楚地观察吊盘升降情况。

卷扬机设备、轨道、锚碇、钢丝绳和安全装置等应经常检查保养，发现问题及时解决，不得在有问题的情况下继续使用。应经常检查井字架的杆件是否发生变形和连接松动的情况。经常观察有否发生地基不均匀沉降情况，并及时解决。

2. 龙门架

龙门架是由二根立杆及天轮梁构成的门式架。在龙门架上装设滑轮（天轮及地轮）、导轨、吊盘（上料平台）、安全装置，以及起重索、缆风绳等，构成一个完整的垂直运输体系。龙门架构造简单、制作容易，用材少，装拆方便，起重量一般在2 t以内，适用于中小工程。近年来为适应高层建筑施工的需要，采用附着式的龙门架技术得到较快发展，其在一些高层建筑施工中也得以使用。

3. 施工电梯

施工电梯是高层建筑施工中主要的垂直运输设备，一般可人货两用。按其传动形式可分为：齿轮齿条式电梯、钢丝绳式电梯和混合式电梯三种。它附着在外墙或其他结构部位上，随建筑物升高，架设高度可达200 m以上（国外最高可达645 m），可载重物0.8～2 t，可乘12～15人。

4. 塔式起重机

塔式起重机具有提升、回转、水平输送等功能，不仅是重要的吊装设备，而且也是重要的垂直运输设备。其垂直和水平吊运长、大、重的物料的功能，为其他垂直运输机械所不及。塔式起重机的分类主要按固定方式可分为固定式、轨道式、附墙式、内爬式起重机等，其起重量可达20 t，起重高度（采用内爬式、附着式起重机）可达200 m以上，工作幅度也较大，因此是高层建筑施工中垂直运输机械的主力军。

第七章　钢筋工的施工组织

第一节　钢筋工的班组管理

一、班组管理的意义及作用

1. 班组管理的意义

班组的组织形式有专业施工班组（如钢筋班）和混合施工班组（多工种）两种形式。

班组是企业组成的基本单元，是企业生产经营的基础。班组建设和管理的好坏对提高产品质量、劳动生产率和节约成本有着直接影响。搞好班组管理就打下企业生产经营良好的基础，企业的良好社会信誉和经济效益就有了保证。

2. 班组管理的作用

班组是企业管理的最基层的组织。企业的各项管理制度、经济政策、战略方针及政治思想工作最后都要落实到班组。企业在管理方面的大量基础工作，如施工过程中的生产进度安排、劳动力调配、施工质量、工艺规程执行、工具保管、组织安全生产等项工作也都是由班组来执行的。

班组是企业进行生产活动的基本单位，它是直接同劳动工具、劳动对象相结合的直接生产者。

班组也是提高职工队伍整体素质的主要阵地。企业通过对职工以班组为单元进行思想政治教育，以岗位练兵、技术比武、师徒合同等多种形式能有效地提高整体职工队伍的素质。

二、班组管理的基本内容

1. 计划管理

(1) 计划管理的原则　班组计划是企业任务的层层分解，是全体职工奋斗目标的一部分，故一经确定应严肃对待，坚决贯彻。

在编制和安排计划时要保重点、保形象、保工期项目。

要按客观经济规律办事，遵循实事求是的原则，在制定计划时应充分考虑可能产生的各种阻力，并剔除各种不可靠的因素，使计划既有先进性又有可靠性，并留有适当余地。组织成员讨论、调查，挖掘潜力，使计划可靠性增强。在实施计划时，要向班组成员传达、解释计划，提高计划透明度，使班组对计划熟悉。在检查、处理计划中，同样发动群众，让班组成员自觉检查计划并纠正计划实施中的偏差。

(2) 班组计划管理的内容　根据任务要求，测算班组的生产能力，编制好班组作业计划，动员和组织班组做好各项准备工作，确保企业计划完成。

对班组成员的计划要逐个逐项落实，经常检查总结，发现问题要及时解决、及时平衡，调配已经变化了的计划，确保计划完成。

(3) 班组计划的编制　测算法测算出班组生产能力，使班组作业计划建立在可靠而又有余地的基础上，可用班组生产作业天数内的总产量=劳动定额×班组人数×工作天数×班组平均达到劳动定额程度系数的方法来计算。

平衡分析法，确定合理的劳动力去完成任务。

派工法，使派出的班组保质保量完成任务。

定期计划法，按规定工期，有计划地派人去完成。

网络计划法，是一种现代化管理方法。

（4）班组作业计划的实施与检查　对班组采用施工任务书下达和签订定包合同，是计划贯彻和全面交底的有效方法。施工任务书的计算工作量大且手续繁琐，易流于形式，采用定包合同既明确了接受任务的单位或班组应承担的职责，也规定了上级单位为班组完成计划任务所应提供的条件和相应的责任。这种形式有定有包，能较好地保证计划任务的实现。

计划的检查控制主要是根据各种定额、施工技术规范、质量标准及班组或各岗位计划指标，采用事前控制和事后控制方法。事前控制就是在计划执行之前，按标准实行控制，例如对施工班组实行定额发料制，事前按物资材料消耗定额核定领用限额，不许超额领料。事前控制防患于未然，是保证计划完成的有效手段。

事后控制就是在计划执行过程中或结束后将执行情况与标准相比较，发现差距，分析原因，采取措施加以处理。事后控制根据计划指标内容不同，可采用日常检查、定期检查、专题检查三种形式。日常检查是经常性的检查，它主要是对施工进度的检查，通过日报表、旬报表、碰头会、深入现场等形式和手段获取计划实施情况的信息，并以工程形象进度表形式公布，促进工程施工进度。定期检查是按周、旬、月进行的检查，它检查的内容较全面，且应进行较细致的分析，找出问题并解决。专题检查是有针对性的检查，它是根据管理的实际需要对先进或薄弱环节以及某些重大问题进行检查，通常以现场会的形式进行。经过检查对比，发现问题应调整计划，对目标过高、过低的计划作相应调整，或者实施调度。它针对计划目标，条件不落实的，通过调度创造必要条件，使生产沿着原定计划目标顺利实现。

2. 技术管理

班组技术管理主要遵循三个原则：第一能正确贯彻执行国家的技术政策、规范和规程；第二讲求技术的经济效果；第三严格按照科学技术规律办事。

班组技术管理的基本内容是：严格执行技术管理制度；认真做好技术交底工作。单位工程技术负责人在向班组交底时，要结合具体操作部位，贯彻落实上级技术领导的要求，明确关键部位的质量要求、操作要点及注意事项；建立班组不脱产安全员，在班组长的领导和专职安全人员的指导下，负责本组的安全生产，督促和帮助工人遵守安全操作规程和各项安全生产制度，并组织班前班后的安全检查；做好班组内施工项目的质量检验与评定。

3. 质量与安全管理

班组质量管理主要是做好工程质量的控制、检查和评定几项工作。分段质量的控制，在施工前应做好技术交底工作，使班组人员能准备充分，确保工程质量；把好原材料质量关，发现原材料不合格应立即停止使用；施工过程中坚持按图施工并加强施工工艺的工序控制。分段质量检查即按质量标准，对原材料、构配件、中间工序和分部分项工程进行检查，及时发现不合格的产品，查明原因后采取补救措施或返工重做，它起到把关、督促的作用。对班组来说，质量检查方式主要采用自检，即班组或操作者个人自我把关；互检，操作者个人之间或班组之间互相督促、互相检查，目的是交流经验，找出差距，采取措施，共同提高，保证工程质量。

班组的质量评定主要是对分项工程进行质量评定。

安全管理就是采用立法和技术组织措施，保护劳动者在劳动过程中的安全健康和劳动能力，是施工全过程的管理。党的安全生产方针是：牢固树立“安全第一、预防为主”的思想，树立“生产必须安全，安全促进生产”的指导方针。

班组安全生产主要内容为：认真执行企业的各项安全生产规章制度，自觉遵守劳动纪律，严格按照本工种安全技术操作规程作业，接受安全教育，牢固树立“安全第一”的思想，不断增强安全意识和自我防护能力。经常开展班组工作范围内的安全检查，发现隐患，积极处理，班组解决不了的，要立即报告领导求得解决。参加班组的安全值日和安全交底活动，参加班前安全交底会，同时做好交底记录。人人能正确使用和爱护劳动防护用品和安全设施、施工机具，随时消除危险隐患。积极参加伤亡事故的调查处理，出了事故坚决执行“三不放过”的原则，并积极组织抢救。

4. 材料与机具的管理

(1) 机具管理　班组中机具管理主要应做好使用和保养工作。任何机具都是由人操作的，必须对职工进行技术教育，培养掌握机具的操作本领，使之具备本工种的“应会”、“应知”技术水平。同时应贯彻按劳分配原则，把国家、企业和个人的利益结合起来，从而激发广大职工的劳动积极性。

建立健全合理的规章制度：①定机、定人、定岗位责任的三定制度，就是个人操作的机械设备固定下来归个人使用，不能随意变动，岗位固定、责任分明。②《操作证》制度，凡施工机械操作人员必须进行技术培训，经过考试合格，取得岗位证书方可独立操作。③机具交接制度，新购入或新调入机具设备向使用单位或向操作人员交机时，或机具使用过程中操作人员发生变动，或机械厂大修及修竣出厂时以及机具出入库时，均应办理交接手续，以明确责任。④机具检查制度，定期对机具的管理工作和设备的使用和保养状态进行检查，发现问题后限期改进。

严格执行技术规定，主要有几方面：①技术试验规定，对新机具或经大修、改装的机具的技术性能、工作性能和安全性能进行测试，确认合格后才能投入使用。②磨合期的规定，在磨合期内机具工作负荷应由小到大，使机具达到完善的磨合状态。③对寒冷地区使用机具的规定。

严格执行机具的保养规程和安全操作规程。任何机具都有它特定的使用要求、操作方法和保养程序，只有遵守这些规程才能发挥机具的效能，减少机具的损坏，延长机具的寿命。

(2) 材料管理　材料是指被用来施工成工程的实体。它或被劳动手段所消耗，或辅助施工生产的进行，是施工企业在施工生产过程中的劳动对象。

建筑材料按其物理、化学性能分类可分为金属材料和非金属材料两类。按其在施工生产中所起的作用分类可分为：主要材料：指直接用于建筑物上，能构成工程实体的各项材料，如砂石、硅酸盐材料、木材、金属制品、油漆等；结构构件：指凡事先对建筑材料进行加工，经安装后能构成建筑物实体一部分的各种物体，如金属构件、混凝土构件、木构件等；其他材料：指虽不构成工程实体，但间接地有助于工程形成或便于生产进行的各种材料，如燃料及润滑油、辅助材料等；机械配件：指修理机械设备需用的各种零件和配件，如机修材料、汽车配件等；周转材料：指在施工过程中，能反复多次周转使用，而又基本上保持其原有形态的工具性材料，如模板、脚手架等；低值易耗品：指单位价值低于规定限额或使用期限不满一年的劳动资料。

班组的材料管理主要要做好材料的计划、验收、使用、保管、统计和核算工作等。工作班组主要执行材料消耗施工定额，用它来作为编制作业计划、下任务书、工料预算、限额领料、考核工料消耗的依据。

材料计划主要根据施工作业计划，以单位工程为对象，对各工程的分部分项逐项核算汇总编制。

材料的领用可采用提（领）料制，或送料制。提（领）料制是由班组在办妥提（领）料手续后，派人到仓库提料。送料制是由材料部门根据材料计划和施工生产的时间要求安排运输工具直接送货到现场。班组要认真执行限额领料制度，应该健全领、发料台账，并按月考核定额指标执行情况。

材料验收主要是划清班组内外部的经济界限，防止进料中的差错事故和因供货单位、运输单位的责任事故而造成不应有的损失。其工作主要有：①到料提运。检查运输责任，主要进行材料外观、大件点检。②证件核对。以入库通知单、订货合同核对供货单位发来的质量证明书或合格证及发货单、运货单等，相符后方可验收。③数量检验。全检法可对到货数量进行检测、过磅或点数量；抽检法可对协作关系比较稳定，数量大，包装严密或不易恢复材料抽查5%～10%，如有问题可扩大抽查范围。④质量检验。仓库一般只做外观检验，核对材料的质量检验合格证等。⑤问题处理。证件不齐的，应做成记录及时报送有关部门。对有问题的材料不验收、不动用、以备复核。⑥入库建档。验收合格的材料入库登账，并分门别类建立质量证明档案。

材料保管是仓库的中心任务。库存材料堆放合理，质量完好，库容整洁美观，并建立好台账是保管的基本要求。

材料的退库、退料是班组保证工程成本真实性，使用和节约材料的一项重要措施，因此在施工生产任务完成后，要对剩余或节约的材料及时办理退料手续。

材料的经济核算。对班组材料进行核算可分析材料消耗定额完成情况，其计算分式为：

$$材料消耗定额完成率=\frac{单位产品材料实际消耗量}{单位产品材料消耗定额}\times 100\% \qquad (7-1)$$

当完成率小于100%时，表明班组材料节约；反之则有浪费，应查找原因，制定措施，限期改正。

三、全面质量管理的基本知识

产品的质量即是产品所具有的使用价值，而全面质量管理的质量概念是广义的，它不仅包括产品的质量，还包括工作质量。全面质量管理就是把企业的组织管理、专业技术和数理统计的方法结合起来，形成完善的质量保证体系，以提高工作质量来确保产品质量。它有以下几个基本特点：

全面质量管理的质量是广义的，它认为质量管理的首要任务是提高人的素质，人的素质决定工作质量，产品质量是由工作质量决定的。

它要求企业实行“三全”管理，即全企业性的管理，全过程的管理和全员的管理。企业的所有部门、全体职工要强调“协调”，同心协力，这样才能取得成功。

另外它综合应用了“系统工程”、“数理统计”、“运筹学”等当代的科学方法与其他专业技术，形成一套行之有效的管理方法。它深化了人们对质量管理的认识，提出了“质量第一”、“为用户服务”、“凭数据说话”、“预防为主”等科学观点。

1. 质量管理的程序

全面质量管理的全过程就是质量计划制定和组织实现的过程。因此除了做好建筑企业内部各部门分工负责的统一协调工作外，还必须有一个能够遵循的工作程序和方法。美国质量管理专家戴明根据管理工作的客观规律总结出来的PDCA循环法，通过计划（P）、实施（D）、检查（C）、处理（A）四个阶段及其具体化了的八个步骤，把生产和经营过程中的质量管理工作有机地联系起来，通过不断循环，推动工程质量不断提高，因此是质量管理中采用的基本程序。

建筑工程的质量保证体系就是严格地按照这种科学的程序运转的。

（1）计划阶段（P阶段） 这个阶段主要是在调查问题的基础上制定计划。计划内容包括确立方针、目标、活动等计划，以及在管理的基础上制定完成任务的具体方法。这一阶段又分为四个步骤：

第一步，分析质量现状，查找质量问题。分析问题时应有重点进行。首先找出企业范围内的质量通病，其次是针对工程中技术复杂、难度大或质量要求高的项目的质量进行广泛调查，以便查出存在的工程质量问题。

第二步，分析质量问题的各种影响因素。找出质量问题后，再把影响质量的种种因素都进行分析，找出工作的薄弱环节。

第三步，找出主要的影响因素。在影响工程质量的种种因素中，找出影响质量的主要因素，进行解剖分析才能利于质量的改进。

第四步，制定改善质量的措施，提出行动计划和预计效果。

（2）实施阶段（D阶段） 这一阶段的工作内容是按照计划要求组织实施和执行。

第五步，按计划下达任务，并按措施执行。

（3）检查阶段（C阶段） 即对计划实施与执行后的结果，进行严格的、全面细致的检查和测试，并将实际结果与预定目标进行分析对比，找出成绩和差距。

第六步，检查采取措施后的效果。

（4）处理阶段（A阶段） 总结经验和教训，巩固成绩，整理并提出尚未解决的遗留问题。

第七步，总结经验，制定标准，形成制度。

第八步，提出尚未解决的问题，转入下一循环。

以上即为PDCA循环的四个阶段，八个步骤。这种工作方法可以使我们的思想方法和工作步骤更加条理化、系统化、形象化和科学化。

全面质量管理的工作程序运转时，有以下几个特点：

第一，大环套小环，环环相扣。PDCA循环适用于企业各个环节、各个方面的质量工作。整个企业质量管理围绕标准运转构成一个大循环，而企业各级、各部门又都有各自的管理循环，直至落实到班组和个人，从而形成一个大环套小环的综合循环体系。大环与小环的关系，主要是通过质量计划指标连系起来的，上一级管理循环是下一级管理循环的根据，下级管理循环又是上一级管理循环的组成部分和具体保证。通过各个小循环的不断转动，推动上一级循环以至整个企业循环的不停转动，使企业各项质量工作有机地组织起来，纳入统一的质量管理体系，实现总的预定质量目标。

第二，螺旋式上升或爬楼梯式提高。质量前进一步，实现一个新的质量目标，如此循环，质量问题不断得到解决，产品质量就不断提高。

第三，PDCA 质量管理循环是综合性循环，管理过程四个阶段又存在一定的交叉。在实际工作中，边计划边执行，边执行边检查，边检查边处理的情况是时有发生的。

2. 质量管理的常用统计方法

在全面质量管理中，判定产品质量或工程质量是否合格，分析工程质量问题的原因与掌握和控制施工或生产中的质量水平等，都需要随机地收集和利用大量的数据进行科学分析、推论和判断，因而全面质量管理的灵魂即为用数据说话。最常用的质量管理统计方法有七种：排列图、因果分析图、分层法、调查表法、散布图、直方图、管理图。这些方法简便易懂，已为广大工程人员和管理人员广泛地运用。

(1) 排列图　排列图又称巴雷特图，是寻找影响产品质量主次因素的一种有效方法。

排列图的型式是由一个横坐标、两个纵坐标、几个直方形和一条曲线组成。左边的纵坐标表示频数；右边的纵坐标表示频率；横坐标表示影响质量的各个因素，按影响程度从大到小，从左到右依次排列；直方形的高度表示某项影响因素的大小；曲线表示各影响因素大小的累计百分比，这条曲线称巴雷特曲线。通常把频率分为三类：0～80%为A类，这一类的影响因素为主要因素；80%～90%为B类，影响因素为次要因素；90%～100%为C类，这一类作为一般因素。

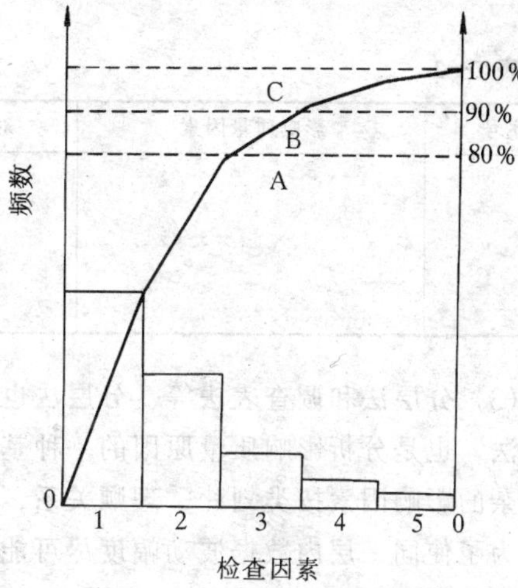

图 7—1　钢筋质量问题排列图

例如，现有十根梁，其钢筋骨架绑扎安装后，经检测发现缺陷如图 7—1 和表 7—1。

表 7—1　检测结果统计

项次	缺陷名称	频数	频率（%）	累计频率（%）
1	受力钢筋间距偏差大	24	48	48
2	箍筋构造间距偏差大	15	30	78
3	绑扎点漏扎	6	12	90
4	骨架宽度、高度偏差大	3	6	96
5	骨架长度偏差大	2	4	100

本例中主要因素是 1、2 两项；次要因素是 3 项；一般因素为 4、5 两项。

(2) 因果分析图　因果分析图又称树枝图或鱼刺图。它利用事物的因果关系，层层深入分析，由大到小地寻求产生某个质量问题的各种原因及其相互间的因果关系。其基本形式如图 7—2。

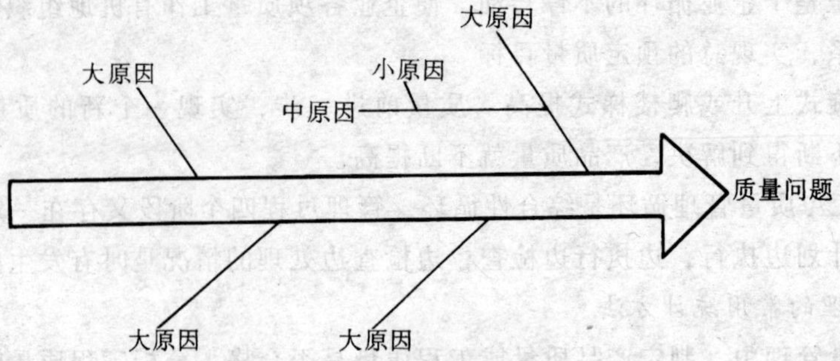

图 7—2　因果分析图

图中主干线两侧大枝表示大的质量问题方面；中枝表示中等因素；细枝为小的因素等。

根据因果分析图找出所有大、中、小因素后还应确定出主要的、关键的因素，并作显著标记；同时制定改正对策、逐项落实、限期改正，如表 7—2。

表 7—2　　　　**对　策　表**

序号	影响质量因素	对策与措施	执行人	期限	实效检查

（3）分层法和调查表法等　分层法也叫分类法或分组法。这既是加工整理数据的一种重要方法，也是分析影响质量原因的一种基本方法。其目的是为了把具有不同性质的数据和错综复杂的影响因素按类划片，理顺关系，找出解决问题的方法。

为了使同一层内数据波动幅度尽可能小，而层与层之间的数据差别尽可能大，可按以下几种方法来分层：

按不同时间分：如不同班次、气候等；

按操作人员分：如工人的工龄、工人性别、不同班组等；

按原材料分：如钢筋类别，是Ⅰ级钢筋还是Ⅱ级钢筋等；

按使用设备分：如不同设备型号、新旧设备进行分类等；

按操作方法分：如操作条件、操作环境等；

其他因素。

调查表法是利用各种调查表来进行数据收集、整理，并给其他数理统计方法提供依据和作粗略原因分析，以及日常了解问题、监视质量情况的一种简单的方法。

散布图是分析和研究两个质量影响因素之间存在的关系，明确它们之间关联程度的一种方法。

直方图可以直观地表示产品质量数据或工程数据的分布状况，检查和判断质量的现况与施工工序对保证工程质量的能力。

管理图主要用于分析和判断施工生产工序是否处于稳定状态所使用的一种带有控制界限的方法。

第二节 钢筋工施工方案的编制

一、施工方案的任务和重要性

施工方案是以分部分项工程为编制对象，用来指导其施工活动的技术、经济文件。它结合施工单位的月、旬作业计划，把单位工程施工组织设计进一步具体化，是专业工程的具体施工设计。具体来说，施工方案的任务是根据施工组织设计的要求，提供施工准备工作内容，对人工、材料、机械和施工方法等进行科学合理的安排，协调施工中各工种之间，各项资源之间的合理关系，使工程施工取得相对优良的效果。

建筑产品不同于其他工业产品。由于它在空间上的固定性和产品的多样性，因此分部分项工程在不同的建筑工程中可采用不同的施工顺序、施工方法。现场布置方案也应视现场条件具体而为。这就必须详细研究工程特点、地区环境和施工条件，从施工的全局和技术经济的角度出发，遵循施工工艺要求，合理地安排施工过程的空间布置和时间排列，科学地组织物质资源供应和消耗，协调好各方面的关系，统一部署，并通过施工方案科学地表达出来。

施工方案是施工组织设计的组成部分，它是施工企业计划管理的基础；统筹安排施工企业生产的投入、产出过程。施工企业经营管理素质和水平的提高，经营管理目标的实现，都离不开施工方案、施工组织设计的编制和实施。

二、钢筋工的施工方案

钢筋工的施工方案是根据单位工程的施工组织设计，结合企业月、旬作业要求而编制的，指导与组织钢筋工施工的详细施工计划。它可分为以下几个阶段的工作内容。

1. 钢筋加工场地的布置

(1) 钢筋加工场地设置

1) 永久性加工基地　一般设置在区域性混凝土构件制品厂内，承担区域内建筑施工单位的成品及半成品钢筋的加工。随着建筑施工预制装配化和生产工厂化日益发展，钢筋加工将逐步集中在一起，这样便可采用新工艺、新技术，有利于提高机械化程度和劳动生产率，确保质量，节约原材料，达到经济效益与社会效益双丰收的目的。

2) 半永久性基地　一般附属在建筑企业内，承担本企业所属各施工单位所需成品及半成品钢筋的加工。由于基地相对稳定，加工设备较集中，加工任务也较饱满，故可实现较合理的钢筋加工工艺。

3) 临时性加工场地　承担一个或几个施工点的成品、半成品钢筋的加工。由于施工点流动性大，加工场地也不稳定，故钢筋加工设备难以组成合理的工艺流水线，设备利用率低，生产效率也不易提高。

对于钢筋加工场地的设置除考虑上述因素外，还应考虑原材料和成品的运输，场地内焊接机械多、耗电量大、要求电压稳定等因素。故应选择在交通干线附近又靠近继电室并设独立供电线路，以减少电压下降与波动。总的来说应全盘考虑、统筹安排、因地制宜。

(2) 钢筋加工布置一般要求

1) 钢筋加工车间内工艺布置应按工艺流程沿车间两侧紧凑布置，尽量缩短钢筋在加工过程中的搬运距离，同时也应避免产生倒流水现象。

2) 设备布置也要紧凑，除设备本身及其附属装置、操作要求所占有面积外，还要考虑设备的检修场地、运输通道，以及安排工艺流程所必需的半成品堆场。

3）根据钢筋车间生产能力、加工产品特征来确定车间的大小，以及所配备的起重、平面运输设备。

(3) 主要工序工艺布置要求

1）冷拔　当采用机械除锈时，冷拔工序可设在钢筋车间内；当采用酸洗除锈工艺时，宜在靠近钢筋仓库附近设置酸洗池和拔丝车间。酸洗间应留有堆存半班以上产量的堆放场地。放线盘至冷拔机的距离为3 m左右。

2）冷拉　冷拉钢筋场地的长度应根据被拉钢筋来确定。冷拉盘条筋时，场地有效长度为50 mm左右；粗钢筋一般需先焊接再冷拉，工艺布置上应考虑，其冷拉场地有效长度为30 m左右。

3）焊接　点焊在两侧的操作面积应根据最大焊件尺寸确定，必要时应考虑钢筋网片焊完一半后转动过去焊另一半的空间。对大批量的宽尺寸网片，为避免将钢筋模架旋转180°，宜选用两台点焊机进行焊接。

对焊机进料侧的操作面积，应根据被焊接钢筋的最大长度确定；而出料侧的操作面积，则应根据被对焊后的钢筋的最大长度确定。

电弧焊应和其他工段隔开，若焊接工作量大应设置通风设施。

4）调直、切断、弯曲　调直切断机应沿平行于车间纵轴线方向布置，调直切断机与墙边的距离不小于2 m；当有两台或多台调直切断机时，宜并列布置，其间距为2 m左右。放线盘与调直切断机的净距不小于2.5 m。调直切断机的布置长度应根据钢筋的最大长度确定。

切断机进料端的操作面积应根据钢筋最大长度确定；出料端的操作面积，则根据被切断钢筋的最大长度确定。

弯曲机两端操作面积也应根据钢筋最大长度确定；两侧操作面积则根据被弯钢筋最大弯起高度来选择。为了使钢筋两头弯曲成形而不旋转调头，可配备二台弯曲机，其中一台固定，另一台安装在轻轨上，以便任意调整二机之间的距离，适应弯曲不同长度规格的钢筋。

各工序的中间堆场面积，一般以操作时间在2～4 h内所需或所加工完成的原材料、半成品或成品的堆放面积为依据。

2. 钢筋的施工作业进度计划

一般宜根据单位工程施工进度计划的要求，对确定的施工工艺，材料、半成品的供应情况，劳动力资源，机械设备，施工作业面，其他工种的施工顺序和交叉配合的关系等因素进行深入研究和计算，并编制成进度计划图表，以指导钢筋施工。可按以下几个步骤进行：

(1) 施工项目划分　施工项目指包含一定工作内容的施工过程，是作业进度计划的基本组成单元。划分时应结合具体工程的结构特点，如现浇钢筋混凝土工程，一般可划分为支模、扎筋、浇筑混凝土等；对现浇框架结构可分细一些，如绑扎柱钢筋、安装柱模板、浇筑柱混凝土、安装梁板模板、绑扎梁板钢筋、浇梁板混凝土、养护、拆模等施工项目；而对砖混结构，现浇钢筋混凝土量不大，则不必分细，直接互相配合施工。

(2) 工程量计算　可根据施工图样、有关计算规则及相应的施工方法计算。

(3) 劳动量和机械台班量确定　根据计算的工程量和实际采用的定额水平，即可计算出各施工项目的劳动量和机械台班量。

1）劳动量的计算　凡以手工操作为主完成的施工项目可按下式计算：

$$P_i = \frac{Q_i}{S_i} = Q_i \cdot H_i \tag{7-2}$$

式中 P_i ——某施工项目所需劳动量、工日；

Q_i ——该施工项目的工程量；

S_i ——该施工项目的产量定额；

H_i ——该施工项目的时间定额。

2）机械台班量的计算　凡是以施工机械为主完成的施工项目，可按下式计算：

$$D_i = \frac{Q_i}{S_i} - Q_i H_i \tag{7-3}$$

式中 D_i ——某施工项目所需机械台班量、工日；

Q_i ——机械完成的工程量；

S_i ——该机械的产量定额；

H_i ——该机械的时间定额。

（4）作业时间计算　根据劳动量及每天出勤人数、工作面大小、施工环境的优劣可采用以下两种方法计算：

$$T_i = \frac{P_i}{R_i b} \text{或} T_i = \frac{D_i}{G_i b} \tag{7-4}$$

式中 T_i ——施工项目持续时间；

P_i ——该施工项目所需的劳动量，工日；

R_i ——该施工项目所配备的施工人数，人；

b ——采用的工作班制（1～3 班）；

G_i ——该机械项目所配备的机械量，台；

D_i ——该施工项目所需机械台班量，台班。

（5）编制作业进度计划　作业进度计划可采用横道图和网络图来表达。作业进度计划结合实际又可分解为月、旬、日作业计划，使其更为精确和具有实际指导意义。作业进度计划如表 7—3。

表 7—3　　旬 日 作 业 计 划　　年 月 日

单位工程及分项工程名称	单位	工程量	需用工日		作业天数	施工进度（天）					
			定额	数量		1	2	3	4	…	……

3. 工艺流程及施工方法

钢筋的加工包括：冷拉、冷拔、调直、除锈、切断、弯曲成形、钢筋连接、绑扎等工序。

（1）冷拉　一般冷拉Ⅰ级钢筋适用于钢筋混凝土结构中的受拉钢筋；冷拉Ⅱ、Ⅲ、Ⅳ级钢筋适用于预应力混凝土结构中的预应力筋。施工中对Ⅰ级钢筋可采用控制冷拉率法，对作为预应力筋用的钢筋可用控制冷拉应力法来进行冷拉控制。

（2）调直、除锈、切断、弯曲　钢筋调直可采用人工调直和机械调直两种。对于直径在12 mm 以下的盘圆钢筋，一般用绞磨、卷扬机或调直机调直。调直时要注意控制冷拉率，Ⅰ级钢筋不得超过4%；Ⅱ～Ⅲ级钢筋不得超过1%。大直径钢筋可用卷扬机、弯曲机、平直机、平直锤或人工锤击法调直，用锤击法调直时，其表面的锤击伤痕不应使钢筋截面积减少5%以上。

经冷拉与调直后的钢筋一般不需除锈。除锈主要是针对钢筋暗红色的老锈斑，采用方法有机械除锈（电动除锈机）、手工除锈（钢丝刷、砂盘等）、喷砂及酸洗除锈等。

根据所计算的下料长度进行配料，长钢筋需要切断。目前切断的方法有钢筋切断机和手动剪切器两种。手动剪断器一般用于切断直径小于12 mm 的钢筋；当大直径钢筋切断有困难时可用氧乙炔焰切断。

将已切断的钢筋弯曲成所要求的形状尺寸，这是钢筋加工中一道主要的工序，技术性较强。弯曲成形的方法分手工和机械两种。手工弯曲是在工作台上进行，此种方法设备简单，劳动效率较低，施工现场常采用。大量钢筋加工时宜采用钢筋弯曲机，以减轻劳动强度，提高劳动生产率。

（3）钢筋连接　钢筋接头连接可采用绑扎连接、焊接、机械连接。绑扎连接由于需要较长的搭接长度，浪费钢筋，且连接不可靠，故宜限制使用。施工规范规定，受力钢筋的接头应采用焊接或机械连接。焊接方法较多，成本较低，质量可靠，宜优先采用。机械连接无明火作业，设备简单，节约能源，不受气候影响，可全天候施工，连接可靠，适用于现场焊接有困难的场合。

（4）钢筋绑扎　钢筋绑扎程序为划线、摆筋、穿箍、绑扎、安放垫块等。划线时应注意间距、数量，标明加密箍筋位置。板类摆筋顺序一般先排主筋后排负筋；梁类一般先摆纵筋。有变截面的箍筋，应事先将箍筋排列清楚，然后安装纵向钢筋。

为缩短钢筋安装的工期，减少钢筋施工中的高空作业，在运输、起重等条件的配合下，钢筋网和钢筋骨架的安装应尽量采用预制绑扎，后安装的方法。

钢筋绑扎时，钢筋的交叉点应采用铁丝扎牢；板和墙的钢筋网片，除靠外围两行钢筋的相交点全部扎牢外，中间部分的相交点可相隔交错扎牢，但必须保证受力钢筋不位移。双向受力的钢筋网片，须全部扎牢。

梁和柱的箍筋应与受力钢筋垂直设置；箍弯钩叠合处，梁中在受压区交错设置，柱中沿受力钢筋方向错开设置。

柱中的竖向钢筋搭接时，角部钢筋的弯钩应与模板成45°（多边形柱为模板的内角的半分角，圆形柱应与柱模板切线垂直），中间钢筋的弯钩应与模板成90°。

混凝土保护层可用水泥砂浆垫块或塑料卡来控制。水泥砂浆垫块的厚度应等于保护层厚度，平面尺寸50 mm×50 mm。垫块中埋入20号铁丝，用铁丝把垫块绑在钢筋上。塑料卡的形状有塑料垫块和塑料环圈两种，塑料垫块用于水平构件（梁板），在两个方向均有凹槽，以便适应两种保护层厚度；塑料环圈用于垂直构件（柱、墙），使用时钢筋从卡嘴进入卡腔，由于塑料圈有弹性，可使卡腔的大小能适应直径的变化，如图7—3。

4. 技术、质量及安全措施

钢筋工程施工中的技术质量、安全措施主要有以下几条：

（1）各钢筋加工操作者均应经培训后持证上岗。

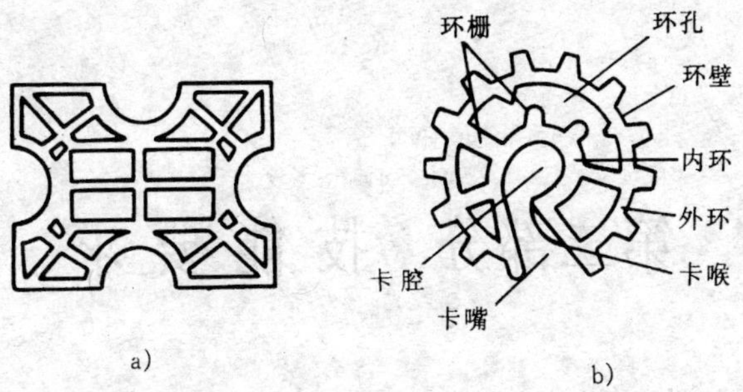

图 7—3 控制混凝土保护层用的塑料卡

a) 塑料垫块 b) 塑料环圈

(2) 钢筋在运输、堆放过程中，应保证钢筋内架或网片不变形、不松动，否则要及时修整。

(3) 钢筋成品按规格、型号分别挂牌堆放，设专人管理，建立严格的管理制度。

(4) 钢筋骨架及网片在入模前做好自检、交接检工作。

(5) 预应力钢筋在入模前采用防油条或塑料布包遮等防油措施。

(6) 机械吊运钢筋应绑扎牢固，设专人指挥，严格按机械能量控制吊装重量。

(7) 人力垂直运输钢筋时，预先搭好马道，并加护身栏，并事先检查绳索、滑车及绑扣等机具是否牢固；在上边接料人员应挂好安全带，必须在护身栏内操作；在吊运时垂直下方严禁站人。

(8) 不在模板或脚手架上集中堆放钢筋。

(9) 钢筋安装及搬运要防止碰触电线。施工照明选用低压安全电源。

(10) 绑扎垂直结构物的钢筋时（如烟窗、墙体、水池等），不准把已绑好的钢筋当梯子上下和踩在上面操作。

第二部分　技 能 要 求

第八章　钢筋放大样图及钢筋加工工料计算

广义的钢筋放样，指钢筋翻样——出大样图，编制配料单及钢筋加工工料计算。第四章中对钢筋配料单的编制有关知识已作阐述，本章仅对钢筋施工大样及工料计算的技能要求作介绍。

第一节　钢筋大样图

一、钢筋大样图与施工图的关系和区别

所谓施工图是指具有设计资质的设计单位对该工程完成的设计图样，作为完成该项工程施工的具体指导技术文件。从工程整体意义上讲它对施工的指导是完整的、明确的、具体的。但是否所有的工程都能将一大堆图纸放在钢筋工的面前，就可以配料绑扎呢？大的、较复杂的钢筋工程需要钢筋翻样，需要在原有的结构施工图基础上给出钢筋施工大样图。大样图是原整套设计图中对钢筋混凝土构件中的钢筋设计意图的集中反映，更具体清楚，更能直接指导施工。

二、绘制钢筋大样图的基本要求

1. 应符合建筑制图标准

大样图本身就是建筑结构施工图的具体实施图。大样图中所表示的图线、符号以及它们的表示方法都应符合《建筑制图标准》和《建筑结构制图标准》中规定的各项制图标准、条款，大样图的绘制要做到规范、清楚、完整，不能用习惯表示方法来代替制图标准的内容。

2. 准确反映原设计的设计意图

收到设计图纸后，应首先熟悉图纸，认真阅读，全面正确地理解设计意图。只有做到理解正确，才能有条件在大样图中准确无误地反映原设计意图。

3. 纠正原设计中疏忽和差错

通常结构设计师对结构中的钢筋设计不会有过多的差错，但有时，设计师某些疏忽或是对构件之间、配筋之间相互矛盾的地方考虑欠周，或是设计师对钢筋工施工工艺不很熟悉了解，也会导致某些差错，直接影响施工，给施工带来困难。

这些缺陷或差错必须由钢筋翻样师傅在认真研读图纸，反复核对的基础上找出来，经过一定的合适的手段证实后，在大样图中给以更正。

纠正原设计的差错，也是为了更好、更正确地反映原设计意图。

4. 便于钢筋工人的实际操作

对于构件与构件之间，构件内配筋与配筋之间，配筋与预埋件之间的处理，原设计中未曾表示的但绑扎钢筋骨架时又需增添的构造钢筋（如杖脚等），在钢筋大样图中必须认真考虑；又如绑扎过程中也会遇到一些问题，如过长钢筋需要用较短的钢筋连接来代替，那么，绑扎、焊接接头的位置都要预先设计好，以便于钢筋工人的实际操作。应该说一份好的钢筋大样图也就是一份好的钢筋绑扎操作图，能够更好地指导工人实际操作。

三、绘制钢筋大样图的准备和顺序

钢筋大样图较结构施工图更具体明确，更具实际施工指导性。在放样前应首先熟悉图纸，设计图中如有错误或不合理处，应在图纸会审时指出，由设计人员确认。放大样图时还应将有关的工程变更、设计修改、材料代用证明、已有钢材品种规格等文件汇集、整理，并对照设计图进行修正，这就是钢筋放大样图前必要的准备。然后，放大样的顺序又与加工制作、绑扎安装的施工顺序密切相关。从建筑整体来说应从下而上，按基础、柱、楼梯、楼面结构的顺序。对同一结构层来说应按主梁、次梁、板的顺序。钢筋放样的工作顺序应与现场施工保持一致，与绑扎、安装的顺序相适应。

绘制钢筋大样图时必须严格校核，尤其是各部分尺寸、标高、图中钢筋的表示，做到尺寸规格、钢筋数量准确无误。

第二节　钢筋大样图中配筋构造要求

《混凝土结构设计规范》是设计者、施工人员都应遵守的技术法规。施工图上未具体写明，而规范中有规定的，要求在钢筋大样图中清楚地反映出来。

混凝土保护层、钢筋接头、钢筋的弯钩等，已在第四章中作过介绍。规范中对结构构件的部分规定现摘录如下，以便在钢筋放样中应用。

一、板

1. 受力钢筋

(1) 板中受力钢筋的直径，采用现浇板时不应小于 6 mm；采用预制板时不宜小于 4 mm。

(2) 板中受力钢筋的间距一般不小于 70 mm。当板厚≤150 mm 时不应大于 200 mm；当板厚＞150 mm 时不应大于板厚的 1.5 倍，且不应大于 300 mm。板中的受力钢筋，一般距墙或梁边 50～100 mm 开始配置。

(3) 板中一般宜用弯起式配筋，其弯起角不宜小于 30°。

(4) 板中伸入支座的钢筋，其间距不应大于 400 mm，其截面面积不应小于跨中受力钢筋截面面积的 1/3。

(5) 简支板的下部纵向受力钢筋伸入支座的长度 l_a 不应小于 $5d$，且不小于 50 mm；同时，当采用焊接网配筋时，其末端至少应有一根横向钢筋配置在支座边缘内；如不能符合上述要求时，应在受力钢筋末端制成弯钩或加焊附加的横向锚固钢筋。

(6) 板的上部钢筋，为保证其有效高度和位置，宜做成直钩伸至板底。当板厚＞120 mm 时，也可做成圆钩，以节约钢材，但要有保证钢筋有效高度的措施。

(7) 在双向板的纵横两个方向上配置的钢筋均为受力钢筋，短向承受弯矩较大，应布置在较外层。独立基础的底板正好相反，长向承受弯矩较大，应布置在外层。

2. 分布钢筋

单向板中单位长度上的分布钢筋的截面面积，不应小于单位长度上受力钢筋截面面积的10%，且每米长度内不少于3根。

二、梁

1. 纵向受力钢筋

(1) 梁的纵向受力钢筋的直径，当梁高＜300 mm时，不宜小于6 mm；当梁高≥300 mm时，不小于10 mm。

(2) 梁的纵向受力钢筋的净距，不应小于钢筋直径。同时对构件下部钢筋不得小于25 mm，对构件上部钢筋不得小于30 mm。构件下部钢筋配置多于两排时，钢筋水平方向的中距应比下面两排的中距增大一倍。

先张法预应力钢丝的净距不宜小于15 mm，如采用冷拔低碳钢丝，当排列有困难时，可采用两根并列。

(3) 梁的纵向受力钢筋伸入支座内的数量，当梁宽≤150 mm时，不应少于2根；当梁宽小于150 mm时，可为1根。

(4) 简支梁的下部纵向受力钢筋伸入支座的锚固长度 l_a，对月牙纹钢筋 $l_a \geqslant 12d$；光面钢筋 $l_a \geqslant 15d$；只在荷载较小的梁中混凝土能担负全部剪力时，$l_a \geqslant 5d$ 就够了。当下部钢筋伸至梁端尚不足 l_a 时，必须采取专门锚固措施。

2. 箍筋

(1) 梁的箍筋设置　按计算不需要时，对梁高＞300 mm，仍应沿梁全长设置；对梁高为150～300 mm，可仅在构件端部各1/4跨度范围内设置，但当在构件中部1/2跨范围内有集中荷载作用时，则应沿梁全长设置；对梁高＜150 mm，可不设置。

(2) 梁中箍筋的直径，对梁高＞800 mm，不宜小于8 mm；对梁高为300～800 mm，不宜小于6 mm；对梁高≤250 mm，不宜小于4 mm。梁中配有计算的受压钢筋时，箍筋直径不应小于1/4d（d为受压钢筋的最大直径）。

(3) 梁中箍筋的间距，宜遵守表8—1的规定。

表8—1　　梁中箍筋的最大间距（mm）

项　次	梁　面	按计算配置箍筋	按构造配置箍筋
1	150～300	150	200
2	300～500	200	300
3	500～80	250	350
4	＞800	300	500

梁中配有计算的受压钢筋时，箍筋应做成封闭式，其间距在绑扎骨架中不应大于15d，在焊接骨架中不应大于20d（d为受压钢筋中的最小直径），同时在任何情况下均不应大于400 mm。

三、柱

1. 纵向钢筋

(1) 柱中纵向受力钢筋的直径不宜小于12 mm，全部纵向钢筋配筋百分率不应超过5%。

(2) 柱中纵向钢筋的净距不应小于50 mm，在水平位置上灌筑的预制柱，其纵向钢筋的最小净距可参考梁的规定。

(3) 在偏心受压柱中，配置在垂直于弯矩作用平面的纵向受力钢筋以及轴心受压柱中各边的纵向受力钢筋，其彼此间距不应大于 350 mm。

(4) 当偏心受压柱的截面高度大于 600 mm 时，在侧面应设置直径为 10～16 mm 的纵向构造钢筋，并相应地设置附加箍筋。

(5) 柱中纵向钢筋的接头　柱每边钢筋不多于 4 根时，可在一个水平面上接头；柱每边钢筋 5～8 根时，可在二个水平面上接头。

下柱伸入上柱搭接钢筋的根数及直径应满足上柱要求。当上下柱内钢筋直径不同时，搭接长度应按上柱内钢筋直径计算。

下柱伸入上柱的钢筋折角不大于 1/6 时，下柱钢筋可不切断弯伸至上柱；否则应设置插筋或将上柱钢筋锚在下柱内。

2. 箍筋

(1) 柱中及其他受压构件中箍筋应做成封闭式。当柱的横截面面积较大、配筋较多时，应设置附加箍筋。

(2) 柱中箍筋的直径，采用热轧钢筋时，不应小于 $1/4d$，并不小于 6 mm；采用冷拔低碳钢丝时，不应小于 $1/5d$，并不小于 5 mm（d 为纵向钢筋的最大直径）。

(3) 柱中箍筋的间距不应大于 400 mm，并不大于构件横截面的短边尺寸；同时在绑扎骨架中不应大于 $15d$，在焊接骨架中不应大于 $20d$（d 为纵向钢筋的最小间距）。

(4) 柱中纵向受力钢筋配筋百分率如超过 3% 时，箍筋直径不宜小于 8 mm，且应焊成封闭环式，其间距不应大于 $10d$（d 为纵向受力钢筋的最小直径），且不应大于 200 mm。

四、单独基础

1. 单独基础系双向受力，其受力钢筋直径不宜小于 8 mm，间距为 100～200 mm。沿短边布置的受力钢筋一般置于长边受力钢筋的上面。当基础边长 $B \geqslant 3\,000$ mm 时（除基础支承在桩上外），受力钢筋的长度可减为 $0.9B$ 交错布置。

2. 现浇柱下单独基础的插筋直径、根数和间距应与柱中钢筋相同，下端宜做成 90°直角弯钩，放在基础的钢筋网上（图 8—1）。当基础高度较大时，仅四角插筋伸至基底。插筋的箍筋与柱中箍筋相同，基础内设置二个。

3. 预制柱下杯形基础，当 $b/h_1 < 0.65$ 时（b 为杯口宽度，h_1 为杯口外壁高度），杯口需要配筋，见图 8—2。

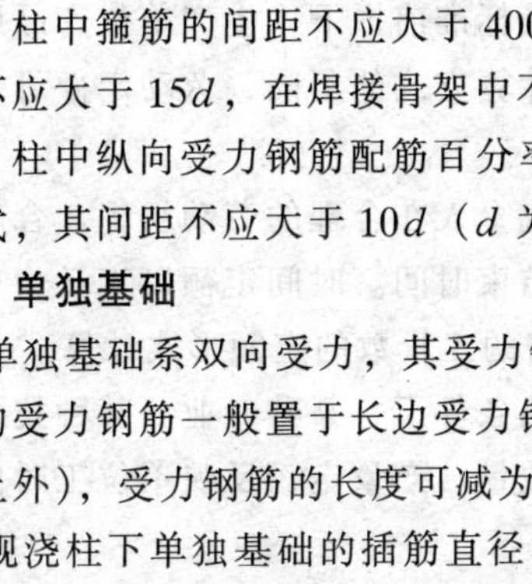

图 8—1　现浇柱下单独基础配筋

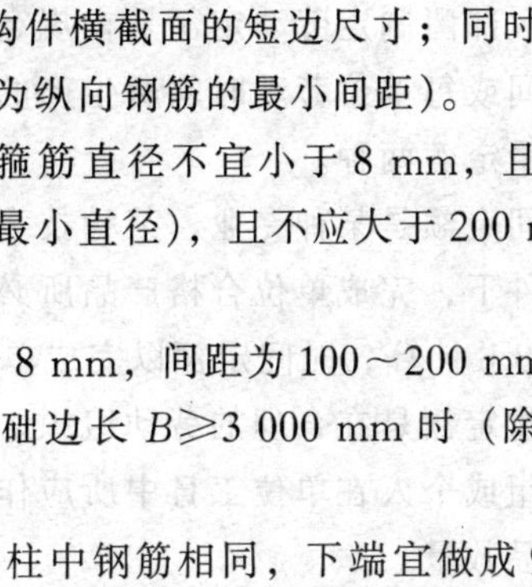

图 8—2　杯形基础配筋

第三节 钢筋加工的工料计算

钢筋工程是基本建设大环节中的一个子环，不仅有工程质量进度、安全诸多方面的内容，还有创造经济价值、提高经济效益的任务。因此，在钢筋加工中，对所需的人工、材料的合理计算、科学安排至关重要，这直接影响工程的成本和经济效益。

一、工料计算的依据

科学、合理地计算好钢筋工程所用材料和耗工的依据主要是技术依据和政策依据。政策依据是各级政府主管部门依法颁布的各类定额（如建设部颁布的《全国建筑安装工程统一劳动定额或地方劳动定额》）、各施工定额预、决算定额以及影响劳动加工的其他政策法规。这些定额在大量的调查研究基础上作出的测算有广泛的社会实践基础，以规范、法规的形式在一定的行政区域内统一计算工程量和所耗工料。

技术依据主要是施工中的各类技术文件，如施工图、工程联系单和设计变更通知书等。这些技术文件是工料计算的直接依据，在各类定额中相关计算的准则的指导下，落实到施工实践中，科学、合理正确地计算好耗工、用料。

二、用工计算

行政部门制定劳动定额是在规定的工作内容、质量标准前提下，生产单位产品所付出的劳动时间或每单位劳动时间所生产的产品数量。根据计算方式的不同，劳动定额可分时间定额和产量定额两种。

时间定额是某种专业、某种技术等级的工人小组或个人在合理的劳动组织、合理使用材料的条件下，完成单位合格产品所必须的工作时间和结束时间。时间定额以工日为单位，每工日按 8 h 计算，时间定额以完成单位工程量产量所需的工日数的定额形式计算。

产量定额是在合理的劳动组织、合理地使用材料的条件下，某种专业、某种技术等级的工人小组或个人在单位工日中所应作出的合格产品的数量。产量定额反映单位工时内所应完成的产品数量。

可见，时间定额与产量定额互成倒数。知道了时间定额就可以推知产量定额，反之亦然。个人单位产品时间定额＝1/每个工日产量或小组单位产品时间定额＝小组成员工日数总和/台班产量对应每个工日产量＝1/个人单位产品时间定额台班产品＝小组成员工日数总和/小组单位产品时间定额。

用工计算举例：

某工程满堂基础（带地梁），基础主筋蚚 12，钢筋总量 25 t，定额（工日/t）是加工（机械 2.74）、绑扎（手工 3.24），问：

1）所核定的定额是属何种定额？

2）折算到另一种定额为多少？

3）完成该基础钢筋工程需耗多少工？

答：

1）由所给条件属时间定额。

2）产量定额是：

加工产量定额＝1/2.74＝0.365 t/工日

绑扎产量定额 = 1/3.24 = 0.309 t/工日

3）完成该任务：

加工工日数 = 25×2.74 = 68.5（工）

绑扎工日数 = 25×3.24 = 81（工）

共耗工日数 = 68.5 + 81 = 149.5（工）

三、用料计算

钢筋用料计算，根据用途不同可以采用不同的计算方法，大致有以下三种：

1. 概算用量

以工程的概算量，套以万元定额（即一万元建筑工程量平均值含钢筋用量）结算出大概钢筋用量，计算方法较简单，即以工程总造价×每万元耗钢量或工程总建筑面积×单位平方米建筑面积耗钢量。概算用量只适用于设计、工程发包及总承包商对钢筋用量的宏观计算，不适用于钢筋班组的钢筋用料计算。

2. 按钢筋混凝土构件含钢量，估钢筋用量

通常构件在设计时，含钢率总具有一个适宜范围，如钢筋混凝土梁 0.5%～1.0%，柱 1.0%，按构件体积×含钢率×钢筋容重（kg/m^3）得出用量，也只能起到对钢筋用量的宏观控制。对于一般工程，工程量较大时，计算结果有一定的可靠性。

3. 钢筋班组的钢筋用料计算

施工用料计算，钢筋班组计算用量时不能采用前二种方法，必须采用较为准确的计算方法，而且应计算出各种规格型号钢筋的实际用量，组织备料。

计算方法是：首先根据施工图（包括关系单、变更设计等原始技术资料）、钢筋配筋图、钢筋表，算出各种规格型号钢筋的下料长度和重量，汇总，得各种规格型号钢筋的耗用量（实际），然后加上加工损耗率即为该工程的钢筋用料计划，其计算公式为：

钢筋需用量 = 施工图净量×（1 + 损耗率）。加工钢筋的损耗率：盘条钢筋直径 5 mm 以内为 0.5%；直条钢筋直径 6～12 mm 为 1.5%，18～25 mm 为 3%，25 mm 以上为 5%。

钢筋绑扎用的铁丝按 5 kg 计算。

第九章　钢筋的配制与绑扎

第一节　钢筋的弯曲成形

钢筋的弯曲是将已切断、平整好的钢筋，根据配料单的要求加工成预定的形状、尺寸，然后用于构件骨架的绑扎。这是一种技术性、工艺性很强的工序，它与钢筋的绑扎工序一起构成钢筋工操作技能的主要内容。

钢筋弯曲的基本要求是：弯曲成形后的钢筋，形状尺寸准确，平整无扭曲，焊接接头所处位置合理，同时要求弯曲钢筋速度快、工效高。

在钢筋加工厂，钢筋弯曲以机械弯曲为主，手工弯曲为辅。对于数量少，形状特殊的钢筋，机械弯曲有困难时，辅以手工弯曲。

一、手工弯曲成形

1. 设备

(1) 工作台　工作台通常木制，宽 800 mm 左右，长 4 000～8 000 mm，台高一般为 900～1 000 mm，便于操作。

(2) 摇手板　外型如图 9—1。

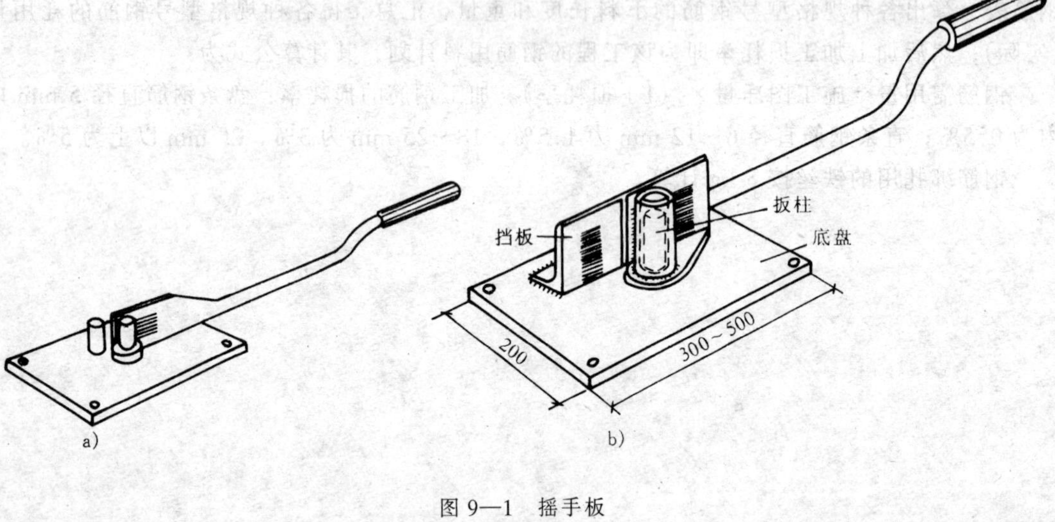

图 9—1　摇手板

它由钢板底盘、扳柱、扳手组成，通常用来弯制Φ 12 mm 以下细钢筋，图 b 所示的摇手板可用于同时弯曲多根钢筋。

(3) 卡盘　由钢板底盘和扳柱组成，如图 9—2a、b 所示。

(4) 钢筋扳手　如图 9—2c 所示。

卡盘和扳手配套使用弯曲Φ 12 mm 以上钢筋，根据被弯钢筋直径的不同，配制相应规格的配套卡盘和扳手。顺口扳手目前已不常用。

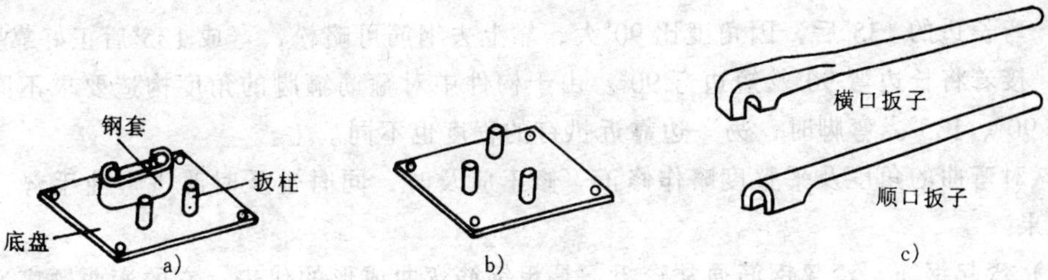

图 9—2　卡盘和扳子

2. 手工操作要点

(1) 钢筋弯曲前的准备　钢筋弯曲前，必须做好充分准备，对工作台、工作环境进行检查，应确保工作可靠，工作环境安全。检查所使用的工具是否完好，摇手板和扳手是否符合平时工作习惯。对不太熟悉的工作场所，把握不大的成形形状，最好预先进行试弯。弯曲前应对被弯曲钢筋的规格数量进行检查，看备料的钢筋是否符合料单的要求，然后确定弯曲步骤。对形状较复杂、粗钢筋，弯曲成形后的钢筋本身比较长调头不方便，必须首先确定弯曲顺序、配合工人的分工等。

(2) 划线　划线在是对较粗的钢筋弯曲前，根据加工单或料牌上给定的尺寸划出各弯曲控制点的位置，这样统一规划，便于弯曲，也有利于及早发现差错，及时更正。通常用摇手板弯曲细钢筋时，采用工作台上定位代替划线。划线时应注意：

核对下料长度：根据成形后钢筋的尺寸计算，核对与料单上的下料长度是否一致，以及核对料单上的下料长度与钢筋的断料长度是否有偏差。有偏差时，应在保证钢筋成形尺寸的前提下适当进行调整，偏差太大影响弯曲，只有重新断料。

根据不同弯曲角度扣除相应弯曲量度偏差值。可以相邻两段长度中各扣一半，也可每段各扣减，扣法不同则钢筋弯点在卡盘上弯曲位置及扳手扳距等都有所不同，根据各人工作习惯和工作经验不同可作出不同的选择。但弯曲量较大时，在正式弯曲之前先进行试弯，找出误差进行调整，然后再进行成批生产。在整批弯曲过程中也应抽检，及时纠正弯曲中出现的新问题，保证弯曲质量。

(3) 箍筋、弯起钢筋手工弯曲成形步骤　用作箍筋的钢筋通常在ф10以下，可在摇手板上加工。箍筋的成形步骤如图 9—3 所示，简述如下：

1) 工作台的左侧设 1/2 长度标志，先弯曲第一个 90°。

2) 退回摇手板至原处，不移动钢筋，从 90°角口钢筋的外侧向左量箍筋长、短边内侧长的两个标志（即边长—d），钉上用圆钉弯成的扒钉，或插上定位销。

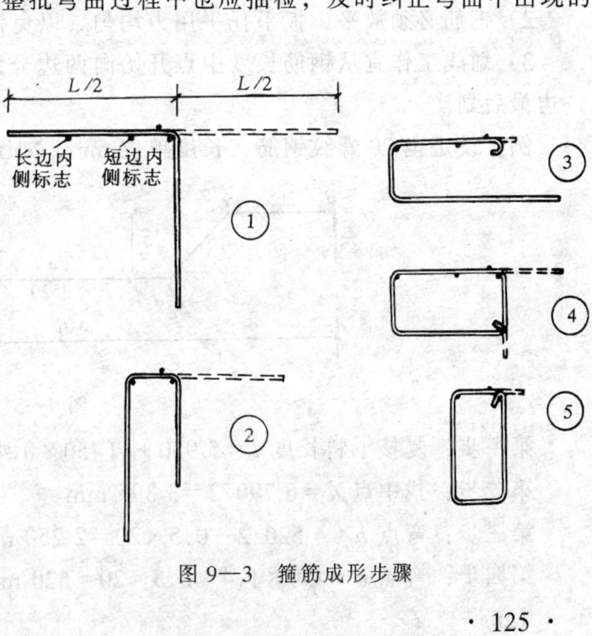

图 9—3　箍筋成形步骤

3）弯短边 90°。

4）弯长边的 135°后，因角度比 90°大，靠上去钢筋可略松，弯成 135°后正好靠紧扒钉。

5）接着将长边弯 90°及短边弯 90°。由于构件中对箍筋箍脚的角度构造要求不同，所以可以有 90°、135°。弯脚时，另一边靠近扒钉的程度也不同。

6）对弯曲的角度及平整度略作修正。修正应及时，同时也及时改进弯曲手势，以取得较佳结果。

(4) 弯起钢筋　弯起钢筋通常较粗，是粗钢筋弯曲成形的代表。它的弯曲顺序通常与划线顺序相反，由一端的端部向中间弯，然后再由另一端的端部向中间弯，节省弯曲场地。图 9—4 为弯起钢筋的成形步骤。

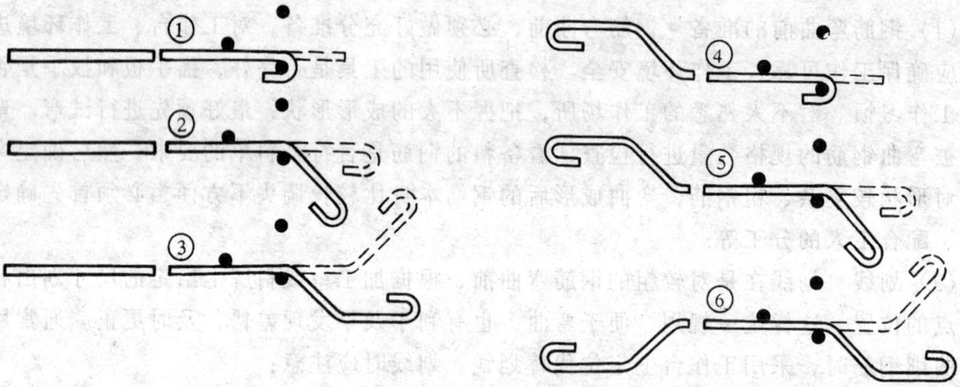

图 9—4　弯起钢筋成形步骤

由于弯起筋一般都较长，通常在工作台上两边设置卡盘，分别进行弯曲，掌握好 90°和 45°两种角度标志。标志上的角度往往要较实际角度大一点，是因为考虑到扳手撤力后钢筋的回缩量。

(5) 手工弯曲操作要点：

1）弯曲前先对钢盘的平直略作校正，以利弯曲整体一致。

2）钢筋必须放平，扳手托平用力均匀，以免钢筋扭曲。

3）划线工作宜从钢筋长度中点开始向两边分别进行，两边不对称时，可将调节尺寸的一边最后划。

例：设定⏀ 20 螺纹钢筋，长度单位 mm，如图 9—5 所示。

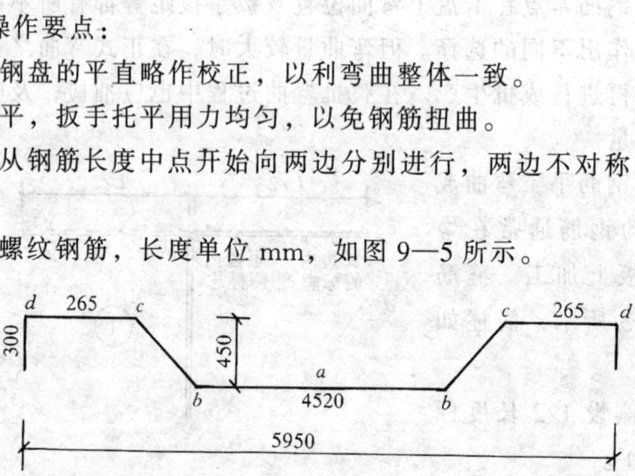

图 9—5

第一步：复核下料长度 $l = 5\ 950 + (450 \times 0.4 + 300 - 3 \times 20) \times 2 = 6\ 790$ mm

第二步：找中点 $a = 6\ 790/2 = 3\ 395$ mm

第三步：弯点 $b = 4\ 520/2 - 0.5 \times 20 = 2\ 250$ mm

第四步：弯点 $c = 450 \times 1.4 - 0.5 \times 20 = 620$ mm

第五步：弯点 $d = 265 - 1.25 \times 20 = 240$ mm

从第一步到第五步仅表示工作步骤，不能作为固定的公式；b、c、d 点应该是成形后的弯点。

4）试弯。因为是手工弯曲，成形后钢筋尺寸会受到钢筋材质、卡盘中扳柱间距、扳手扳距的大小等因素的影响，不一定很准确；同时弯曲的顺序、操作方法也都会影响弯曲的质量，所以成批弯曲前，必须先进行试弯检验，对成形后的弯曲误差及时进行调整。弯曲变形钢筋时，应注意纵向肋的扭曲对弯曲带来的影响，尽量保持纵向肋成直线。纵肋扭曲的钢筋在弯第一个弯点时就应考虑适当的方位。

5）在用扳手弯粗钢筋时，注意扳手卡稳钢筋，操作人员站稳，用力要齐而均匀，确保质量和安全。

6）构件中较粗的多根组装的钢筋，要进行拼装试样，及时校正，为现场绑扎创造良好的条件。

7）不允许在脚手架上弯制粗钢筋，避免工伤事故。

二、机械弯曲成形

机械弯曲成形钢筋工效高、质量好，能减轻劳动强度，是目前弯曲工艺中普遍采用的方法。

常用的弯曲机械有钢筋弯曲机、钢筋弯箍机、钢筋网片弯曲机，主要加工对象分别是中粗直径钢筋、Φ 10 以下的细钢筋和点焊的钢筋网片。

机械弯曲工艺与手工弯曲工艺目的一样。在弯曲钢筋工艺上有不少是共同的，如弯曲前对钢筋的检查，对较复杂的形状的钢筋加工，弯曲前应划线，找准弯曲控制点，正式大批弯曲前试弯。因而用弯曲机弯制钢筋时也应熟悉手工弯曲操作的方法和步骤。

除此以外，操作钢筋弯曲机还应掌握和注意以下几点：

1. 注意工作盘的速度选择。选择工作盘的速度由两大因素决定，一是被加工钢筋的直径。根据功率相同的原理，被加工钢筋的直径越粗，速度应越低。如采用低速时可弯一根直径 32 mm 以上的钢筋，也可弯二根直径 25 mm 的钢筋。视工艺难易程度和操作技工技术熟练程度调整速度，如在操作人员熟悉掌握弯曲机性能，被弯曲的钢筋形状简单，钢筋直径又不大粗的情况下，弯曲机的速度可加快一点。

2. 用弯曲机弯曲钢筋，由于成形轴和心轴在同一转角下转动时，会带动钢筋向前滑动，所以弯曲点的划法虽然同手工弯曲一样，但操作时，弯曲点放在工作盘上的位置就不同。弯曲后，弯曲点应在成形角的中点，弯曲前该点的位置到成形角的中点距离就是弯曲过程中该点的行程。这个行程就是以心轴和钢筋半径之和为半径，成形过程中转动的弧长。当然，这个行程也受到成形轴、挡架对钢筋压住的松紧程度的影响，在弯曲加工时应考虑进去。

3. 正式操作钢筋弯曲机前，应检查机械各部件油杯及蜗轮箱内的润滑油是否充足，空载试运转正常后才可正式操作。

对于新购置的弯曲机，在使用的初期由于齿轮尚未磨合，弯曲钢筋往往要比规定额小一级。

4. 试运转时，看倒顺开关是否与工作盘旋转方向一致。操作时要注意钢筋设置和挡架、工作盘旋转方向配合，不要相反。

操作倒顺开关时，应顺一停一倒，或倒一停一顺，不能直接顺一倒，或倒一顺，导致转盘急停，加速机械的损耗。

5. 注意运转盘运转时的安全，不允许在弯曲机运转过程中更换心轴、成形轴，也不要在成形轴运转中清除铁末。

6. 注意用电安全，电源不能直接接在倒顺开关上，应在距弯曲机一定距离处设电源闸刀，弯曲机应接地。

钢筋弯箍机是弯曲细钢筋的专用机械，工效高，质量稳定，减轻劳动强度。钢筋弯箍机成形角度不是通过开关控制，而是通过机械运作的调节，达到弯曲不同的角度，一次调节到位。钢筋成形角度偏差很小，对加工量大的同一形状的钢筋制品优点特别明显。

钢筋弯箍机的操作要点，主要是角度、尺寸控制和安全操作。

角度控制：钢筋弯箍机通常加工Φ 6、Φ 8 一类的线材，弯曲角度又以 90°，180°为主，所以弯曲角度调节首次较困难，要经试验才能确定，一经确定后不便改动。当加工钢筋的塑性差异较大而影响钢筋成形角度时，应作必要的调整。

尺寸的控制：它与钢筋弯曲机一样，钢筋会随成形轴、心轴的转动而产生滑动，所以不能采用扒钉固定的形式，而只能用靠码定尺的方式让钢筋自由滑动。靠码定尺控制尺寸，可参考弯曲机弯曲粗钢筋的相同原理推算。

操作顺序：同手工弯曲箍筋的顺序。

安全操作：弯箍机上的安全事故多出于电器漏电和弯曲轧手两大方面。因此，必须注意设备接地、防止线路漏电，电源闸刀与操作台距离合适，便于操作弯曲钢筋时安全生产。弯箍机按一定的周期、固定的方法运作，操作时应顺其节拍，注意拿钢筋的姿势及放入钢筋的节拍，防止轧手。

三、钢筋弯曲的质量要求

1. 钢筋形状正确，平面上没有翘曲不平现象。

2. 钢筋末端弯钩的净空直径不小于钢筋直径的 2.5 倍。弯曲半径针对不同钢筋等级，按规定选用。

3. 钢筋弯曲处不应有裂缝。

4. 钢筋弯曲成形的允许偏差为：全长 ± 10 mm，弯起钢筋弯起点位移偏差 20 mm，弯起钢筋弯起高度偏差 ± 5 mm，箍筋边长偏差 ± 5 mm。

第二节　钢筋的绑扎与安装

钢筋绑扎安装是钢筋施工最后一道工序，也是最重要一道工序。

钢筋混凝土构件中的钢筋骨架是由组成骨架的各已成形的钢筋经过绑扎或焊接而成的。这些骨架或是在一定的场所预制成形后，安装在模板内，或是直接在现场模板内绑扎安装。前者有明显的绑扎、安装二道工序，后者将绑扎、安装二道工序合一。但工艺上，现场模内绑扎较工厂、车间内预制构件钢筋绑扎复杂得多，而操作工艺相通。本节主要讲述钢筋的现场绑扎和钢筋骨架的安装。

一、钢筋绑扎前的准备工作

1. 研读施工图或施工大样图

对图中构件位置、标高，钢筋的形状、尺寸、数量、位置都要心中有数，明确设计要求；对钢筋的某些特殊要求也要明确。熟悉图纸，把握好设计要求。同时应注意相似构件中钢筋的微小差异，防止安装时差错。在研读图纸时还要检查图纸中可能存在的错误和不合理的地方，发现问题及时向有关部门反映，取得确认。

2. 核对钢筋配料单和成品钢筋

核对钢筋配料单，钢筋规格、形状、数量是否与施工图一致，有无缺项，有无钢筋代换现象。

再核对成品钢筋的钢号、直径、形状、尺寸和数量是否与配料单、配料牌相符，如有错漏应及时增补。

3. 了解现场施工条件

了解施工现场状况、施工条件，做到心中有数。如现场施工进度对钢筋绑扎、安装的具体时间要求；前期工程进展情况，本工程施工条件是否具备，运输线路、装吊设备情况、脚手架条件等，在钢筋绑扎过程中与各配合工种如管道、电工、木工的配合状况。

4. 研究钢筋绑扎的顺序

确定钢筋绑扎的顺序，特别是较复杂的钢筋安装工程中，确定一个正确、合理的绑扎操作步骤，往往是保证顺利进行的关键。绑扎顺序不合理，对部分钢筋绑扎时造成困难或部分工序返工，反复调整也会影响钢筋骨架成形后的质量。施工现场条件不同，有时也会影响钢筋绑扎方法的不同，如部分后绑扎的钢筋是预先放好位置还是需绑扎时才穿进骨架内就位，这各有利弊，应视施工条件而定。

5. 做好机具材料的准备

准备好绑扎用的铁丝、绑扎工具，绑扎架、吊装运输设备，同时现场绑扎也要清理场地，清除模板内的杂物。

6. 熟悉钢筋绑扎安装与有关工种配合的要求

在钢筋安装前应与有关工种共同协调施工方法和工种间的配合要求，确保钢筋绑扎按时有序地进行，减少返工。

钢筋安装与模板关系最大，所以钢筋安装前应坚持质量互检，对其轴线位置标高、尺寸进行检查，发现错误应及时纠正，还应注意模板支撑的牢固性，防止钢筋安装时发生事故。钢筋安装完毕后，在浇捣混凝土过程中很易影响钢筋原有位置，应及时处理，保持钢筋位置正确。

二、钢筋模内绑扎安装要点

1. 基础

(1) 基础底板钢筋网的绑扎，四周两行钢筋交叉点要扎牢，中间部分交叉点可相隔交错扎牢，但必须保证钢筋不位移。双向主筋的钢筋网，全部交叉点必须扎牢，绑扎时相邻绑扎点的铁丝应扣成八字形，以免钢筋网片歪斜。

(2) 基础底板采用双层钢筋网时，上层钢筋网的下面应设钢筋杌脚或预制混凝土撑脚，保证上层钢筋位置正确。

杌脚应立在水泥垫块的上面，上层钢筋网片下钢筋的下面。每隔 1 m 设置一个，用铁丝将上层钢筋与杌脚扎牢。对于杌脚直径，当基础底板厚 $h<300$ mm 时，为 8～10 mm；$h=300$～500 mm 时，为 12～14 mm；$h>500$ mm 时，为 16～18 mm。

(3) 钢筋的弯钩应朝上，但双层钢筋网的上层钢筋弯钩朝下。

(4) 独立柱基底板钢筋为双向主筋，长边方向的钢筋放在短边钢筋的下边。

（5）当条形基础的宽度 $b \geqslant 3\,000$ mm 时（除支承在桩上的基础以外），受力筋长度可为 $0.9b$，且交错布置。

（6）条形基础交接处受力筋的布置，纵横墙 L 形交接时，纵横墙下基础受力钢筋间距不变且重叠布置。分布钢筋伸入重叠部分一个搭接长度；T 形交接时，重叠处横墙受力钢筋间距加倍，排到纵墙处。

（7）现浇柱子与基础连接用的插筋，其箍筋应比柱的箍筋缩小一个柱筋直径，以便连接。插筋位置一定要固定牢靠，防止柱偏离轴线。

2. 柱

（1）柱内纵向钢筋搭接时，角部钢筋的弯钩应与模板内角构成角平分线，中间钢筋的弯钩应与模板成 90°。如果因浇捣混凝土需要，弯钩与模板的角度亦不得小于 15°。

（2）箍筋的接头应交错布置在四角纵向钢筋上，箍筋转角与纵向钢筋交叉点均应扎牢。绑扎箍筋时，绑扣相互间应成八字形。

（3）下层柱的纵向钢筋露出楼面部分，应确保混凝土浇捣后位置正确，防止柱轴线偏离，有时采用工具式箍筋搭接。

（4）框架梁中牛腿及柱帽等钢筋，应放在柱的纵向钢筋内侧。

3. 墙板、池壁

（1）墙板、池壁的垂直钢筋长度一般不超过 4 m（直径≤12 mm），或 6 m（直径≥12 mm），水平钢筋每段长度不宜超过 8 m，以利绑扎。

（2）钢筋的弯钩应朝向混凝土内。

（3）双层钢筋网应设置撑铁，用以固定钢筋网的间距。撑铁间距约 1 m，相互错开排列。

（4）一般的墙板设置双层钢筋网，通常绑扎的顺序是：内壁模板上按钢筋间距在内壁模板上钉部分圆钉⟶将①号钢筋固定在圆钉上⟶依次将②号筋与①号钢筋扎牢⟶在内层钢筋网上固定杖铁⟶安装③号钢筋，有杖铁位置处与杖铁轧牢；无杖铁处，用铁丝吊在内壁相应高度处⟶④号钢筋与③号筋扎牢⟶绑扎完及时垫上铁丝的保护层垫块（参见图 9—6）。

（5）绑扎应注意四面对称进行，以利墙板钢筋的稳定，避免发生歪斜。

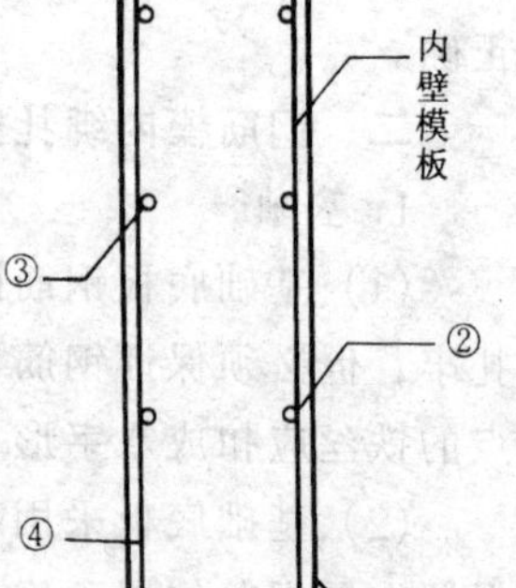

图 9—6　墙板钢筋示意图

4. 梁、板、钢筋

（1）当梁、板端部支承处不同时，梁内纵向受力筋和弯起筋伸入支座长度形状也有可能不同，在安装时注意不要搞错方向，影响伸入支座锚固长度不足或弯点位置不符。

（2）当梁的纵向受力筋采用双层排列时，应在两排钢筋间垫直径 25 mm 的横向短钢筋，以保持设计距离。

（3）箍筋的接头（弯钩叠合处）不宜布置在受拉区内，应交错布置在两根架立钢筋上，其余同柱。

（4）板内钢筋的绑扎要求同基础一样，应控制好板内主筋的保护层，特别是雨篷、挑檐等悬臂板内主筋位置，防止被踩下，因有效高度不足而降低抗弯能力，拆模后发生断裂。

（5）板、次梁与主梁交叉处，上部钢筋重叠较多。为系统控制上部钢筋的保护层，又不影响构件的受力状况，上部钢筋布置的顺序通常是板的附加钢筋在上，次梁钢筋居中，主梁的钢筋在下。这样可减少重叠，又能与原设计的意图符合。

(6) 框架节点处钢筋穿插十分稠密，浇捣混凝土时可能会影响梁的顶面受力筋的位置，注意及时修复，保持上部受力筋的净距不少于 30 mm。

三、钢筋网与钢筋骨架的安装

1. 绑扎钢筋网与骨架的安装

(1) 钢筋网钢筋骨架在运输、安装过程中是不允许变形的，这就需要在运输安装过程中采取措施，运输中使用专门的钢筋运料车。车辆应有足够长的车身，保持骨架的相对稳定。对骨架采用临时支撑，采用较多的是八字形的剪力撑，可防止在运输、吊装、安装过程中发生歪斜变形。

(2) 钢筋网和钢筋骨架垂直运输，应正确选择吊点，研究吊索系结方法。钢筋网采用四点起吊，跨度小于 6 m 的钢筋骨架宜采用二点起吊，跨度大、刚度差的钢筋骨架宜采用横吊梁（铁扁旦）四点起吊（如图 9—7）。为防止吊点处钢筋受力变形，可采用兜底吊或加短钢筋。

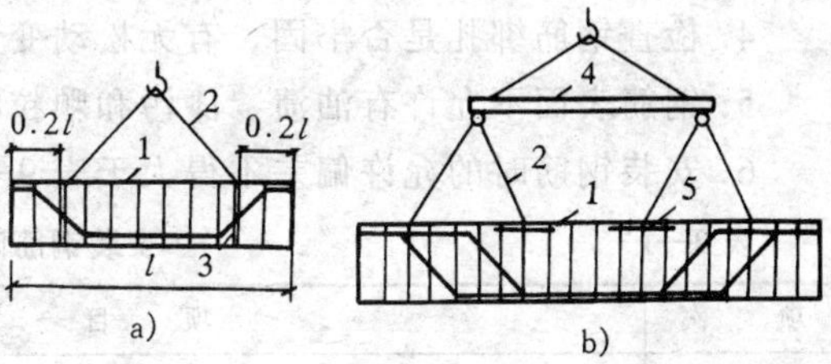

图 9—7 钢筋骨架的绑扎起吊

a) 二点绑扎 b) 采用铁扁担四点绑扎

1—钢筋骨架 2—吊索 3—兜底索

4—铁扁担 5—短钢筋

(3) 骨架安装时，应注意结构平面图中构件代号和构件图中钢筋骨架的型号，要"对号入座"、按号入模。构件骨架两端不对称时亦应注意端部不同，不能放错方向。

(4) 绑扎钢筋网钢筋骨架的交接处理与钢筋的现场绑扎同；安装完毕，将交接的钢筋网或骨架交接处必要的部位用铁丝扎牢。

2. 焊接钢筋网钢筋骨架的安装

当钢筋混凝土构件中使用单片焊接钢筋网或单只焊接钢筋骨架时，只需将骨架放入模内，垫好保护层垫块，按绑扎骨架要求处理好与其他钢筋骨架的关系即可。

当构件中设置多片焊接网和多个焊接骨架时，骨架安装的重点是处理好网架之间的搭接。

安装时注意以下几点：

(1) 焊接网、焊接骨架沿受力钢筋方向的搭接接头，宜位于构件受力较小的部位，如承受均布荷载的简支受弯构件。焊接网受力钢筋接头宜放置在跨度两端各四分之一跨度范围内。

(2) 焊接网、焊接骨架沿受力钢筋方向的搭接长度不能小于规定的最小搭接长度。冷拔低碳钢丝最小搭接长度，受拉时为 250 mm，受压时为 200 mm。其余钢筋绑扎接头的最小搭接长度为 l_d。

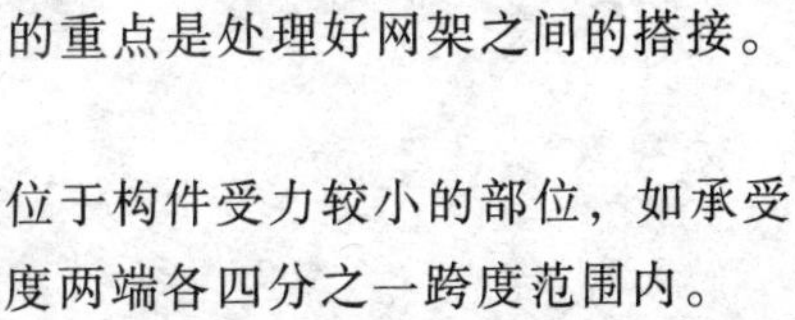

图 9—8 焊接网沿分布钢筋方向不加焊接的搭接接头

a) 搭接 b) 用附加钢筋网搭接

1—受力钢筋 2—分布钢筋

3—基本钢筋网 4—附加钢筋网

(3) 焊接网在非受力方向的搭接长度宜为 100 mm。

受力钢筋直径≥16 mm 时，焊接网沿分布钢筋方向的接头，宜辅以附加钢筋网（图 9—8）。其每边的搭接长度 $l_d \geqslant 15d$，但不小于 100 mm。

(4) 焊接网、焊接骨架的非焊接接头，在搭接长度

l_d 段，搭接的受力钢筋的总截面面积不得大于构件中受力钢筋全部截面积的 50%，轴心受拉偏心受拉构件中，不得采用搭接接头。

(5) 焊接网、焊接管架中受力钢筋宜采用焊接接头，但受力钢筋采用冷加工的钢筋时，则不宜采用电弧焊焊接。

四、钢筋安装的质量检验

钢筋安装完毕后，应检查下述方面。

1. 根据设计图检查钢筋的钢号、直径、根数、间距是否正确，纵向受力筋、弯起筋两端不同时，应核对方向是否有错。

2. 检查钢筋接头位置，接头百分率及搭接长度是否符合规定。

3. 检查混凝土保护层是否符合要求。

4. 检查钢筋绑扎是否牢固，有无松动变形现象。

5. 钢筋表面不允许有油渍、漆污和颗粒状（片状）铁锈。

6. 安装钢筋时的允许偏差不得大于表 9—1 的规定。

表 9—1　　安装钢筋时的允许偏差

项　次	项　目		允许偏差（mm）
1	受力钢筋的排距		±5
2	钢筋弯起点的位移		20
3	箍筋、横向钢筋间距	绑扎骨架	±20
		焊接骨架	±10
4	受力钢筋保护层	基　础	±10
		柱 和 梁	±5
		板 和 墙	±3
5	焊接预埋件	中心位移	5
		平 整 度	3

第十章　预应力混凝土的张拉工艺

第一节　先张法张拉工艺

先张法主要用于生产定型的中小型构件，如空心板、屋面板、吊车梁、檩条等。生产方法分为台座法、机组流水法和传送带法等。本节主要介绍台座法。

一、先张法张拉工艺流程

先张法工艺流程如图 10—1。

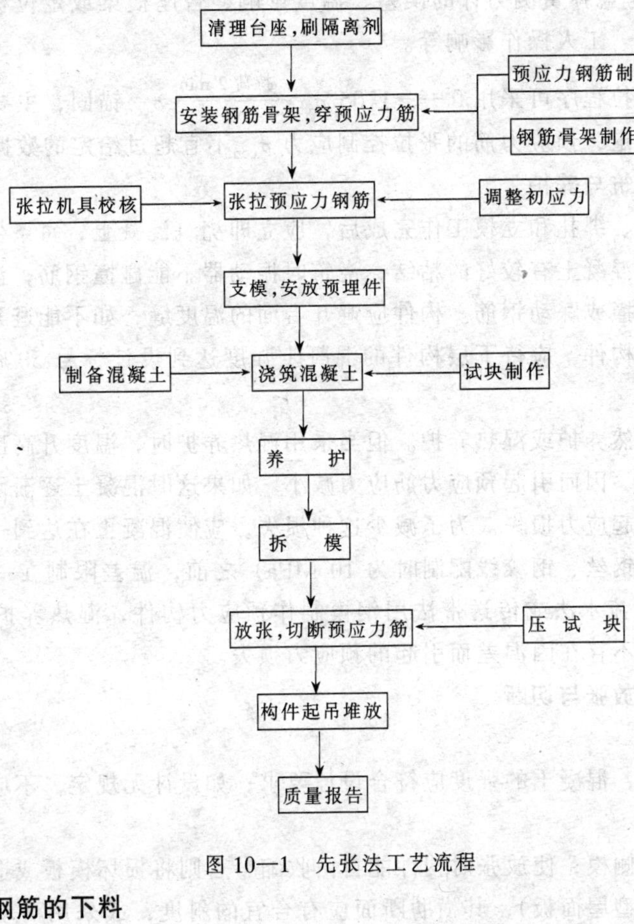

图 10—1　先张法工艺流程

二、预应力钢筋的下料

先张法的预应力筋下料长度计算，应考虑预应力筋钢材品种、夹具形式、焊接接点的压缩及冷拉率、弹性回缩率、张拉伸长值、台座长座、构件长度和构件间的缝隙等各种因素的影响。可采用如下计算公式计算长线台座分段钢筋的下料（如图 10—2）。

预应力筋的成品长度：

$$L_1 = l + 2l_2$$

预应力筋钢筋部分成品长度：

$$L_0 = L_1 - 2l_1 - (m-1)\ l_7$$

预应力筋钢筋部分的下料长度：

$$L = L_0 / (1+\gamma-\delta) + nl_0 + 2ml_8$$

式中 m ——钢筋分段数；

l_7 ——钢筋连接器中间部分的长度；

l_8 ——每个镦头的压缩长度。

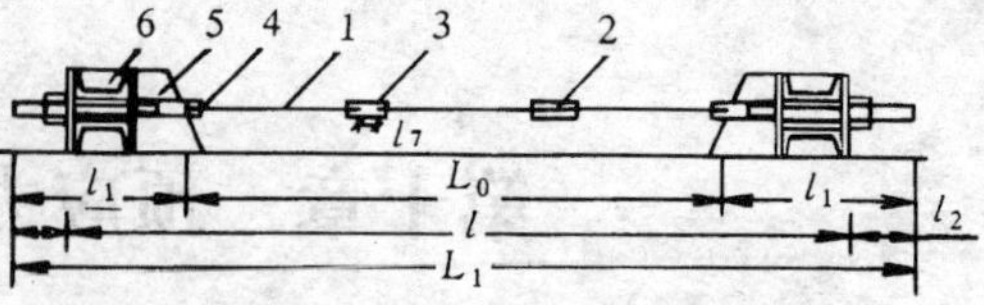

图 10—2 长线台座分段冷拉钢筋下料长度计算示意图

1—分段预应力筋 2—镦头 3—钢筋连接器 4—螺丝端杆连接器 5—台座承力支架 6—横梁

三、预应力筋的张拉程序

张拉程序应按设计要求进行，如无设计规定时可按规范执行。为了避免在钢筋张拉过程中产生的预应力损失，一般都用超张拉方法建立张拉程序。

预应力钢丝由于张拉工作量大，宜采用一次张拉程序。即 $0 \longrightarrow 1.03 \sim 1.05\ \sigma_{con}$ 锚固。其中 1.03～1.05 是考虑弹簧测力计的误差、温度影响、台座横梁或定位板刚度不足、台座长度不符合设计取值、工人操作影响等。

预应力钢筋的张拉程序可采用 $0 \longrightarrow 1.05\ \sigma_{con} \xrightarrow{\text{持荷 2 min}} \sigma_{con}$ 锚固，主要减少应力松弛损失。同时根据规范规定，预应力筋的张拉控制应力 σ_{con} 不宜超过给定的数据。

四、混凝土的浇筑与养护

预应力筋在张拉、绑扎和立模工作完成后，应立即浇筑混凝土，每条生产线应一次浇筑完毕。为保证钢筋与混凝土有较好的粘结，浇筑时振动器不能碰撞钢筋，混凝土未达到一定强度前，也不允许碰撞或踩动钢筋。构件应避开台面的温度缝，如不能避开，可在缝上铺油毡。采用重叠法生产构件，应待下层构件的混凝土强度达到设计标号 50％后方可浇筑上层混凝土构件。

混凝土可采用自然养护或湿热养护。但当采用湿热养护时，温度升高后，预应力筋受热伸长而台座长度不变，因而引起预应力筋应力减小。如果这时混凝土逐渐硬化，那么预应力筋由于温度升高而引起应力损失。为了减少这种损失，应使混凝土在达到一定强度（粗钢筋配制时为 7.5 MPa，钢丝、钢绞线配制时为 10 MPa）之前，温差限制在一定范围内，一般不超过 20℃。以机组流水法或传送带法用钢模制作预应力构件，湿热养护时由于钢模与预应力筋同样伸缩，故不存在因温差而引起的预应力损失。

五、预应力筋的放张与切断

1. 放张要求

预应力筋放张时，混凝土的强度应符合设计要求；如设计无规定，不应低于强度等级的 75％。

放张前，应拆除侧模，使放张时构件能自由收缩，否则将损坏模板或造成构件开裂。对有横肋的构件（如大型屋面板），其横肋断面应有合宜的斜度，或采用活动模板，以免放张钢筋时构件端肋开裂。

2. 放张方法

配筋不多的中小型钢筋混凝土构件，钢丝可用砂轮锯或切断机切断等方法放张。配筋多的钢筋混凝土构件，钢丝应同时放张。如果逐根放张，最后几根钢丝将由于承受过大的拉力而突然断裂，易使构件端部开裂。放张后预应力筋的切断顺序一般由放张端开始，逐一切向另一端。

对热处理钢筋及冷拉Ⅳ级钢筋，不得用电弧切割，宜用砂轮锯或切断机切断。断量较多时应同时放张，可采用油压千斤顶、砂箱、楔块等装置，如图 10—3。

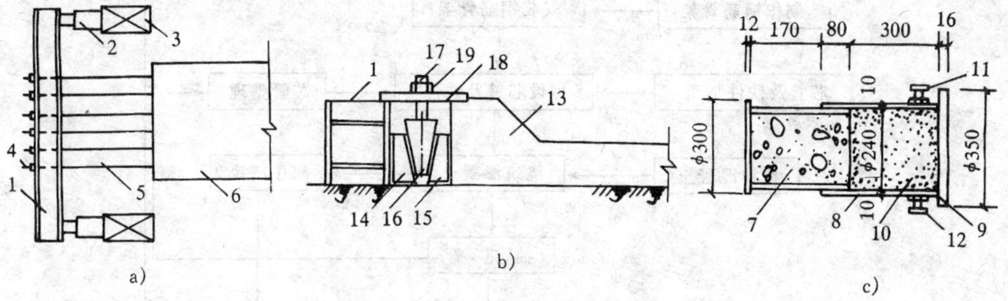

图 10—3　预应力筋放张装置

a）千斤顶放张装置　b）砂箱放张装置　c）楔块放张装置

1—横梁　2—千斤顶　3—承力架　4—夹具　5—钢丝　6—构件　7—活塞

8—套箱　9—套箱底板　10—砂　11—进砂口（ϕ25 螺丝）　12—出砂口（ϕ16 螺丝）　13—台座

14、15—钢固定楔块　16—钢滑动楔块　17—螺杆　18—承力板　19—螺母

3. 放张顺序

对轴心受压构件，所有预应力筋应同时放松。对偏心受压构件，应先同时放松预应力较小区域的预应力筋。如不能满足上述要求时，应分阶段、对称、相互交错进行放松，以防止在放松过程中，构件产生弯曲、裂纹以及预应力筋断裂等现象。

第二节　后张法张拉工艺

一、后张法张拉工艺流程

后张法不需要台座设备，大型构件可分块制作，运到现场拼装，利用预应力筋连成整体。因此，后张法灵活性大，但工序较多，锚具耗钢量较大。其工艺流程如图 10—4。

二、预应力钢筋的下料

后张法中预应力筋下料也应计算确定，以下介绍几种钢筋的计算方法。

1. 冷拉钢筋（单根粗钢筋）

用螺丝端杆锚具，以拉杆式千斤顶在构件上张拉时，计算公式如下：

(1) 两端用螺丝端杆锚具时，预应力筋的成品长度（即冷拉后的全长）

$$L_1 = l + 2l_2$$

预应力钢筋部分的成品长度：

$$L_0 = L_1 - 2l_1$$

预应力钢筋部分的下料长度：

$$L = \frac{L_0}{1 + \gamma - \delta} + nl_0$$

(2) 一端用螺丝端杆另一端用帮条（或镦头）锚具时

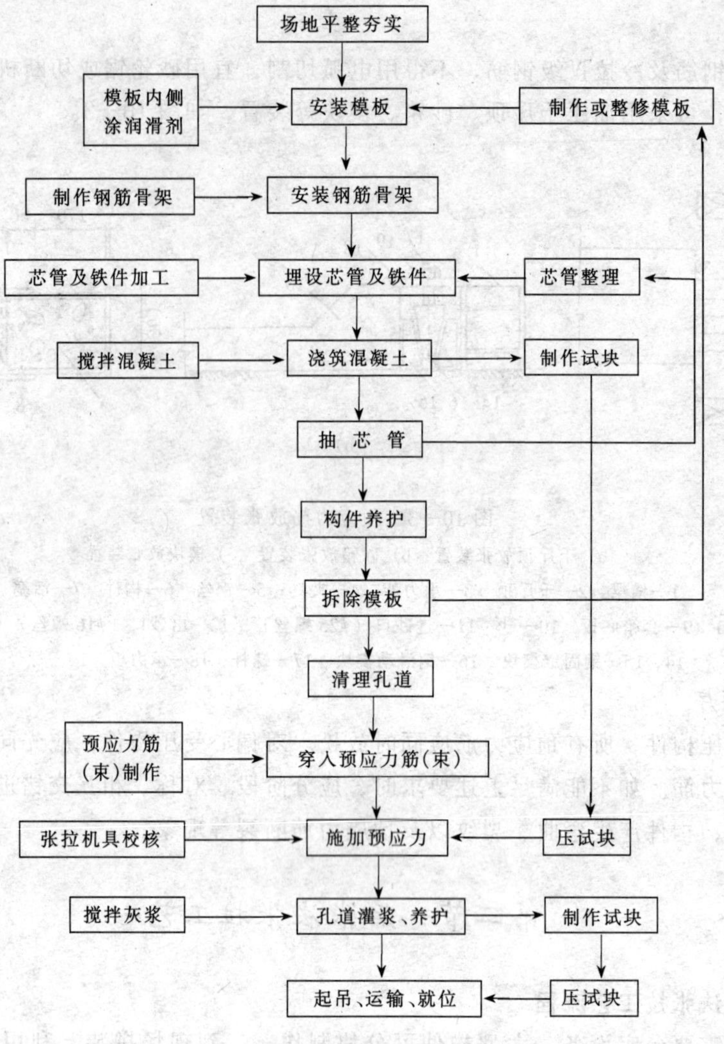

图 10—4　后强法生产工艺流程

$$L_1 = l + l_2 + l_3$$

$$L_3 = L_1 - l_1$$

$$L = \frac{L_0}{1 + \gamma - \delta} + nl_0$$

式中　L_1 ——预应力筋的成品长度；

L_0 ——预应力钢筋部分的成品长度；

L ——预应力钢筋部分的下料长度；

l ——构件的孔道长度；

l_1 ——螺丝端杆长度；

l_2 ——螺丝端杆伸出构件外的长度；

张拉端　$l_2 = 2H + h + 0.5$ (cm)

固定端　$l_2 = H + h + 1$ (cm)

其中：H ——螺母高度

h ——垫板厚度

l_3 ——镦头或帮条锚具长度（包括垫板厚度 h）；

l_0 ——每个对焊接头的压缩长度；

n ——对焊接头的数量；

γ ——钢筋冷拉伸长率（由试验确定）；

δ ——钢筋冷拉弹性回缩率（同上）。

2. 钢绞线束

采用夹片锚具（JM、XM、QM 与 OVM 型等）以穿心式千斤顶在构件上张拉时可采用下列公式计算：

（1）两端张拉

$$L = l + 2\ (l_1 + l_2 + l_3 + 100)$$

（2）一端张拉

$$L = l + 2\ (l_1 + 100)\ + l_2 + l_3$$

式中 l ——构件的孔道长度；

l_1 ——夹片式工作锚厚度；

l_2 ——穿心式千斤顶长度；

l_3 ——夹片式工具锚厚度。

3. 钢丝束

当预应力钢丝束用钢质锥形锚具、XM 型锚具、QM 型锚具时，其下料长度基本上与预应力钢绞线束相同。

对采用镦头锚具，以拉杆式或穿心式千斤顶在构件上张拉时，应考虑钢丝束张拉锚固后螺线位于锚杯中部，计算公式如下：

$$L = l + 2(h + \delta) - K(H - H_1) - \Delta L - C$$

式中 l ——构件的孔道长度，按实际丈量；

h ——锚杯底部厚度或锚板厚度；

δ ——钢丝镦头留量；

K ——系数，一端张拉时取 0.5，两端张拉时取 1.0；

H ——锚杯高度；

H_1 ——螺线高度；

ΔL ——钢丝束张拉伸长值；

C ——张拉时构件混凝土的弹性压缩值。

三、孔道留设

预应力筋的孔道形状有直线、曲线和折线三种。孔道直径取决于预应力筋和锚具。对于粗钢筋，孔道直径应比预应力筋外径、钢筋对焊接头外径大 10～15 mm；对于钢丝或钢绞线，孔道的直径应比预应力束外径或锚具外径大 5～10 mm，且孔道面积大于预应力筋面积的两倍。凡需要起拱的构件，预留孔道宜随构件同时起拱。

预应力筋的孔道可采用钢管抽心、胶管抽心和预埋等方法成形。对孔道成形的基本要求是：孔道的尺寸与位置应正确，孔道应平顺，端部预埋件钢板应垂直孔道中心线等。孔道成形的质量，对孔道摩阻损失的影响较大。

1. 钢管抽心法

钢管抽心用于直线孔道。钢管必须平直光滑，预埋前应除锈、刷油。如用弯曲的钢管，转动时会沿孔道方向产生裂缝，甚至塌陷。钢管在构件中用钢筋井字架固定位置，井字架间距 1.0～1.5 m 左右，与钢筋骨架扎牢。每根钢管长度最好不超过 15 m，较长构件表面要与钢管外表面紧密结合，以防漏浆堵塞孔道。钢管一端钻 16 mm 的小孔，以备插入钢筋棒转动钢管。抽管前每隔 10～15 min 应转管一次。如发现表面混凝土产生裂纹，用铁抹子压实抹平。

抽管时间与水泥品种、气温和养护条件有关。抽管宜在混凝土初凝之后、终凝之前进行，以用手指按压混凝土表面不显指纹时为宜。抽管过早，会造成坍孔事故；太晚，混凝土与钢管粘结牢固，抽管困难，甚至抽不出来。常温下抽管时间约在混凝土浇筑后 3～5 h。

抽管顺序宜先上后下地进行。抽管方法可用人工抽管或卷扬机抽管，抽管时必须速度均匀，边抽边转，并与孔道保持在一直线上。抽管后，应及时检查孔道情况，并做好孔道清理工作，以防止以后穿筋困难。

2. 胶管抽心法

留孔用胶管一般采用有 5～7 层帆布夹层，壁厚 6～7 mm 的普通橡胶管。此种胶管可用于直线、曲线或折线孔道。使用前把胶管一头密封，勿使漏水漏气。密封的方法是将胶管一端外表面削去 1～3 层胶皮及帆布，然后将外表面带有粗丝扣的钢管（钢管一端用铁板焊牢密封）插入胶管端头孔内，再用 20 号铅丝与胶管外表面密缠牢固，铅丝头用锡焊牢。胶管另一端接上阀门，其方法与密封端基本相同。

短构件留孔，可用一根胶管对弯后穿入两个平行孔道。长构件留孔，必要时可将两根胶管用铁皮套管接长，使用套管长度以 400～500 mm 为宜，内径应比胶管外径大 2～3 mm。固定胶管位置用的钢筋井字架，此时不宜大于 0.5 m，并与钢筋骨架扎牢。然后充水（或充气）加压到 0.5～0.8 N/mm。此时胶管直径可增大约 3 mm。浇筑混凝土时，振动棒不要碰胶管，并应经常检查水压表的压力是否下降，如有变化必须补充。

抽管前，先放水（或气）降压，待胶管断面缩小与混凝土自行脱离即可抽管。抽管顺序一般为先上后下，先曲后直。

3. 预埋管法

预埋管可采用薄钢管、镀锌铁管与金属波纹管等。

金属波纹管具有重量轻、刚度好、弯折方便、连接容易、与混凝土粘结良好等优点，可作成各种形状的预应力筋孔道，是目前后张法预应力筋孔道成形用的理想材料。镀锌钢管仅用于施工周期长的超高竖向孔道或有特殊要求的部位。

金属波纹管的安装应事先按设计图中预应力的曲线坐标在侧模或箍筋上定出曲线位置，再将钢筋支托焊在箍筋上，箍筋底部位垫实。钢筋支托间距为 600 mm 左右。金属波纹管与钢筋支托应用铁丝扎牢，以防止浇筑混凝土时螺旋管上浮。金属波纹管如需连接应采用大一号同型管，接头管长度为 200～300 mm，其两端用密封胶带或塑料热缩管封裹。

安装过程中应尽量避免反复弯曲，以防管壁开裂。同时还应防止电焊火花烧伤管壁。安装后，应检查其位置、曲线形状是否符合设计要求，金属波纹管的固定是否牢固，有无破损，如有破损应及时用粘胶带修补。

在构件两端及跨中处应设置灌浆孔，其孔距不宜大于 12 m。灌浆孔与排气孔也可设在锚具或铸铁喇叭管处。曲线孔道的曲线波峰部位宜设排气孔。

四、后张法预应力筋张拉程序

后张法张拉预应力钢筋，结构的混凝土强度应达到设计强度的 75%以上或设计要求。

预应力筋的张拉程序主要根据构件类型、张锚体系、松弛损失取值等因素确定，可采用下列程序：

(1) $0 \longrightarrow 1.05\sigma_{con} \xrightarrow{\text{持荷 2 min}} \sigma_{con}$

以上程序可减少预应力筋松弛损失。

(2) $0 \longrightarrow 1.03\sigma_{con}$

当预应力筋的张拉吨位不大，根数较多，设计中又要求采用超张拉以减少应力松弛损失时采用。

五、孔道灌浆

预应力筋张拉后，利用灰浆泵将水泥压灌到预应力孔道中去，其作用有二：一是保护预应力筋，以免锈蚀；二是促进预应力筋与构件混凝土有效的粘结，以控制超载时裂缝的间距与宽度，并减轻两端锚具的负荷状况。因此，对孔道的灌浆质量必须重视。

预应力筋张拉后，孔道应尽快灌浆。用连接器连接的多跨度连续预应力的孔道灌浆，应张拉完一跨随即灌注一跨；不应在各跨全部张拉完毕后，一次连续灌浆。

孔道灌浆应采用标号不低于 425 号普通硅酸盐水泥配置的水泥浆；对空隙较大的孔道，可采用砂浆灌浆，水泥浆和砂浆强度标准值均不应低于 20 N/mm^2，水泥浆的水灰比 0.4～0.45，搅拌后 3 h 泌水率宜控制在 2%以内，最大不得超过 3%。

为了增加孔道灌浆的密实性，在水泥浆中可掺入对预应力筋无腐蚀作用的外加剂，如可掺入占水泥重量 0.25%的木质素磺酸钙，或占水泥重量 0.05%的铝粉。

灌浆前，用压力水冲洗和湿润孔道，用电动或手动灰浆泵进行灌浆。灌浆应缓慢均匀地进行，不得中断，并应排气通顺。在孔道两端冒出浓浆并封闭排气孔后，宜再继续加压至 0.5～0.6 MPa，稍后再封闭灌浆孔。灌浆顺序应先下后上，以避免上层孔道漏浆而把下层孔道堵塞。对不掺外加剂的水泥浆，可采用二次灌浆法，以提高孔道灌浆的密实性。

第三部分 练 习 题

一、知识要求练习题

（一）填空题 将正确答案填在横线空白处。

1. 力的三要素是________、________、________。

2. 力是物体间相互的作用，力的作用效应有______和______。

3. 工程实际中，常见的支座形式有______、______、______三种。

4. 两个__________、__________、__________的二力组成的力系称力偶。

5. 杆件在外力作用下的五种基本变形是________、________、________、________和________。

6. ____________________称应力。

7. 工程上常见的梁有________、________、________三种。

8. ______________称平面汇交力系。平面汇交力系平衡的充分和必要条件是__________等于零。

9. 力对某点的力矩等于此力的________与力的作用线到该点的________的乘积。

10. 平面汇交力系的平衡方程 $\Sigma F_x = 0$，表示力系中所有各力在________等于零；$\Sigma F_y = 0$，表示__________等于零。

11. 作用在刚体上的力可以平行移动到刚体上的任一点，但必须同时附加________，其力偶矩等于__________之矩。

12. 所有力的作用线在同一平面内，但__________________的力系称平面一般力系。

13. 梁的内力沿轴线变化规律的图形，称梁的________，包括________和________。

14. 梁的正应力与所在截面的弯矩成________，与截面对中性轴的惯性矩成______。正应力沿截面高度按__________分布，离中性轴愈远，正应力愈______，中性轴处正应力等于______。

15. 混凝土保护层的作用是____________________。

16. 钢筋弯钩的作用是为了增加钢筋与混凝土的____________，在受力光面钢筋的末端应做____________。

17. 基础混凝土保护层厚度，当有素混凝土垫层时不小于______ mm，无垫层时不小于__________ mm。

18. 独立基础为双向受力，其受力钢筋直径不宜小于________ mm，间距为________ mm，短边方向的受力筋放在长边受力筋的________。

19. 柱中配有纵向受力钢筋和箍筋，柱中纵向钢筋的作用是________。

20. 柱中箍筋的间距在绑扎骨架中，不应大于________，在焊接骨架中不应大于________，且不大于________mm，也不大于柱的短边。

21. 钢筋混凝土梁中一般配有________、弯起筋、________、________和________。弯矩主要由________承担，剪力主要由________和________承担。

22. 板中分布筋的作用是________、________和________。

23. 钢筋的接头有________和________，宜优先选用________。

24. 现浇柱下单独基础的插筋直径、规格、根数和间距应与柱内________相同，插筋应满足________和________的要求。

25. 三面正投影图可以反映物体的真实形状的大小，在三面正投影图中存在"三等"关系，即________、________、________。

26. 剖面图的表达方式有________、________、________、________；断面图的表达方式有________、________、________。

27. 详图索引符号 $\frac{2}{5}$ 中的"2"表示________；"5"表示________。

28. 比例是图形与实物相对应的线性尺寸之比，如 1∶100，其中"1"是指________，"100"是指________。

29. 轴线是建筑物定位、放线的依据，凡是主要________的平面位置都需画上轴线，并写上编号。

30. 在总平面图中，表示长度尺寸的计量单位一律以________为单位。在其他图样中，除标高外，其余未注明计量单位的尺寸数值，一律以________为单位。

31. 钢筋混凝土结构用钢筋的品种属于________和________二大类。

32. Q235 热轧圆盘条经拨好后，能使________提高，但________和________降低。

33. 冷弯性能反映在钢筋冷加工时承受________的能力，也直接表示钢筋的质量，其所含成分________可影响钢筋的塑性。

34. 有一根 50 m 长的冷拨钢丝，冷拉率控制在 4.5%，为达到控制冷拉率，冷拉时最终的长度应该是________m。

35. 钢筋的可焊性是指在一定焊接条件下，钢筋对________和________的适应性。

36. 对接焊焊接接头的外观检查，接头处不能有________，接头处弯折不得大于________。

37. 直径 25 mm 的钢筋，采用电渣压力焊，渣池电压为 30 V，焊接电流应为________A，通电时间应为________s。

38. 在电渣压力焊操作中，钢筋安放欠正直，可能导致焊接缺陷有________、________。

39. 认真研读施工图，________、________、________地体现设计意图，对编制配料单至关重要。

40. 室内正常情况下，钢筋混凝土墙板的钢筋保护层应不小于________mm。

41. 轴心受拉、小偏心受拉杆件中的受力钢筋不宜采用________接头。

42. 在焊接骨架、焊接网，以及________构件中的受力钢筋可不做弯钩。

43. 若弯心直径为 $2.5d$，平直部分要求有 $3.5d$ 长度，那么一个 180°弯钩应增加的长度为__________ d。

44. 钢筋的代换以考虑不降低承载能力为主，兼顾__________要求。

45. 按等级度原理，原配筋为 4 Φ 22（Ⅰ级钢），现用Ⅱ级钢代换，那么应配__________。

46. 板中受力钢筋的间距，一般不小于__________mm；当板厚≤150 mm 时，不应大于__________mm。

47. 单向板中分布钢筋的截面面积，不应小于单位长度上受力钢筋截面面积的__________，且每米长度内不少于__________根。

48. 梁内下部纵向受力钢筋的净距不应小于__________且不小于__________。

49. 某楼面梁，纵向受力钢筋采用Φ 20（Ⅱ级螺纹钢），那么该钢筋伸入支座的最小长度应该是__________mm。

50. 任何梁的箍筋直径不应小于最大受力钢筋直径的__________。

51. 当偏心受压柱的截面高度大于 600 mm 时，在侧面应设置直径__________mm 的纵向构造钢筋，并相应地设置__________。

52. 柱内箍筋的直径不应小于纵向受力钢筋最大直径的__________，也不小于__________mm。

53. 非支承在桩上的独立基础，当宽度 $B \geqslant 3\ 000$ mm 时，受力钢筋的长度可成为__________。

54. 某基础手工绑扎的时间定额为 3.24 工日/T，那么换算成产量定额是__________。

55. 钢筋弯曲，对成形后的钢筋要求是__________准确，平整无__________，焊接接头所处位置合理。

56. 钢筋弯曲机弯曲钢筋时，影响弯曲标志上的角度较成形后的角度大的因素有__________、__________、__________。

57. 钢筋弯曲机正式操作前，应检查__________内的润滑油是否充足，然后经__________，才能正式操作。

58. 钢筋弯曲成形的允许偏差，全长±__________mm，弯起点位移__________mm。

59. 当基础底板厚度为 450 mm，且配置双层钢筋网，那么应每隔__________m 设一个直径为__________mm 的撑脚。

60. 当条形基础宽度 $B \geqslant 3\ 000$ mm 时，受力钢筋长度可为__________，且交错布置。

61. 梁内箍筋弯钩叠合处，不宜布置在__________，应交错布置在__________。

62. 焊接网中冷拔低碳钢丝最小搭接长度，受拉时为__________mm，受压时为__________mm，非受力方向为__________mm。

63. 预应力混凝土工艺可以提高构件的__________和__________。

64. 对混凝土施加预应力的基本方法有两种，即__________和__________。

65. 预应力混凝土中，混凝土强度等级不宜低于__________，当采用碳素钢丝、钢绞线、热处理钢筋作预应力筋时，混凝土强度等级不宜低于__________。

66. 锚固预应力钢筋或钢丝等的器具，在先张法中称为__________，在后张法中称__________。

67. 先张法中的夹具按其用途可分两类，一类是__________，另一类是__________。

68. 先张法中常用的张拉夹具有__________、__________和__________。

69. 后张法中单根粗钢筋作预应力筋时，其张拉端用__________锚具，固定端用__________或__________锚具。

70. 后张法中，钢筋束和钢绞线束作预应力筋时，常用的锚具有__________、__________、__________、__________等。

71. JM型锚具可用于锚固__________根直径为__________ mm 的光面或变形钢筋束，也可用于锚固__________根直径为__________ mm 或__________ mm 的钢绞线束。

72. 目前后张法中，钢丝束采有的锚具有__________、__________、__________等。

73. 预应力混凝土工艺中，常用的液压千斤顶有__________、__________、__________三种类型。

74. 预应力筋常用张拉设备有__________、__________、__________等。

75. 预制混凝土构件厂中，长线台座法生产构件时，可采用__________或__________来张拉冷拔钢丝。

76. 先张法张拉预应力筋时，对钢丝采用张拉程序为__________⟶__________，对粗钢筋可采用__________⟶__________$\xrightarrow{\text{持荷 2 min}}$的张拉程序。

77. 先张法放松或切断钢筋，应在混凝土达到__________或混凝土设计强度标准值的__________时进行。

78. 后张法中与预应力相关工艺内容为__________、__________、__________三部分。

79. 后张法中，孔道留设方法主要有__________、__________、__________三种。

80. 对于曲线预应力筋或长度大于或等于 24 m 的直线预应力筋应在__________。

81. 钢筋混凝土主要由__________、__________等组成。

82. 由于__________或__________上的原因，混凝土浇筑不能连续进行，中间的间歇时间超过了混凝土的__________，则混凝土此界面处即视为施工缝。

83. 混凝土施工缝宜留设在结构__________并__________的部位。

84. 一般来说竖向混凝土构件宜留__________施工缝，水平构件留__________施工缝。

85. 工程中脚手架按其搭设位置可分__________和__________。

86. 多立杆扣件式钢管脚手架主要由__________、__________、__________和__________组成。

87. 多立杆式外脚手架上施工均布活荷载标准规定为：维修脚手架不大于__________，装饰脚手架不大于__________、结构脚手架不大于__________。

88. 目前建筑工程中使用的垂直运输设施主要有__________、__________、__________、__________等。

89. 外脚手架操作层上必须设一道护栏，高度__________，以及一道挡脚板，高度__________。

90. 当外墙砌砖高度超过__________ m 或__________时，必须设安全网，以防材料下落伤人和高空操作人员坠落。

91. 班组的组织形式有__________和__________两种。

92. 班组作业计划实施有__________和__________两种方法。

93. 班组作业计划检查控制主要是根据各种定额、施工技术规范、质量标准及班组或各岗位计划指标，采用＿＿＿＿＿和＿＿＿＿＿的方法。

94. 班组质量管理主要做好工程质量的＿＿＿＿＿、＿＿＿＿＿和＿＿＿＿＿等几项工作。

95. 党的安全生产方针是：牢固树立＿＿＿＿＿＿＿的思想，树立＿＿＿＿＿＿＿的指导方针。

96. 全面质量管理的“三全性”即为＿＿＿＿＿、＿＿＿＿＿、＿＿＿＿＿。

97. 全面质量管理的质量保证体系运转程序称为 PDCA 循环法，即 P，指＿＿＿＿＿阶段；D，指＿＿＿＿＿阶段；C，指＿＿＿＿＿阶段；A，指＿＿＿＿＿阶段四个阶段。

98. 建筑材料按其物理、化学性能可分为＿＿＿＿＿和＿＿＿＿＿两类。

99. 班组管理主要遵循三个原则：第一，能正确贯彻执行国家的＿＿＿＿＿；第二，讲求技术的＿＿＿＿＿；第三，严格按照＿＿＿＿＿。

100. 班组机具管理的三定制度是指＿＿＿＿＿、＿＿＿＿＿、＿＿＿＿＿。

101. 全面质量管理的质量概念，不仅包括＿＿＿＿＿，还包括＿＿＿＿＿。

102. 全面质量管理提出四个科学观点：＿＿＿＿＿、＿＿＿＿＿、＿＿＿＿＿、＿＿＿＿＿。

（二）选择题　下列各题的选项中，只有一个是正确的，请将其代号填在括号内。

1. 力对物体的作用效应主要取决于（　　）。

A. 力的大小　　B. 力的大小、方向和作用点　　C. 力的作用点

2. 板直接搁置在砖墙上，其支座可视为（　　）。

A. 固定端支座　　B. 可动铰支座　　C. 固定铰支座

3. 力通过矩心时，力矩为（　　）。

A. 零　　B. 最大　　C. 最小

4. 力沿作用线移动，其对某点的力矩（　　）。

A. 变大　　B. 变小　　C. 不变

5. 一个力可在刚体上平行移动到任一点，但必须同时附加（　　）。

A. 一个力　　B. 一个力偶　　C. 一个力和一个力偶

6. 两根直杆，一根为木杆，一根为钢杆，承受相同的拉力，则两杆所受的内力（　　）。

A. 相同　　B. 钢杆大于木杆　　C. 木杆大于钢杆

7. 承受均布荷载的简支梁，其最大弯矩发生在（　　）。

A. 支座处　　B. 跨中　　C. 不确定

8. 钢筋混凝土梁中的受力钢筋主要承受（　　）。

A. 压力　　B. 剪力　　C. 拉力

9. 板中受力筋，当板厚大于 150 mm 时，其间距不大于（　　）。

A. 1.5 h　　B. 300 mm　　C. 1.5 h 且不大于 300 mm

10. 梁的架立筋一定配置在梁的（　　）。

A. 上部　　B. 下部　　C. 受压区

11. 第一排弯起筋的弯起点至第二排弯起筋的弯终点之间的距离，不得大于（　　）。

A. 梁的高度　　B. 箍筋最大间距　　C. 梁的宽度

12. 梁侧构造筋的作用是（　　）。

A. 抗压　　B. 防止混凝土开裂　　C. 抗拉

13. 柱中全部纵向受力筋的配筋率不超过（　　）。

A. 5%　B. 3%　C. 4%

14. 柱中纵筋每边为 5~8 根时，应在（　）上搭接。

A. 一个截面　B. 两个截面　C. 三个截面

15. 当柱子短边不大于（　），且纵筋不多于 4 根时，可不设复合箍筋。

A. 200 mm　B. 300 mm　C. 400 mm

16. 基础混凝土保护层厚度，当有垫层时不小于（　）。

A. 35 mm　B. 70 mm　C. 50 mm

17. 当柱中全部纵筋配筋率超过 3%时，箍筋直径不宜小于（　）。

A. 6 mm　B. 8 mm　C. 10 mm

18. 总平面图中的标高指的是（　）。

A. 相对标高　B. 绝对标高　C. 建筑标高

19. 详图索引 $\frac{3}{4}$ 中的“3”指的是（　）。

A. 图纸编号　B. 轴线编号　C. 详图编号

20. 比例是图形与实物相对应的线性尺寸之比，如 1:50 指图样是实物的（　）。

A.50 分之一　B.50 倍　C.5 分之一

21. 建筑标高与结构标高指的都是（　）。

A. 相对标高　B. 绝对标高　C. 正数标高

22. 钢筋标注 8 Φ 10 中，“8” 指的是（　）。

A. 直径　B. 根数　C. 间距

23. 在钢筋混凝土构件中，“JL” 表示（　）。

A. 基础梁　B. 吊车梁　C. 连系梁

24. 在总平面图中，表示长度尺寸一般以米为单位，并保留小数点后（　）。

A. 三位　B. 一位　C. 二位

25. 一般规定,一个图样宜选用一个比例,但在结构构件详图中,一个图样可以有（　）。

A. 三个比例　B. 二个比例　C. 四个比例

26. 在钢筋混凝土构件代号中，“WJ” 表示（　）。

A. 屋架　B. 框架　C. 托架

27. 基础施工图属于（　）。

A. 结构施工图　B. 建筑施工图　C. 建筑详图

28. 梁中受力钢筋接头的位置，不宜设在（　）。

A. 支座处　B. 最小弯矩处　C. 最大弯矩处

29. 绑扎接头搭接长度应符合规范要求，在受拉区不得小于（　）。

A. 300 mm　B. 400 mm　C. 250 mm

30. 柱中纵向受力钢筋的直径不宜小于（　）。

A. 12 mm　B. 10 mm　C. 8 mm

31. 旧标准的 A_3 钢相当于新标准的钢号是（　）。

A. Q215　B. Q235　C. Q255　D. Q275

32. 下述（　）项与低合金结构钢的基本特征不符。

A. 良好的塑性和韧性　B. 耐锈蚀、耐低温

C. 仍有较好的可焊性　　D. 电炉冶炼，成本较高

33. 反映钢筋的塑性指标是（　　）。

A. 屈服点值和极限强度　　B. 伸长率和冷弯性能

C. 屈服点值和伸长率　　D. 极限强度和冷弯性能

34. 下列（　　）元素小含量时能使钢筋的屈服点和抗拉强度提高；含量过高时会降低塑性，破坏焊接性能。

A. 磷　B. 氮　C. 硅　D. 钛

35. 在负温下，冷拉Ⅱ级钢筋（$d \leqslant 25$ mm）冷拉控制应力应该是（　　）。

A. 450 MPa　B. 480 MPa　C. 420 MPa　D. 500 MPa

36. 某钢筋的碳当量为 0.4%，那么对焊接来说，应该是（　　）。

A. 无影响　B. 性能良好　C. 性能较差　D. 难度更大

37. 某对焊机容量为 150 kW，那么，采用连续闪光焊时，被焊钢筋上限直径是（　　）。

A. Ⅰ级钢　直径≤22 mm　　B. Ⅱ级钢　直径≤22 mm

C. Ⅲ级钢　直径≤22 mm　　D. Ⅱ级钢　直径≤20 mm

38. 下述（　　）措施不属于能够防止电渣压力焊钢筋发生偏心缺陷的措施。

A. 把钢筋端部矫直　B. 顶压用力适当　C. 适当调小焊接电流

39. 下列（　　）项不是在研读施工图所必须解决的内容。

A. 熟悉、了解施工图　　B. 掌握施工条件和施工进度

C. 审核施工图中钢筋表示是否清楚　　D. 妥善处理好图纸上存在的问题

40. 对图样上明确的，但施工条件限制不能完全按图施工的工作内容，可采取变通的办法有（　　）。

A. 联系单联系确认　　B. 向技术人员口头报告

C. 停工，待条件具备后再组织施工　　D. 动员群众、群策群力

41. 编制钢筋配料单时，应对施工现场有所了解，但（　　）项是不必要的。

A. 场地大小　　B. 水平、垂直运输条件

C. 现场施工技术人员的素质　　D. 安装施工条件

42. 在垫层的基础，钢筋的最小保护层厚度为（　　）。

A. 25 mm　B. 35 mm　C. 45 mm　D. 70 mm

43. 受压钢筋搭接长度不应小于（　　）。

A. 1.2 l_a　　B. 1.2 l_a 且不小于 300 mm

C. 0.85 l_a　　D. 0.85 l_a 且不小于 200 mm

44. 混凝土保护层最小厚度规定与下列（　　）项无关。

A. 构件类别　B. 环境条件　C. 混凝土强度等级　D. 钢筋强度等级

45. 受拉区内非预应力受力钢筋焊接接头面积允许百分率为（　　）。

A. 25%　B. 50%　C. 75%　D. 不限

46. 钢筋代换时下列诸因素中，不作为考虑的是（　　）。

A. 钢筋强度　B. 配筋率　C. 被代换钢筋的直径　D. 经济因素

47. 下列（　　）项要求不属于绘制钢筋大构图的基本要求。

A. 应符合建筑制图标准　　B. 应准确反映原设计的设计意图

C. 修改原设计，便于工人操作　　D. 纠正原设计中明显的差错，更好地体现原设计意图

48. 简支板下部纵向受力钢筋伸入支座的长度 l_a 不应小于（　　）。

A. $5d$　B. $10d$　C. $5d$ 且不小于 50 mm　D. $5d$ 且小于 100 mm

49. 楼面双向板和独立柱基底板钢筋，合理的布置方法应是（　　）。

A. 柱基短向钢筋布置在外层　　B. 双向板短向钢筋布置在外层

C. 双向板长向钢筋布置在外层　　D. 长短向钢筋都可随意布置在外层

50. 先张法梁内预应力钢筋的净距不宜小于（　　）。

A. 5 mm　B. 10 mm　C. 15 mm　D. 20 mm

51. 梁内箍筋设置要求是（　　）。

a. 当梁高 $h>300$ mm 时，应沿全长设置。

b. 梁高为 700 mm 的梁箍筋直径不宜小于 8 mm。

c. 梁内配有计算的受压钢筋时，绑扎骨架的箍筋间距不应大于 $15d$。

d. 梁高 450 mm 的梁，按计算质量箍筋最大间距为 200 mm。

A. a+b+c　B. b+c+d　C. c+d+a　D. d+a+b

52. 钢筋弯曲基本要求包括（　　）。

a. 形状尺寸准确。　　b. 平整无扭曲。

c. 焊接接头所处位置合理。　d. 速度快、工效高。

A. a+b　B. a+c　C. a+b+c　D. a+b+c+d

53. 加工弯起钢筋时，弯点划线和弯曲操作的顺序一般为（　　）。

A. 顺序一致

B. 划线从钢筋中点开始，弯曲也从中点开始

C. 划线从端点开始，弯曲从边端点到另一边端点

D. 划线从中点向两边进行，弯曲分别从两边到中部

54. 弯曲时，下列（　　）操作是允许的。

A. 脚手架上弯制粗钢筋

B. 弯曲机上同时弯曲二根 $\phi20$ mm 钢筋

C. 尽量用较小的弯曲心轴，使成形后的钢筋美观

D. 利用反向开关操作，使弯曲机急停，提高工效

55. 新购置的弯曲机弯曲钢筋采用工作等级按照（　　）。

A. 按规定定额

B. 按规定定额提高一级，促使齿轮磨合

C. 按规定定额降低一级，促使齿轮磨合

D. 只有当供电电压不足时，才考虑比照规定定额降级操作

56. 钢筋绑扎前应做好充分准备工作，但下列（　　）项要求过高，不切实际。

A. 核对钢筋配料单　　B. 检查成品钢筋数量、规格

C. 做好绑扎工具、材料的准备　　D. 对大型预制骨架搭设专门起吊设备

57. 当墙板钢筋直径不大于 12 mm 时，垂直方向的钢筋为便于绑扎操作，一般长度不超过（　　）。

A. 3 m　B. 3.5 m　C. 4 m　D. 4.5 m

58. 板、次梁、主梁交叉处的上部钢筋布置，从上向下的顺序依次是（　　）。

A. 主梁的负筋、次梁的负筋、板附加筋　B. 次梁的负筋、板附加筋、主梁负筋

C. 次梁负筋、主梁负筋、板的附加筋　D. 板的附加筋、次梁负筋、主梁负筋

59. 先制作混凝土构件，预留孔道，然后穿入预应力筋进行张拉，并用锚具把张拉后的预应力筋锚固在构件端部的施工工艺称（　）。

A. 先张法　B. 后张法　C. 电热张拉法

60. 预应力混凝土构件，其混凝土强度等级不宜低于（　）。

A. C20　B. C30　C. C40　D. C50

61. 先张法中常用来锚固 ϕ3~5 mm 冷拔低碳钢丝和碳素钢丝的单根钢丝夹具是（　）。

A. 钢质锥形夹具　B. 镦头夹具　C. 钢筋锚固夹具　D. 偏心式夹具

62. 后张法中，钢筋束常采用的锚具是（　）。

A. 螺柱端杆　B. 帮条　C. 镦头　D. JM 型锚具

63. 后张法中，既可用于锚固钢绞线束，又可锚固钢丝束、单根粗钢筋、多根预应力筋的新型锚具是（　）。

A. 螺丝端杆　B. JM 型　C. XM 型　D. QM 型

64. 后张法中可用于张拉多种钢筋类型的千斤顶是（　）。

A. YL 型　B. YC 型　C. YZ 型　D. 台座式

65. 先张法放松或切断预应力筋时，混凝土强度应达到（　）以上。

A. 70%　B. 80%　C. 75%　D. 85%

66. 后张法施工中，预留曲线孔道应采用（　）。

A. 钢管抽心法　B. 胶管抽心法　C. 预埋波纹管法　D. B 与 C 均可

67. 对于曲线型预应力筋，或长度≥（　）m 的直线预应力筋，应在构件两端同时张拉。

A. 24　B. 20　C. 18　D. 10

68. 后张法中，平卧叠浇构件为了减少叠层摩阻力引起的预应力损失，应改善构件间隔离层的性能，并限制重叠层数不大于（　）。

A. 2 层　B. 3 层　C. 4 层　D. 5 层

69. 当混凝土梁的高度大于或等于 1 m 时，在楼板底面以下 20~30 mm 处还应留（　）施工缝。

A. 垂直　B. 水平　C. 斜向　D. 均可

70. 混凝土施工缝处继续浇混凝土时，应待混凝土的强度不小于（　）方可进行。

A. 1.0 MPa　B. 2.0 MPa　C. 1.2 MPa　D. 2.2 MPa

71. 扣件式钢管脚手架一般用两排立柱搭设，立杆纵向间距和立杆横向间距为（　）。

A. 1~2 mm、1~1.5 mm　B. 2 mm、1.5 mm

C. 1.4~2.0 mm、0.9~1.5 mm　D. 均可

72. 既可载人又可载货的垂直运输机械是（　）。

A. 井字架　B. 龙门架　C. 塔式起重机　D. 施工电梯

73. 全面质量管理质量的概念应是（　）。

A. 产品质量　B. 工作质量　C. 产品和工作质量　D. 均可

74. 党的安全生产方针是（　）。

A. 安全第一、预防为主　B. 安全第一、质量第二

C. 质量第一、安全第二　　D. 效益第一、安全并重

75. 混凝土构件制品厂的钢筋加工场地应采用（　　）。

A. 永久性加工基地　　B. 半永久性基地

C. 临时加工场地　　D. 均可

76. 钢筋加工时，旁边堆场面积一般应考虑（　　）小时的原材料、半成品或成品的堆放面积。

A. 1～2　　B. 2～4　　C. 3～5　　D. 6～8

77. 排列图中，通常把频率在（　　）定为A类，称为主要因素。

A. 0～50%　　B. 0～60%　　C. 0～70%　　D. 0～80%

78. 班组计划的编制可采用（　　）。

A. 测算法　　B. 平衡分析法　　C. 定期计划法　　D. 均可

（三）判断题　下列判断正确的请打"√"，错误的打"×"。

1. 建筑工程施工图样一般是按正投影原理绘制出来的。（　　）

2. 在画三面正投影图时，沿投影方向看得见的物体轮廓线画成实线，看不见的线可不画。（　　）

3. 水平投影面反映的是物体的平面形状、长度和宽度。（　　）

4. 当剖切平面剖切一物体时，只画出剖切平面与物体相交所得到的图形，称剖面图。（　　）

5. 剖面图与断面图均应编号，编号注写在剖视方向一侧。（　　）

6. 标高注写一律以米为单位。（　　）

7. 标高有正数标高和负数标高以及零点标高。（　　）

8. 详图索引 $\left(\frac{2}{3}\right)$ 表示详图画在3号图纸上。（　　）

9. 凡是承重的梁、柱、墙等的平面位置均应画上定位轴线。（　　）

10. 同一图样只能选用同一比例。（　　）

11. 总平面图中的标高一般指的是绝对标高。（　　）

12. 在配置双层钢筋时，下层钢筋弯钩应向下或向左。（　　）

13. 板中配有 ϕ6/8@200 的钢筋，其含义是板中可以配 6 mm 或 8 mm 的Ⅰ级钢，间距为 200 mm。（　　）

14. 力在坐标轴上的投影是矢量。（　　）

15. 力偶可在其作用平面内任意移动，而不会改变其力偶矩的大小。（　　）

16. 力通过矩心，则力矩一定为零。（　　）

17. 合力一定比分力大。（　　）

18. 平面汇交力系平衡的充要条件是合力矩等于零。（　　）

19. 力可以在刚体上平行移动而不会改变力的作用效果。（　　）

20. 平面一般力系向任一点简化后可以得到一个合力。（　　）

21. 杆件在受力变形时，分子之间产生的相互作用力称内力。（　　）

22. 两根直径分别为 ϕ14 mm 和 ϕ16 mm 的Ⅰ级钢筋，承受相同的拉力作用，则两杆所受的内力相同。（　　）

23. 以弯曲变形为主的构件称为梁。（　　）

24. 混凝土保护层是为了防止钢筋锈蚀，所以保护层厚度越大越好。（ ）

25. 为了增加钢筋与混凝土的锚固作用，任何钢筋末端均应做弯钩。（ ）

26. 钢筋接头有绑扎和焊接接头，宜优先选用绑扎接头。（ ）

27. 钢筋的接头位置宜设在受力较小处。（ ）

28. 受力钢筋的接头位置应相互错开，同一根钢筋上的接头数量不受限制。（ ）

29. 钢筋混凝土基础属于柔性基础，基础台阶宽高比不受限制。（ ）

30. 独立基础为双向受力，短边方向的受力钢筋一般放在长边受力钢筋的上面。（ ）

31. 柱中配置箍筋，其作用是抗剪。（ ）

32. 柱中纵筋在配筋率不变的条件下，宜选用直径较小而根数较多的钢筋。（ ）

33. 柱内箍筋应做成封闭式，但不允许有内折角。（ ）

34. 板内弯起筋的作用主要是抗剪。（ ）

35. 当梁高大于 700 mm 时，应在梁的两侧沿高度方向每隔 300～400 mm 设置直径不小于 12 mm 的受力筋。（ ）

36. 板中配有分布筋，其数量是按计算确定的。（ ）

37. 梁内箍筋有开口式和封闭式，当梁中配有计算的受压钢筋时，箍筋应为封闭式。（ ）

38. 当柱子各边纵向钢筋多于三根时，应设置复合箍筋。（ ）

39. 当梁宽小于 150 mm 时，可用单肢箍。（ ）

40. 板内分布钢筋的截面面积不应小于单位长度上受力钢筋截面面积的 15%。（ ）

41. 当梁的截面高度大于 800 mm 时，箍筋直径不宜小于 6 mm。（ ）

42. 梁内弯起钢筋弯起后，在受拉区的锚固长度不小于 $20d$。（ ）

43. 当板厚大于 150 mm 时，板内受力筋间距不应大于 300 mm。（ ）

44. 柱内全部纵向受力筋的配筋率不宜超过 5%。（ ）

45. 梁内架立筋主要起骨架作用。（ ）

46. 力对物体的转动效应主要取决于力的三要素。（ ）

47. 用力拉弹簧，弹簧伸长，这是力的外效应。（ ）

48. 力是有大小和方向的物理量，称矢量。（ ）

49. 钢筋混凝土柱与基础嵌固连接，其支座可视为固定铰支座。（ ）

50. 力对某点（矩心）的力矩等于此力的大小与力作用点到该矩心距离的乘积。（ ）

51. 低合金钢是专用电炉冶炼，脱氧完全的镇静钢。（ ）

52. 热处理钢筋不能用电焊切割，也不能焊接，以免引起强度下降，或脆料。（ ）

53. 钢材在冶炼过程中若存在质量缺陷，会明显地表现为伸长率提高，对结构不利。（ ）

54. 钢筋冷拉有控制应力和控制冷拉率二种方法。若Ⅱ级钢冷拉控制应力为Ⅰ级钢的 1.6 倍，那么，Ⅱ级钢控制冷拉率也是Ⅰ级钢的 1.6 倍。（ ）

55. 在负温下冷拉钢筋时，若采用控制冷拉率方法时，冷拉率应较常温略提高一些。（ ）

56. 钢筋的可焊性就是指钢筋在一定条件下，获得优质焊接接头的难易程度。（ ）

57. 对焊焊接接头，接头处钢筋轴线偏移不得大于0.1倍钢筋直径，且不大于2 mm。 ( )

58. 规范规定钢筋在混凝土中的最小保护层厚度，实际施工中应在最小保护层厚度的基础上增加10～15 mm。

59. 钢筋在混凝土中最小保护层厚度与混凝土强度等级有关，与钢筋强度等级无关。 ( )

60. 双向配置受力筋的焊接骨架，可采用非焊接接头。 ( )

61. 钢筋骨架中受力变形钢筋的末端宜做成90°弯钩。 ( )

62. 由于Ⅱ、Ⅲ级钢筋的塑性较Ⅰ级钢筋差，弯曲时弯曲直径应增大，导致计算弯曲度量调整值应适当增加。 ( )

63. 对于抗裂度要求较高的构件，宜用塑性好的钢筋代替塑性低的钢筋。 ( )

64. 钢筋放样的工作顺序应与施工现场保持一致，与绑扎、安装的顺序相适应。( )

65. 预制柱纵向受力钢筋的净距不应小于50 mm。 ( )

66. 当简支梁下部纵向受力钢筋为变形钢筋，梁端剪力又较大时，伸入支座的锚固长度 $l_a \geqslant 12d$。 ( )

67. 某梁的梁高为200 mm，承受的切力又较小，虽然计算不需配置箍筋，但仍应配置部分箍筋。 ( )

68. 上下柱钢筋搭接的搭接根数及搭接长度的确定，一律按上柱钢筋决定。 ( )

69. 若在柱的搭接位置上已经加密箍筋，那么，只需满足搭接长度要求，下柱钢筋可直接伸入上柱。 ( )

70. 按施工图中计算钢筋数量，其结果即为实际用料数量。 ( )

71. 钢筋弯曲时弯折点的划线，一般宜以中点向两端分别进行。 ( )

72. 钢弯曲质量的好坏与弯曲顺序、操作习惯无关。 ( )

73. 不允许临时在脚手架上弯制粗钢筋。 ( )

74. 对于新购置的弯曲机，在弯曲钢筋时往往要比规定额小一级。 ( )

75. 某独立柱基底板配筋间距为100 mm，在交叉点可相隔交错绑扎，但铁丝应扣成八字形。 ( )

76. 框架梁中牛腿及柱帽等钢筋，应设置在柱的纵向钢筋内侧。 ( )

77. 受拉构件中受拉钢筋按1.2 l_d 长度搭接。 ( )

78. 借助于混凝土与预应力筋之间的粘结力来使混凝土产生在预压应力的预应力构件是采用先张法生产的。 ( )

79. 夹具是后张法中将预应力筋固定在构件端部，并传递预应力给混凝土的永久性锚固装置。 ( )

80. 当采用钢绞线作预应力钢筋时，混凝土强度等级不宜低于C30。 ( )

81. 单根粗钢筋在固定端可用螺丝端杆锚具。 ( )

82. YC型千斤顶可用于张拉采用JM12型锚具的预应力钢筋束。 ( )

83. 采用千斤顶张拉时，千斤顶的最大量程不宜小于设备额定张拉力的1.3倍。( )

84. 千斤顶久置后，使用前应重新标定。 ( )

85. 直线预应力筋长度≥24 m，应在构件一端张拉。 ( )

86. 对平卧叠浇构件，宜先下后上逐层进行张拉。 ( )

87. 孔道灌浆的材料是按 0.4～0.45 水灰比制成水泥浆。 ( )

88. 先张法施工的预应力构件，如果配筋较多，可采用砂轮锯来逐根切断钢筋。 ( )

89. 预应力混凝土构件比普通混凝土构件有更高的抗裂强度和刚度。 ( )

90. 钢绞线下料时，应采用电弧切割，不得采用砂轮切割机。 ( )

91. 对于钢丝在预应力张拉时可采用 0 ⟶1.03 σ_{con}的张拉程序。 ( )

92. 先张法施工中，应在混凝土强度达到设计强度要求或混凝土设计强度标准值 75％时进行。 ( )

93. QM 型锚具只可用来锚固钢绞线束。 ( )

94. 混凝土施工缝应留在结构受剪力小或施工方便处。 ( )

95. 对接扣件用于两根钢管呈垂直交叉的连接。 ( )

96. 结构脚手架承受的施工荷载不应大于 2 kN/m^2。 ( )

97. 施工电梯可人货同载。 ( )

98. 施工人员上、下脚手架必须走设置安全防护的出入通道，严禁攀援脚手架。 ( )

99. 钢管扣件式脚手架杆件安装顺序为立杆、大横杆、小横杆、剪刀撑、连墙杆。 ( )

100. 井字架一般禁止载人。 ( )

101. 混合施工班组是由许多不同工种工人组成的。 ( )

102. 编制班组生产计划时，应具有先进性，不能留有余地。 ( )

103. 定包合同比施工任务书更能保证班组计划的实施。 ( )

104. 班组计划的专题检查属于事后控制。 ( )

105. 班组的质量管理主要做好工程质量的控制、检查和评定等几项工作。 ( )

106. 党的安全生产方针是：牢固树立“安全第一、预防为主”的思想，树立“生产必须安全、安全促进生产”的指导方针。 ( )

107. 班组机具管理应该实行“定人、定岗位责任、定时间”的三定制度。 ( )

108. 班组材料验收入库时，一般只做外观检验，核对材料的质量检验合格证。 ( )

109. 产品的质量是由原材料和生产机器决定的。 ( )

110. 为了把具有不同性质的数据和各种影响因素按类划片、理顺关系，可以采用排列图方法。 ( )

111. 钢筋工的施工方案主要包括：钢筋加工场地的布置；钢筋的施工作业进度计划；钢筋加工的工艺流程和施工方法，技术、质量和安全措施等四个阶段的工作内容。 ( )

112. 钢筋作业进度计划可采用横道图或网络图来表达。 ( )

113. 如果施工场地较狭小，可在模板或脚手架上集中堆放钢筋。 ( )

114. 排列图中，通常把频率在 90％～100％区域的影响因素称为主要因素。 ( )

115. 施工机械操作人员必须进行技术培训，经过考试合格，取得岗位证书后方可独立操作。 ( )

116. 用因果分析图可以找出事物的所有影响因素。 ( )

（四）简答题

1. 混凝土保护层的作用是什么？

2. 工程上常见的支座形式有哪些？并画出简图。

3. 板中分布筋有哪些作用？

4. 钢筋混凝土梁中一般配有哪些钢筋？各有什么作用？

5. 在梁中纵向受力钢筋搭接长度范围内，对箍筋间距有何要求？

6. 简支板中的主筋伸入支座有什么要求？

7. 钢筋混凝土柱配筋详图的识读内容有哪些？

8. 结构施工图一般包括哪些图纸？

9. 钢筋混凝土基础的受力特点是什么？

10. 建筑施工图与结构施工图有什么相同的地方？

11. 能够用作预应力钢筋的有哪几种钢筋？

12. 冷拉后的钢筋有哪些优点？为什么说冷拉钢筋通过时效后才能充分体现冷拉的优点？

13. 动手编制配料单以前应明确哪几方面的问题？

14. 钢筋代换时应注意哪些问题？

15. 什么是先张法、后张法？

16. 后张法中，预应力筋、锚具与张拉设备如何配套？

17. 预应力后张法钢筋张拉中，如何避免预应力损失？

18. 什么是施工缝？留设原则是什么？施工缝处继续浇混凝土时应如何处理？

19. 扣件式钢管脚手架如何保证其稳定性？

20. 井字架卷扬机作业棚设置要求有哪些？

21. 班组作业计划如何实施和检查？

22. 全面质量管理运转程序分哪几个阶段？有何特点？

23. 施工方案的任务是什么？

24. 钢筋加工场地的设置应如何考虑？

（五）计算题

1. 已知力 $F_1=10$ kN，$F_2=15$ kN，$F_3=20$ kN，如题图 1 所示，试求各力在 x 轴和 y 轴上的投影。

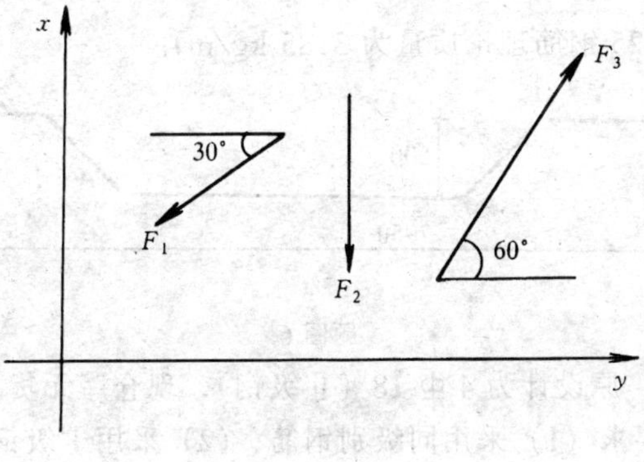

题图 1

2. 如题图 2 所示，杆 AB 和 AC 用铰链连接于 A，两杆分别铰接于墙上，铰 A 处悬挂一重物 $P=20$ kN，试求两杆所受的力（杆重不计）。

3. 求题图 3 所示简支梁 A、B 支座处的支座反力。

4. 求题图 4 所示悬臂梁 A 支座处的支座反力。

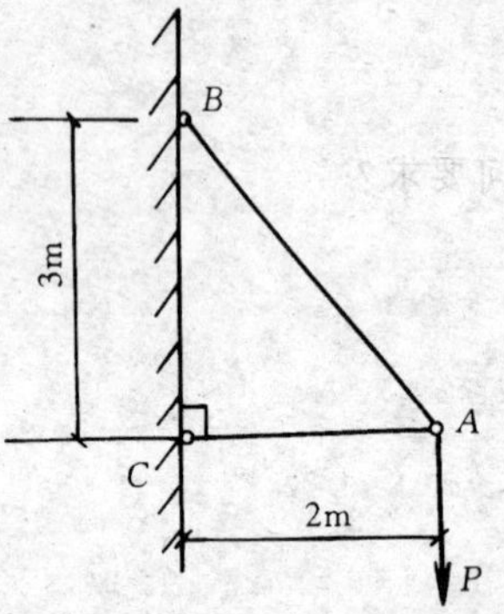

题图 2

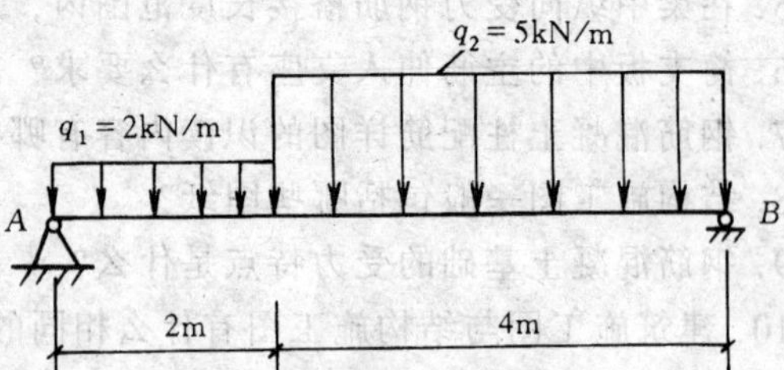

题图 3

5. 如题图 5 所示，有一重 10 kN 的物体，用绳索吊起，设绳索的直径 $d = 40$ mm，许用应力 $[\sigma] = 8.5$ MPa，试校核其强度。

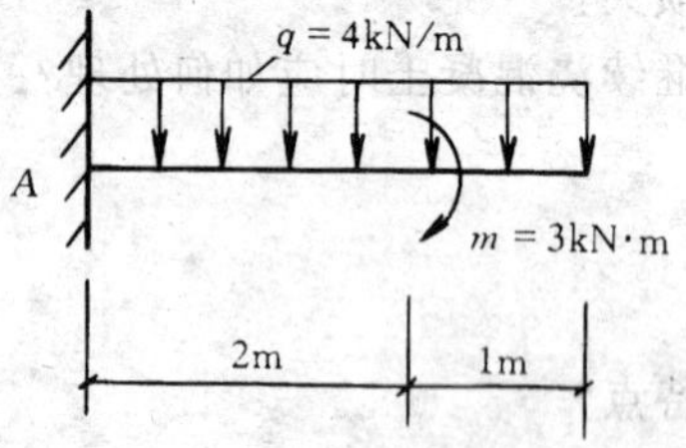

题图 4

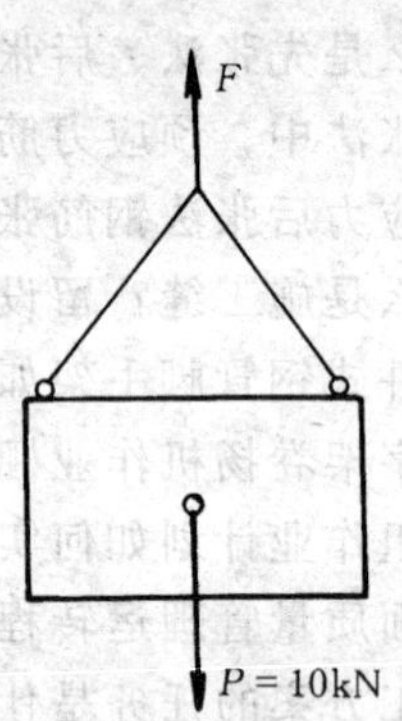

题图 5

6. 某梁中的弯起钢筋如题图 6（弯起角度为 45°），试计算：

（1）弯起筋的斜长；

（2）弯起筋底边长度；

（3）钢筋下料长度；

（4）钢筋的质量（ϕ25 钢筋理论质量为 3.85 kg/m）。

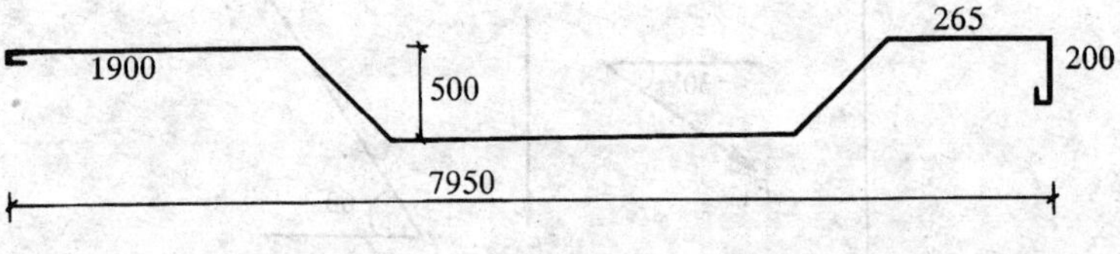

题图 6

7. 某梁的受力钢筋，原设计为 4 Φ 18（Ⅱ级钢），现仓库无货，经设计同意可改用其他钢筋，请拟代换方案。要求（1）采用同级别钢筋；（2）采用Ⅰ级钢。

8. 现工地有柱子钢筋骨架共计 10 根，经检测发现有 15 处钢筋绑扎搭接长度不合格，1 处绑扎点松扣，1 处受力筋保护层不足，20 处箍筋数量缺少、间距过大，3 处箍筋弯钩不合格，请用排列图法寻找影响质量的主次因素。

9. 某教学楼二层楼面有 10 根钢筋混凝土简支梁，需用钢筋共计 822 kg，现查得定额为 9.615 工日/t，问此钢筋绑扎安装需多少工日？若安排 4 人绑扎安装则需几天？

二、知识要求练习题参考答案

（一）填空题

1. 力的大小；方向；作用点　2. 外效应；内效应　3. 可动铰支座；固定铰支座；固定端支座　4. 大小相等；方向相反；作用线平行　5. 轴向拉伸；轴向压缩；弯曲变形；剪切变形；扭转变形　6. 杆件单位横截面积上的内力　7. 简支梁；外伸梁；悬臂梁　8. 所有力的作用线在同一平面内且全相交于一点的力系；合力　9. 大小；垂直距离　10. x 轴上投影的代数和；y 轴上投影的代数和　11. 一个力偶；原力对新作用点　12. 不全交于一点也不全平行　13. 内力图；弯矩图；切力图　14. 正比；反比；线性；大；零　15. 防止钢筋锈蚀，保证混凝土与钢筋之间有足够的粘结力　16. 粘结锚固作用；弯钩　17. 35；70　18. 8；100～200；上面　19. 抗压　20. $15d$；$20d$；400　21. 纵向受力筋；架立筋；箍筋；梁侧构造筋；纵向受力筋；弯起筋；箍筋　22. 固定受力筋位置；将力均匀传递给受力筋；防止平行于受力筋方向混凝土开裂　23. 绑扎；焊接；焊接　24. 纵向受力筋；锚固长度；搭接长度　25. 长对正；高平齐；宽相等　26. 全剖面图；半剖面图；阶梯剖面图；局部剖面图；移出断面图；重合断面图；中断断面图　27. 详图编号；详图所在图纸编号　28. 图上尺寸；实际尺寸　29. 承重构件　30. m；mm　31. 碳素结构钢；低合金钢　32. 屈服点；塑性；韧性　33. 变形；不符　34. 52.25　35. 焊接加工；使用要求　36. 横向裂纹；4°　37. 400～500；20～25　38. 偏心；弯折　39. 准确；合理；科学　40. 15　41. 非焊接的搭接　42. 轴心受压　43. 6.25　44. 正常使用　45. 4 Φ 20　46. 70；200　47. 10%；3　48. 受力钢筋直径；25 mm　49. 200　50. 1/4　51. 10～16；附加钢筋　52. 1/4；6　53. $0.9B$　54. $0.309T$/工日　55. 形状、尺寸准确；扭曲　56. 弯曲速度；钢筋级别；挡板松紧　57. 各部件油杯及蜗轮箱；空载试运转　58. 10；20　59. 1；14　60. $0.9B$　61. 受拉区内；两根架立钢筋上　62. 25.0；200；100　63. 抗裂度；刚度　64. 先张法；后张法　65. C30；C40　66. 夹具；锚具　67. 将预应力筋固定在台座上的锚固夹具；张拉时夹持预应力筋用的张拉夹具　68. 月牙形夹具；偏心式夹具；楔形夹具　69. 螺丝端杆；帮条；镦头　70. JM 型；XM 型；QM 型；镦头锚具　71. 3～6、12、5～6、12；15　72. 钢质锥形锚具；XM 锚具；钢丝束镦头锚具　73. YL 型千斤顶；YC 型千斤顶；YZ 型千斤顶　74. 液压千斤顶系统；电动螺杆张拉机；电动卷扬机　75. 电动螺杆张拉机；电动卷扬机　76. 0；$1.03\sigma_{con}$；0；$1.05\sigma_{con}$　77. 设计要求强度；75%　78. 孔道预留；预应力筋张拉；孔道灌浆　79. 钢管抽心法；胶管抽心法；预埋波纹管法　80. 构件两端同时张拉　81. 模板工程；钢筋工程；混凝土工程　82. 技术；施工组织；凝结时间　83. 受力小（剪力小）；方便施工　84. 水平；垂直　85. 外脚手架；里脚手架　86. 钢管；扣件；底座；脚手板　87. 1 kN/m^2；2 kN/m^2；3 kN/m^2　88. 井字架；龙门架；施工电梯；塔吊　89. 1.1 m；0.2～0.3 m　90. 4.0；立体交叉作业时　91. 专业施工班组；混合施工班组　92. 施工任务书下达；定包合同的签订　93. 事前控制；事后控制　94. 控制；检查；评定　95. “安全第一、预防为主”；“生产必须安全，安全促进生产”　96. 全企业性；全过程；全员　97. 计划；实施；检查；处理　98. 金属材料；非金属材料　99. 技术政策、规范、规程；经济效果；科学技术规律办事　100. 定机；定人；定岗位责任　101. 产品的质量；工作质量　102. 质量第一；为用户服务；凭数据说话；预防为主

（二）选择题

1. B　2. B　3. A　4. C　5. B　6. A　7. B　8. C　9. C　10. C
11. B　12. B　13. A　14. B　15. C　16. A　17. B　18. B　19. C　20. A
21. A　22. B　23. A　24. C　25. B　26. A　27. A　28. C　29. C　30. A
31. B　32. D　33. B　34. C　35. B　36. C　37. B　38. C　39. D　40. A
41. C　42. B　43. D　44. D　45. B　46. D　47. C　48. C　49. B　50. C
51. C　52. D　53. D　54. D　55. C　56. D　57. C　58. D　59. A　60. B
61. A　62. D　63. C　64. B　65. C　66. D　67. A　68. C　69. B　70. C
71. C　72. D　73. C　74. A　75. A　76. B　77. D　78. D

（三）判断题

1.✓　2.×　3.✓　4.×　5.✓　6.✓　7.✓　8.×　9.✓　10.×
11.✓　12.×　13.×　14.×　15.✓　16.✓　17.×　18.×　19.×　20.×
21.✓　22.✓　23.✓　24.×　25.×　26.×　27.✓　28.×　29.✓　30.×
31.×　32.✓　33.✓　34.×　35.×　36.×　37.✓　38.✓　39.✓　40.×
41.×　42.✓　43.✓　44.✓　45.✓　46.×　47.×　48.✓　49.✓　50.×
51.×　52.✓　53.×　54.×　55.×　56.✓　57.✓　58.×　59.✓　60.×
61.×　62.✓　63.×　64.✓　65.×　66.✓　67.✓　68.✓　69.×　70.×
71.✓　72.×　73.✓　74.✓　75.×　76.✓　77.×　78.✓　79.×　80.×
81.×　82.✓　83.✓　84.✓　85.×　86.×　87.✓　88.×　89.✓　90.×
91.✓　92.✓　93.✓　94.✓　95.×　96.×　97.✓　98.✓　99.✓　100.✓
101.✓　102.×　103.✓　104.✓　105.✓　106.✓　107.×　108.✓　109.×　110.×
111.✓　112.✓　113.×　114.×　115.✓　116.✓

（四）简答题

1. 答：混凝土保护层的作用是防止钢筋锈蚀，保证钢筋与混凝土之间有足够的粘结力，增加结构耐久性。

2. 答：（1）可动铰支座　　简图 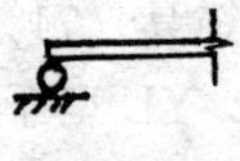

（2）固定铰支座　　简图 

（3）固定端支座　　简图 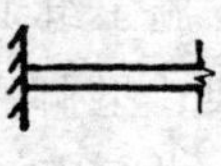

3. 答：（1）与受力筋一起形成钢筋骨架；（2）将荷载均匀地传递给受力筋；（3）防止平行于受力筋方向混凝土开裂。

4. 答：（1）纵向受力筋，其作用是承受拉力；（2）弯起筋，其作用是承受拉力和剪力；

(3) 架立筋，其作用是与纵向受力筋、箍筋形成钢筋骨架；(4) 箍筋，其作用是承受剪力并与纵向受力筋、架立筋形成钢筋骨架；(5) 梁侧构造筋，其作用是防止梁中部混凝土开裂。

5. 答：当搭接的纵向钢筋为受拉时，箍筋间距不大于 $5d$ 且不大于 100 mm，当搭接的纵向钢筋为受压时，箍筋间距不大于 $10d$ 且不大于 200 mm（d 为纵向钢筋的最小直径）。

6. 答：(1) 采用绑扎配筋时，板的下部纵向受力筋伸入支座的长度 $15d$；(2) 当采用焊接网配筋时，其末端至少应有一根横向钢筋配置在支座边缘内，否则应把受力筋末端制成弯钩或加焊横向附加钢筋。

7. 答：(1) 了解柱内纵向受力筋的强度等级、直径、数量以及钢筋的接头位置、尺寸要求等；(2) 了解柱内箍筋的强度等级、直径、数量、形状等要求以及箍筋沿柱高配置变化情况；(3) 了解柱与围护墙、连系梁的连接构造以及预埋件、预留插筋的位置、数量、尺寸等情况。

8. 答：包括图纸目录、结构设计总说明、基础施工图、结构平面图、结构构件详图。

9. 答：钢筋混凝土基础不受台阶宽高比的限制，基础板伸臂长度可以较大，其较大的弯曲应力由配置的钢筋来承担。它适用于荷载较大而地基承载力相对较低的浅埋基础。

10. 答：轴线位置、编号、墙体厚度相同，过梁、门窗洞口的位置等都相同。

11. 答：一般来讲钢筋的强度越高，越适宜用作预应力钢筋，通常是：冷拔甲级钢丝，适用于中小型预应力构件（先张法）；普通低合金钢可适用于后张法，先张法预应力构件，尤其是Ⅳ级钢及热处理钢适用于跨度较大结构中的（后张法）预应力筋；碳素钢丝，刻痕钢丝往往用在大跨度预应力结构上。

12. 答：冷拉后的钢筋在力学性能上可提高钢筋的强度约 20%～25%，但塑性未明显变坏。通过冷拉还可增加原有钢筋的长度 3%～8%，同时解决钢筋的除锈和调直问题。

冷拉后的钢筋，经过一定的时间后，才能使钢筋中的晶体被渗碳体分布在晶体滑动面上，进一步起到阻碍晶体滑动的强化作用，从而能提高钢材强度。这就是冷拉后的钢筋通过时效后提高强度的内在原因。

13. 答：在动手编制配料单前，必须明确以下四个方面规定和要求：

(1) 规范对钢筋最小保护层厚度的规定；

(2) 规范对钢筋搭接长度，接头面积百分率；规定值，规范重要构件对接头的条件限制，焊接接头位置对弯曲时的影响等；

(3) 钢筋弯钩要求；

(4) 钢筋弯曲设备状况，弯曲度量偏差。

14. 答：钢筋代换时应注意以下几点：

(1) 重要构件钢筋代换实施前，必须经设计单位或技术负责人审定；

(2) 代换后不能降低原有设计强度，钢筋级别最好相同，或差一级，钢筋直径也应较接近；

(3) 代换后的钢筋应满足规范中所规定的钢筋间距、锚固长度、最小配筋率、最小钢筋直径和根数的规定；

(4) 代换前后，含钢率不宜变化太大，以免影响构件的抗裂、变形性能；

(5) 如吊车梁、尾架等抗裂度要求较高的构件，不宜用Ⅰ级光面钢筋代换；

(6) 构件中，受力性能有差异的钢筋要分别代换，不能取整个截面配筋量计算；

(7) 对于抗震要求较高的构件，原设计对钢筋有一定的塑性要求，不宜用高强钢筋代替，降低原塑性要求。

15. 答：预应力混凝土施工中，先张拉预应力钢筋，后浇筑混凝土，通过混凝土与钢筋之间的粘结力来传递预应力的工艺称先张法；先施工混凝土构件，然后在预留的孔道内张拉预应力钢筋，并由构件两端的锚具来传递预应力的工艺称为后张法。

16. 答：配套如下表：

钢筋类别	锚具种类	千斤顶种类
单根粗钢筋	螺丝端杆、帮条、镦头	YL 型、YC 型
钢筋束、钢绞线束	JM 型、XM 型、QM 型	YC 型
钢丝束	钢质锥形锚具、钢丝束镦头锚具	YL 型、YC 型、YZ 型

17. 答：主要考虑以下几个方面：（1）为减少分批张拉而引起后批预应力筋张拉时对已锚固的先批张拉预应力筋预应力损失，可采用加大先批预应力钢筋的张拉应力或采用二次张拉法；（2）为减小孔道与预应力筋之间摩擦阻力而引起的预应力损失，可在曲线、折线型孔道或直线孔道大于等于 24 m 时采用两端张拉法；（3）为减少平卧叠浇构件之间摩阻力而引起的预应力损失，可以自上而下逐层加大张拉应力或改善构件间隔离剂，降低摩擦系数；（4）为减小张拉中由于钢筋松弛引起的损失，可采用超张拉程序：$0 \longrightarrow 1.03\sigma_{con}$ 或 $0 \longrightarrow 1.05\sigma_{con} \xrightarrow{\text{持荷 2 min}} \sigma_{con}$。

18. 答：由于技术上或组织上的原因，混凝土浇筑不能连续进行，中间的间歇时间超过了混凝土的凝结时间，则混凝土二次浇筑的界面处即为施工缝。施工缝留设位置应设在结构受力小（剪力小）且方便施工处。

施工缝处继续浇混凝土时应待混凝土抗压强度不小于 1.2 MPa 时方可进行。浇筑前应除去混凝土表面松软的部分，洒水湿润后再铺上与混凝土成分相同，厚度为 10～15 mm 的水泥砂浆一层，并将新浇混凝土振捣密实。

19. 答：为防止脚手架内外倾覆，三步以上脚手架必须设固定件。24 m 以下脚手架可采用刚性或柔性固定件；24 m 以上应采用刚性固定件。

为保证脚手架的整体稳定性，七步架以上脚手架必须设剪刀撑。设置位置：35 m 以下脚手架除在两端设置外，中间每隔 12～15 m 设一道，35 m 以上则沿两端和转角处起每 7～9 根立杆设一道，且每片架子不少于三道。每处剪刀撑应联系 3～4 根立杆，斜杆与地面夹角为 45°～60°，并沿架高连续布置。

20. 答：卷扬机的位置应符合以下要求：（1）不受场内运输和其他现场作业的干扰；（2）不设在塔吊起重机回转半径之内，以免吊物坠落伤人；（3）卷扬机司机能清楚地观察吊盘升降情况。

21. 答：班组作业计划实施可采用任务书下达和定包合同的签订的方法。但施工任务书的计算工作量手续繁琐，采用定包合同既明确了接受任务的单位或班组应承担的职责，也规定了上一级为班组提供的条件和相应的责任，有利于计划任务的实现。

计划的检查控制主要是根据各种定额、施工技术规范、质量标准及班组或各岗位计划指标，采用事前控制和事后控制的方法。事前控制就是在计划执行之前，按标准实行控制；事后控制就是在计划执行中或结束后将执行情况与标准比较，发现差距，分析原因，采取措施加以处理。

22. 答：全面质量管理可分为 P（计划）、D（实施）、C（检查）和 A（处理）四个阶段，它们组成 PDCA 循环来运转整个质量保证体系。它有以下特点：(1) 大环套小环，环环相扣；(2) 螺旋上升或爬楼梯式提高；(3) PDCA 质量管理循环是综合性循环。

23. 答：根据施工组织设计的要求，提供施工准备工作内容，对人工、材料、机械和施工方法等进行科学合理的安排，协调施工中各工种之间、各项资源之间的合理关系，使工程施工取得相对优良的效果。

24. 答：首先根据钢筋加工的工程量及施工点流动性等，可将钢筋加工场地设置为：(1) 永久性加工基地，承担混凝土构件厂内的钢筋加工；(2) 半永久性基地，承担本企业所属施工单位的钢筋加工；(3) 临时性加工场地，承担一个或几个施工点的钢筋加工。

其次还应考虑原材料和成品的运输，场内焊接机械多、耗电量大，要求电压稳定等因素，故应选择在交通干线附近，又靠近继电室的地点并设独立供电线路。

总的说应统筹安排，因地制宜。

（五）计算题

1. $F_{1x}=-8.66$ kN，$F_{1y}=-5$ kN；$F_{2x}=0$，$F_{2y}=-20$ kN；$F_{3x}=10$ kN，$F_{3y}=17.32$ kN

2. $P_{AB}=24.03$ kN　　$P_{AC}=-13.33$ kN

3. $R_A=10$ kN　　$R_B=14$ kN

4. $R_A=12$ kN　　$m_A=21$ kN·m

5. $\sigma=8.0$ MPa

6. 解：

(1) 钢筋的斜长：$500\times1.414=707$（mm）

(2) 钢筋底边长度：

$$7\,950-1\,900-265-2\times500=4\,785 \text{（mm）}$$

(3) 钢筋下料长度：

$$7\,950+200+6.25\times25\times2-4\times25=8\,363 \text{（mm）}$$

(4) 钢筋质量：

$$3.85\times8.363=32.2 \text{（kg）}$$

7. 解：

(1) $A_{s1}\leqslant A_{s2}$　$f_{y1}=f_{y2}$　　4 Φ 18，$A_{s1}=1\,017\ \text{mm}^2$

则选用 2 Φ 16 + 2 Φ 20

$$A_{s2}=402+628=1\,030\ \text{mm}^2>1\,017\ \text{mm}^2$$

(2) 选用Ⅰ级钢：

$$f_{y1}\cdot A_{s1}=310\times1\,017=315\,270 \text{（N）}$$

$$A_{s2}=315\,270\div210=1\,501 \text{（mm}^2\text{）}$$

选 4 Φ 22，$A_{s2}=1\,520>1\,501$

8. 解：

项　次	缺 陷 名 称	频数	频率（%）	累计频率
1	箍筋间距大	20	50%	50%
2	钢筋搭接长度不够	15	37.5%	87.5%
3	箍筋弯钩不合格	3	7.5%	95%
4	绑扎点松扣	1	2.5%	97.5%
5	受力筋保护层不足	1	2.5%	100%

由题图 7 可知：1、2 两类缺陷属 A 类区为主要影响因素；3 类缺陷在 B 类区，属次要影响因素；4、5 类在 C 类区为一般因素。

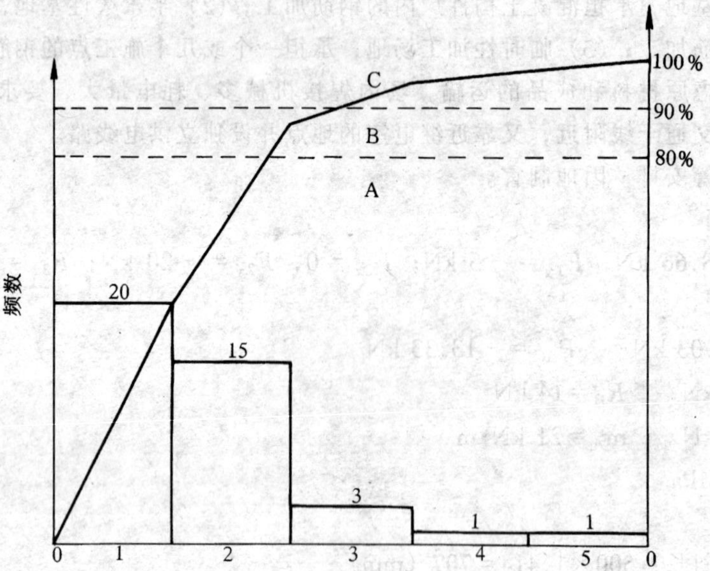

题图 7

9. 解：

$$9.615\ 工日/t \times 822\ kg/1\ 000 = 7.9 \doteq 8\ 工日$$

$$8\ 工日 \div 4\ 工人 = 2\ 天$$

答：此批梁的钢筋安装需 8 工日，4 人绑扎需 2 天。

三、技能要求练习题及参考答案

第一题

1. 题目名称：L 形柱和外伸梁

2. 题目内容：按构件图（如题图 8）编制钢筋配料单，按配料单下料，弯曲成形，现场

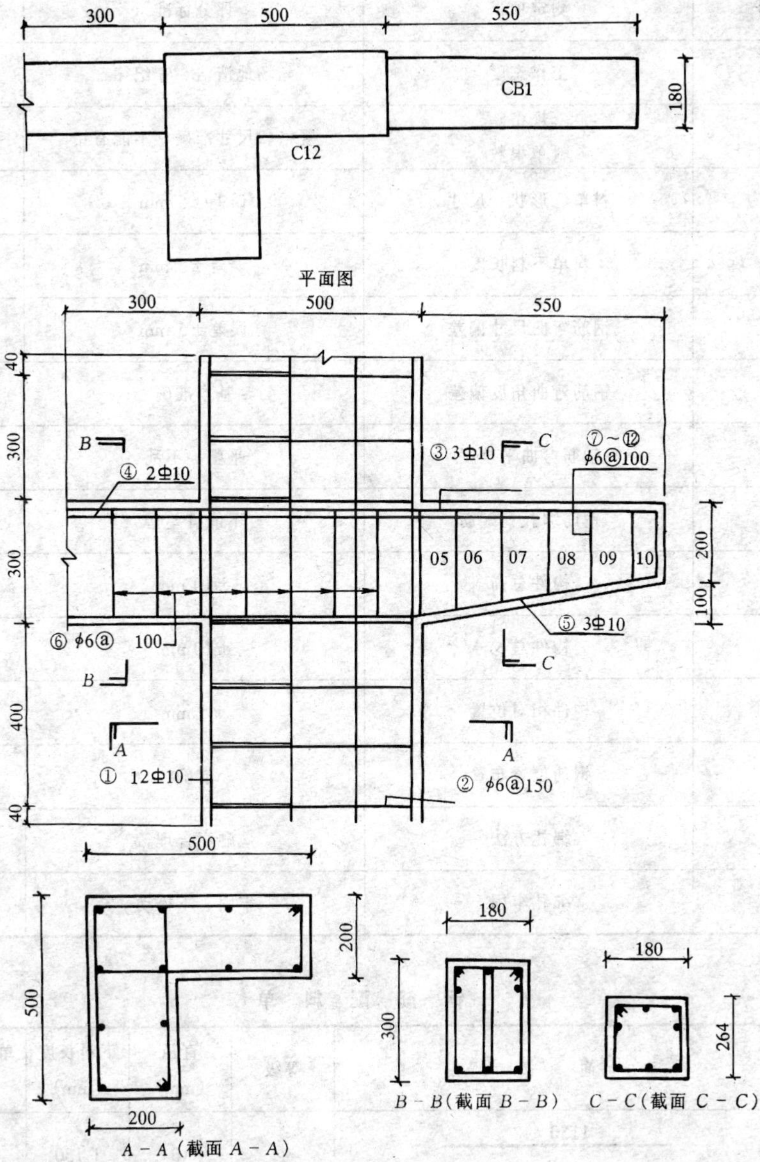

注意：1. 混凝土保护层一律为 25 mm。2. 所有视图都不按照比例绘制。3. 所有尺寸单位均为 mm。4. 考生须依照钢筋配料表切割和弯曲正确的钢筋数目。5. 考生须根据考试作业结构图制扎作业。6. 绑扎所有的钢筋不可使用简易结。

题图 8　L 形柱和外伸梁

绑扎（不提供木模）。

3. 时间要求：6 h。

4. 使用的工具、设备、材料：6 mm、10 mm 直径钢筋弯曲器各一套；铁钳；切割器；2 m 盒尺；ϕ6 线材（长度 6 m）6 根；Φ 10 线材（长度 6 m）4.5 根；粉笔；0.8 mm 直径铁丝 2 kg；25 mm 铁钉 10 根。

5. 操作要求及评分标准：见题表 1 和题表 2。

题表 1 **评 分 标 准**

序 号	测定项目	评分标准	满 分
1	工作态度	场地清洁、守纪律	10
2	规格 料单根数	规格、尺寸准确、不能有错	5
3	料单、形状、尺寸	误差 ±5 mm	8
4	料单下料长度	误差 ±5 mm	8
5	钢筋弯曲尺寸偏差	误差 ±5 mm	8
6	钢筋弯曲角度偏差	基本准确	8
7	钢筋弯曲平整度	平整、不乱	8
8	钢筋绑扎：配筋	不能有差错	5
9	构件总高	±10 mm	5
10	构件总长	±10 mm	5
11	构件相对位置	±5 mm	8
12	钢筋位置布置	准确	6
13	绑扎方法	顺序合理	8
14	绑扎牢固	牢固、不松动	8

题表 2 **钢 筋 配 料 单**

构件名称	编号	简 图	等级	直径 (mm)	下料长度 (mm)	单位根数 (支)	合计根数 (支)
C12	1	1150	Φ	10	1 150	12	12
C12	2	 460×160	ϕ	6	1 280	14	14

续表

构件名称	编号	简图	等级	直径（mm）	下料长度（mm）	单位根数（支）	合计根数（支）
CB1	3	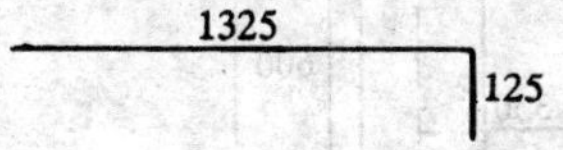	Φ	10	1 430	3	3
	4	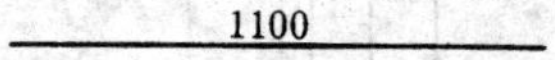	Φ	10	1 100	2	2
	5	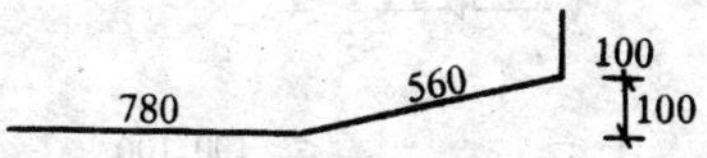	Φ	10	1 420	3	3
	6	 80×260	φ	6	720	14	14
	7	 140×256	φ	6	832	1	1
	8	 140×238	φ	6	796	1	1
	9	 140×220	φ	6	766	1	1
	10	 140×202	φ	6	724	1	1
	11	 140×184	φ	6	688	1	1
	12	 140×166	φ	6	652	1	1

第二题

1．题目名称：柱、梁和压檐墙

2．题目内容：按构件图（如题图 9）编制钢筋配料单，按配料单下料，弯曲成形，现场绑扎（不提供木模）。

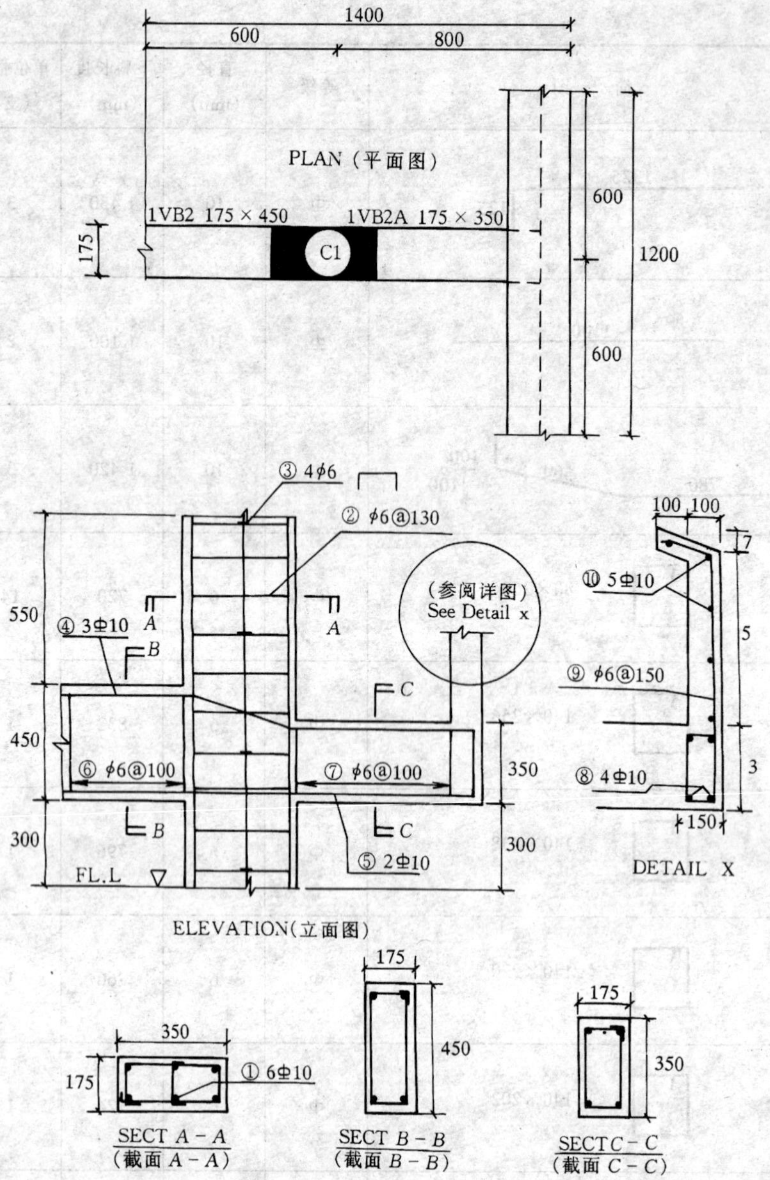

注意：1. 混凝土保护层梁和压檐墙一律为 25 mm，柱子为 35 mm。2. 所有视图都不按照比例绘制。
3. 所有尺寸单位均为 mm。4. 考生须依照钢筋配料表切割和弯曲正确的钢筋数目。
5. 考生须根据考试作业结构图制扎作业。6. 绑扎所有的钢筋，不可使用简易结。

题图 9　柱、梁和压檐墙

3. 时间要求：6 h。

4. 使用的工具、设备、材料：6 mm、10 mm 直径钢筋弯曲器各一套；铁钳；切割器；2 m 盒尺；ϕ6 线材（长度 6 m）7 根；Φ 10 线材（长度 6 m）6 根；粉笔；0.8 mm 直径铁丝 2 kg；25 mm 铁钉 10 根。

5. 操作要求及评分标准：见题表 1 和题表 3。

题表 3 **钢 筋 配 料 单**

构件名称	编号	简 图	等级	直径（mm）	下料长度（mm）	单位根数（支）	合计根数（支）
C1	1	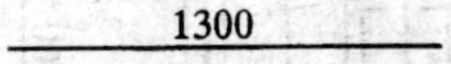	虫	10	1 300	6	6
	2	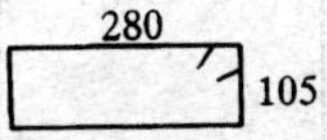	中	6	810	10	10
	3	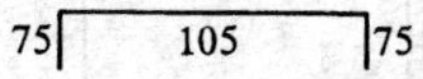	中	6	231	4	4
VB2（A）	4		虫	10	1 522	3	3
	5		虫	10	1 502	2	2
	6	 125×400	中	6	1 090	5	5
	7	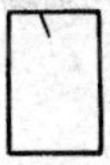 125×300	中	6	890	6	6
	8		虫	10	1 200	4	4
压檐墙	9	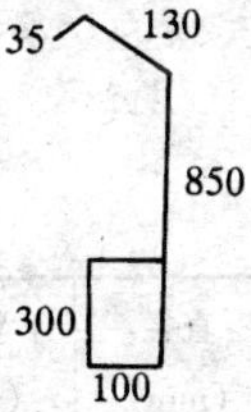	中	6	1 529	8	8
	10	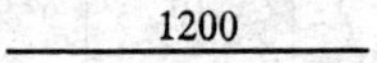	虫	10	1 200	5	5

第三题

1. 题目名称：屋面梁和柱

2. 题目内容：按构件图（如题图 10）编制钢筋配料单，按配料单下料，弯曲成形，现场绑扎（不提供模板）。

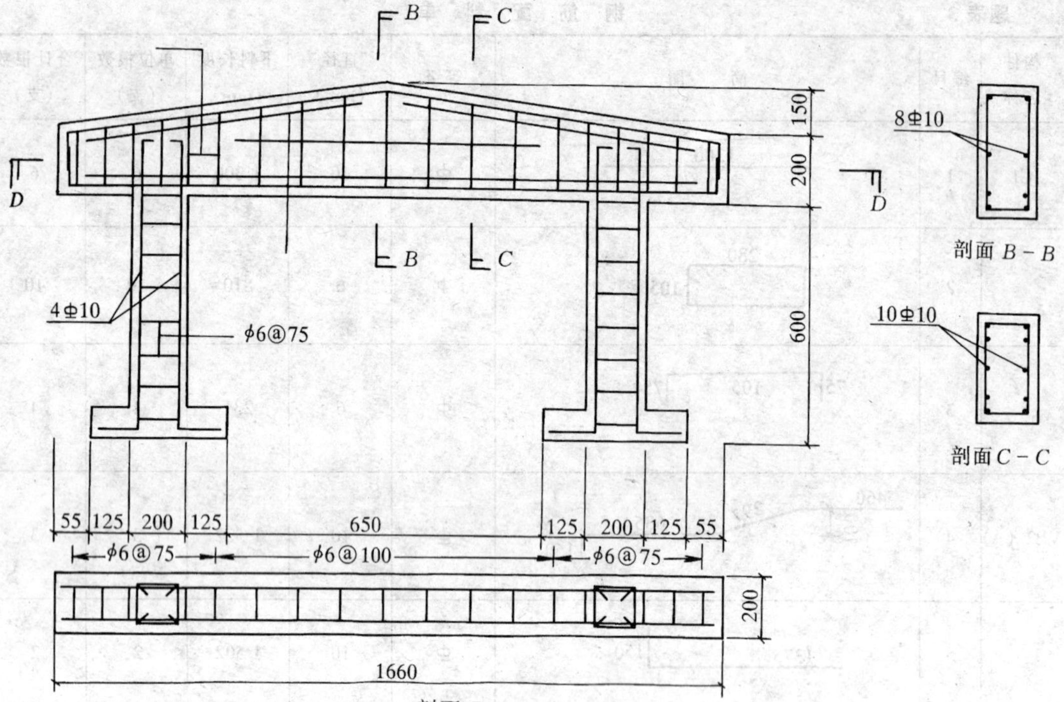

注意：1. 混凝土保护层梁和压檐墙一律为 25 mm，柱子为 35 mm。2. 所有视图都不按照比例绘制。

3. 所有尺寸单位均为 mm。4. 考生须依照钢筋配料表切割和弯曲正确的钢筋数目。

5. 考生须根据考试作业结构图制扎。6. 绑扎所有的钢筋，不可使用简易结。

题图 10　屋面梁和柱

3. 时间要求：6 h。

4. 使用的工具、设备、材料：6 mm、10 mm 直径钢筋弯曲器各一套；铁钳；切割器；2 m 盒尺；ϕ6 线材（长度 6 m）2.5 根；Φ 10 线材（长度 6 m）4.5 根；粉笔；0.8 mm 直径铁丝 1 kg；25 mm 铁钉 10 根。

5. 操作要求及评分标准：见题表 1 和题表 4。

题表 4　　　　**钢 筋 配 料 单**

构件名称	编号	简　图	等级	直径 (mm)	下料长度 (mm)	单位根数 (支)	合计根数 (支)
柱	1	125 750 100	Φ	10	935	4	8
	2	150×150	ϕ	6	640	8	16
屋面梁	3	100 1590 100	Φ	10	1 750	2	2

续表

构件名称	编号	简图	等级	直径（mm）	下料长度（mm）	单位根数（支）	合计根数（支）
		1475	Φ̱	10	1 475	2	2
		100 820 820 100	Φ	10	1 840	2	2
	5、6、7	700	Φ̱	10	700	6	6
	8	130×280	Φ̱	6	860	1	1
		130×262	Φ̱	6	824	2	2
		130×244	Φ̱	6	788	2	2
		130×226	Φ	6	752	2	2
		130×208	Φ	6	716	2	2
		130×195	Φ	6	690	2	2
		130×182	Φ	6	664	2	2
		130×169	Φ	6	638	2	2
		130×156	Φ	6	612	2	2
		130×143	Φ	6	586	2	2